■ 本书得到以下项目资助 ■

1. 国家海洋公益项目（201405003）

2. 大连市科技兴海项目（20140101）

# 刺参的营养饲料与健康调控

任同军　孙永欣　韩雨哲　著

东南大学出版社
SOUTHEAST UNIVERSITY PRESS
· 南京 ·

**图书在版编目(CIP)数据**

刺参的营养饲料与健康调控 / 任同军，孙永欣，韩雨哲著. — 南京：东南大学出版社，2019.6 (2022.6 重印)

ISBN 978-7-5641-8459-9

Ⅰ. ①刺… Ⅱ. ①任… ②孙… ③韩… Ⅲ. ①刺参-饲料-配制 Ⅳ. ①S968.9

中国版本图书馆 CIP 数据核字(2019)第 126954 号

**刺参的营养饲料与健康调控**

Cishen De Yingyang Siliao Yu Jiankang Tiaokong

---

**著　　者**　任同军　孙永欣　韩雨哲
**出版发行**　东南大学出版社
**出 版 人**　江建中
**社　　址**　南京市四牌楼 2 号(邮编:210096)
**网　　址**　http://www.seupress.com
**责任编辑**　孙松茜(E-mail:ssq19972002@aliyun.com)
**经　　销**　全国各地新华书店
**印　　刷**　广东虎彩云印刷有限公司
**开　　本**　700 mm×1000 mm　1/16
**印　　张**　15
**字　　数**　302 千字
**版　　次**　2019 年 6 月第 1 版
**印　　次**　2022 年 6 月第 2 次印刷
**书　　号**　ISBN 978-7-5641-8459-9
**定　　价**　49.80 元

---

(本社图书若有印装质量问题，请直接与营销部联系。电话:025-83791830)

# 序

刺参养殖业历经了20年的快速发展，目前已经成为我国北方地区海水增养殖支柱产业。20世纪80年代中期，刺参苗种规模化繁育技术和工艺获得突破，80年代末和90年代初，刺参的海区增殖和池塘养殖均取得成功，初步解决了刺参养殖无苗种、无养殖技术的问题。随着20世纪90年代初中国对虾养殖流行病的大面积爆发，大量池塘处于闲置状态，促进了辽宁、山东等地池塘养殖刺参的快速发展。同时带动了刺参苗种、饲料、生物制剂、附着基等研制、开发和生产等相关技术的提升，刺参养殖产业规模不断扩大。截至2017年，全国刺参养殖面积约20万$hm^2$，产量22万t，直接产值超过200亿元。

尽管刺参养殖在我国获得了巨大成功，但是在水产养殖的绿色和持续发展，刺参的种质创制、苗种扩繁、营养调控、病害预警与防控、养殖新模式开发等方面还有大量的基础理论和应用技术研究需要深入开展。在刺参营养需求和饲料研制方面，现有的配方均添加大量成分不稳定的海泥，影响了饲料的标准化。刺参人工配合饲料的研究还有许多方面需要探索与检验，其中既包括原料的选择，也包括配方的设计。这就需要从消化生理的深入研究入手，分析刺参的营养需求，开发出适合刺参各阶段生长发育的高效绿色配合饲料。

我受大连海洋大学任同军博士邀请为本书作序。作为一名多年来致力于刺参健康养殖研究且一直密切关注刺参养殖可持续发展的研究者，我甚感荣幸。本书在分析了刺参养殖业发展现状和面临的主要问题的基础上，通过汇集任同军博士及其团队多年的研究成果，阐述了刺参的主要营养物质需求、刺参健康养殖中的营养调控、刺参对环境重金属蓄积的营养干预、刺参品质的营养调控，并结合刺参饲料配方实例概述了国内外刺参实用饲料的发展概况。本书是一部特色鲜明的学术著作，对刺参健康养殖过程中的营养调控具有重要的理论指导意义，同时对从事刺参养殖及研究的从业者、技术推广人员，具有很好的参考价值。

辽宁省海洋水产科学研究院

**周遵春** 研究员

# 目 录

CONTENTS

# 第一章 刺参的养殖现状

## 1.1 刺参的生物学及其药效

### 1.1.1 刺参的生物学

刺参(*Apostichopus japonicus*),又称仿刺参,属棘皮动物门(Echinodermata)海参纲(Holothuroidea)楯手目(Aspidochirotida)刺参科(Stichopodidae)仿刺参属(*Apostichopus*)(谭国福 等,2007),多生活在水流平稳、海藻茂盛和无淡水注入的岩礁或硬底港湾内,大叶藻丛生的细泥沙底也常有发现。栖息水深 3~15 米,最适宜水深为 3~5 米,主要摄食沉积于海底表层的泥沙、有机碎屑、细菌、底栖硅藻等。

(1) 刺参的外部形态

刺参体壁分为 5 个步带区和 5 个间步带区,彼此相间排列。体呈扁平圆筒形,两端稍细,身体柔软、伸缩性很大,左右对称,分背、腹两面,腹面密布管足,具有吸附外物的功能,背面有 4~6 行疣足,成为凸起的肉刺。刺参的口器位于体前端腹面,位于围口膜中央,口四周有楯状触手伸出,呈环状排列,具有扫除和抓取作用,能够收集并将食物送入口中。肛门位于身体后端腹面,稍偏于背部。生殖孔位于体前端背中线距口部 1~3 厘米的间步带区,色素较深、略显凹陷,在生殖季节明显可见;在非生殖季节,生殖孔难以看清(常亚青,2004)。

(2) 刺参的内部构造

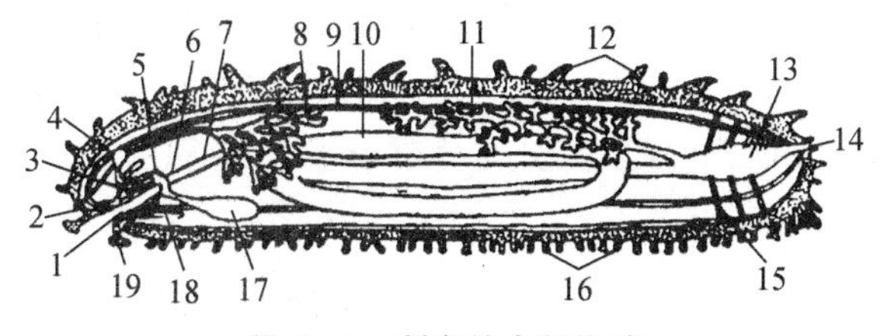


图 1-1 刺参的内部构造

1. 口 2. 生殖孔 3. 石灰环 4. 石管(膨大部分穿孔体) 5. 环水管 6. 食道 7. 胃 8. 生殖腺 9. 辐肌 10. 肠 11. 呼吸树 12. 疣足 13. 排泄腔 14. 肛门 15. 放射肌 16. 管足 17. 波里氏囊 18. 触手罍 19. 触手(许慈荣,1983)

### 体壁

刺参体壁由皮层、肌肉层和体腔膜3层组成。① 皮层由角质层、上皮、结缔组织和无数小型骨片构成,具有厚的结缔组织,富含胶质,是刺参的主要食用部分。② 皮层里面是肌肉层,由外层环肌和内层纵肌组成,纵肌5束,分居于5个步带区,背面2束,腹面3束,前端固着于石灰环上,后端固着于肛门周围。③ 在环肌和纵肌之下,有一层薄膜附在体腔表面,称为体腔膜。体腔膜可延伸与肠相连,称悬肠膜。悬肠膜有3片,即左悬肠膜、右悬肠膜和背悬肠膜。体腔膜内有诸多脏器,构成体腔。体腔内有体腔液,当身体收缩时,可做不定向流动。

### 消化系统

刺参的消化道由口、咽、食道、胃、肠和排泄腔组成。刺参的口呈圆形,口中没有咀嚼器,周围有括约肌。咽部呈漏斗形。咽部下端是食道,食道较短,下面接着富有弹性的囊状胃和长度为体长3倍的肠道。肠道是刺参消化食物和吸收营养的部分。大肠后端膨大形成排泄腔,其末端开口即肛门。

### 呼吸系统

刺参的呼吸树、皮肤和管足具有呼吸的作用。呼吸树外观呈树状,海水经由肛门进入排泄腔,然后流入呼吸树。呼吸的氧气通过左侧呼吸树外侧的背血管网进入循环系统,再由血液带到身体的其他器官。另外,水中的氧气可以经刺参腹部的管足吸收,二氧化碳也可经管足排出体外。

### 水管系统

刺参的水管系统主要由位于咽部附近的环水管和分布于体壁的5条辐水管组成。水管系统可以调节水流进出管足,从而支配管足的活动。

### 循环系统

刺参的循环系统包括血管和血窦,主要由包围咽的环血管及其分支和沿着消化道的肠血管组成,没有心脏。

### 神经系统

刺参的神经系统由外神经系统和深层神经系统两部分组成。外神经系统主司感觉,由围绕口部神经的神经环发出5条辐神经沿步带区分布,构成辐神经的外带;深层神经系统主司运动,无神经环,位于口神经系统之内,构成辐神经的内带,有分支通向体壁水管系统和消化道等的肌肉纤维,其分支分布于环肌、纵肌上。

### 生殖系统

刺参雌雄异体,很难通过外形分辨雌雄,只能在生殖季节通过解剖鉴别。在生

殖季节，雌性生殖腺呈杏黄色或橘红色，雄性生殖腺呈淡乳黄色或乳白色，渔民称此时的生殖腺为“参花”。

(3) 刺参的生态习性

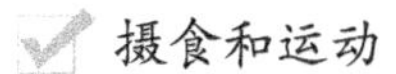

摄食和运动

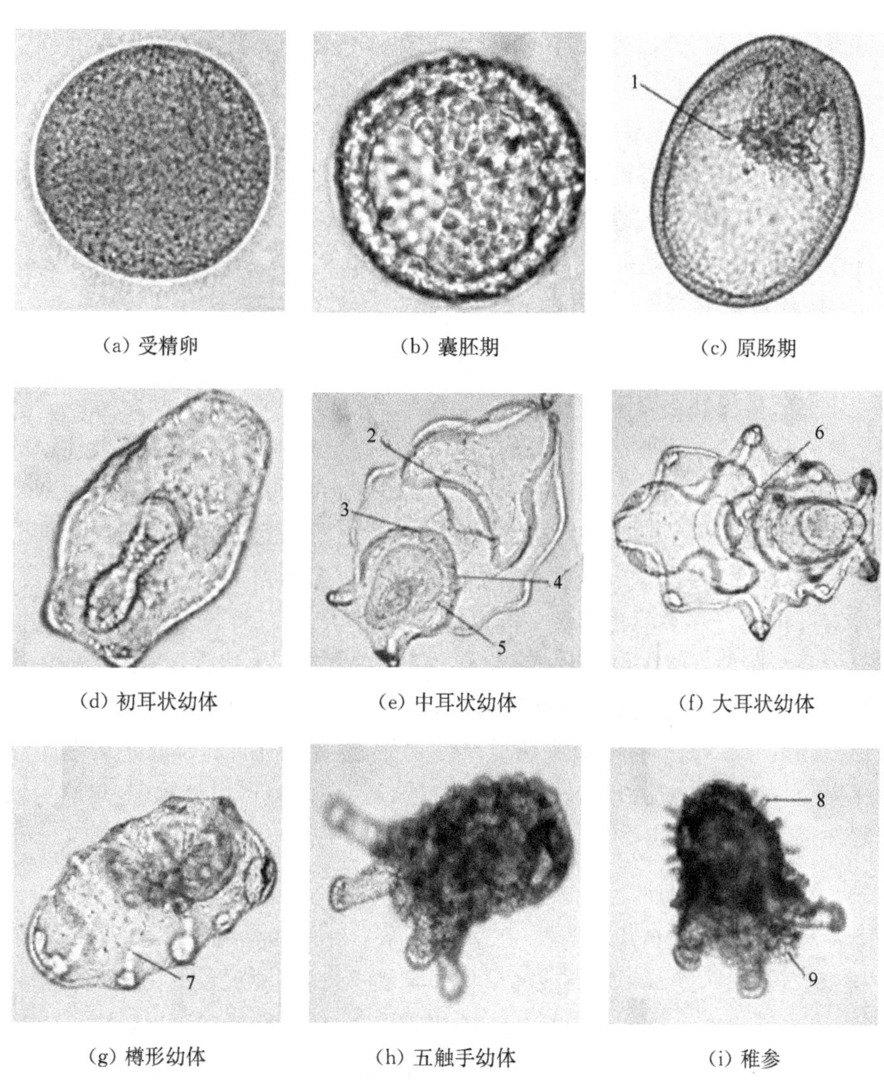


**图 1-2　仿刺参胚胎和幼体的发育形态**

1. 间质细胞　2. 口前环　3. 肛前环　4. 水体腔　5. 左体腔　6. 初级口触手　7. 环状纤毛带　8. 棘状肉刺　9. 板状骨片

资料来源：朱峰. 仿刺参 *Apostichopus japonicus* 胚胎发育和主要系统的组织学研究[D]. 青岛：中国海洋大学，2009.

刺参在浮游阶段以摄食浮游单细胞藻类为主；长成樽形幼体后以底栖硅藻为主要饵料；刺参从幼参开始主要摄食微生物（底栖硅藻、细菌、原生动物、蓝藻或有孔虫等）、动植物的有机碎屑、无机物（硅和钙）、动物粪便（包括自己的粪便）等。刺参主要以触手摄食，经消化道消化吸收。刺参的摄食量依个体大小及季节不同而变化。

刺参主要依靠腹部发达的管足和身体横纹肌、纵纹肌的伸缩来运动，爬行能力较强，爬行速度较快，能在光滑的玻璃壁或水泥池壁爬行。刺参的运动没有固定方向，而是和觅食与水温变化有一定关系。在刺参饵料丰富、环境适宜的地方，刺参移动范围小；若食物缺乏或者环境不良，刺参则会大范围移动。刺参在清明到夏至期间运动能力最强。刺参的运动方式分为 3 种：① 爬行移动，通过管足的附着和躯体的伸缩，做匍匐运动；② 漂浮移动，刺参吸水后，身体面积膨胀，漂浮于水面，随水流作用移动；③ 滚动移动，刺参借助重力作用，从高处滚动到低处。

✔ 排脏与再生

排脏（evisceration）是指刺参在受到损伤、遭遇敌害等强烈刺激或处于水质污浊、水温过高、氧气缺乏等不良环境时，常常把消化道、呼吸树、生殖腺等内脏从肛门排出体外的现象。一般认为排脏的主要机理和韧带、泄殖腔、肠系膜及体壁的软化有关，肌肉收缩并断裂、弱化，继而排出失去韧带连接的内脏（孙修勤 等，2005）。

刺参排脏后的再生是指刺参排脏后的残留物（包括完整的体壁、肌肉和部分生殖腺等）得以留存，并再生出其缺失的部分。刺参再生能力很强，肠道、表皮、疣足、触手等均可再生。刺参消化道会在排脏后 21～35 天恢复到排脏前的水平，其恢复过程分为 5 个阶段：① 伤口愈合阶段；② 原基形成阶段，排脏后食道和胃残留部分的组织结构呈现去分化现象；③ 肠腔形成阶段，肠系膜增厚成消化道肠壁，食道和肠壁形成肠腔；④ 分化阶段，胃和肠道具备功能；⑤ 生长阶段，消化道的组织结构已分化完全。刺参体壁也有比较强的再生能力，且在体壁再生过程中，角质层发挥着重要作用。

✔ 夏眠与冬眠

刺参具有一个突出的生活习性，在水温较高时（一般临界温度为 20～24.5 ℃）即迁移到海水较深处，隐藏于岩石或海草丛中不动不食，这种现象称为夏眠。进入夏眠后，主要表现出 4 个特征：摄食停止、消化管退化、体重减轻、生理代谢活动降低。刺参夏眠的主要诱导因素是水温，而夏眠期的长短因水温和刺参生长阶段的不同而存在差异。高温期越长，刺参夏眠的时间就越长；幼参夏眠临界温度要高于成参。

冬眠也是刺参重要的生活习性，水温低于 3 ℃时，刺参摄食量减少，活动减弱，处于半休眠状态（Yang et al，2005）。

自溶

自溶(autolysis)是指当机体受到物理因素、化学因素和生理因素等刺激后，诱发自身酶系将自身的组织结构破坏降解的过程。Fu 等(2005)研究发现，刺参的自溶很可能与自身消化道中的蛋白酶相关。pH、温度、盐离子浓度等因素对海参自溶中主要化学成分变化有不同的影响。pH 对海参体壁和肠自溶过程中蛋白质的降解、总糖的溶出和多糖的降解有显著的影响；温度影响海参体壁和肠自溶过程中的大分子蛋白质的降解程度；NaCl 能够促进大分子蛋白质的降解。

负趋光性行为

刺参具有一定的避光性，它对光线强度变化的反应比较灵敏，喜欢弱光，如果光线过强，刺参往往会躲藏在阴暗处，而在强光照射下刺参常呈收缩状态。

### 1.1.2　刺参的药物学功效及食用历史

#### (1) 刺参的营养价值

海参被誉为“海产八珍”之首，具有极高的食用价值和药用价值，而刺参被誉为“参中之冠”。明代出版的《食物本草》一书中，作者姚可成就指出海参有主补元气、滋益五脏六腑和祛虚损的养生功能；清代《本草从新》中记载海参具有“甘、咸、温、补肾益精、壮阳疗痿”的功效；清代《本草纲目拾遗》记载海参“性温补，足敌人参，故名曰海参……味甘咸，补肾经，益精髓，消痰涎，摄小便，壮阳疗痿，杀疮虫”。海参是天然的海洋保健品，可以提高人体免疫能力和抗病力，进而达到防病治病、增强体质的效果。

海参是不含胆固醇，低脂肪、低糖，且含高蛋白、多糖类，富含 19 种氨基酸(其中 8 种为必需氨基酸)，16 种矿物质(如铁、锌以及钒，钒可抑制胆固醇合成，阻止脂质代谢)以及多种维生素(维生素 A、$B_1$、$B_2$、D、E 和烟酸等)的营养保健食品。海参中的营养成分不仅丰富，而且均衡、合理，机体吸收快且充分，是难得的天然营养宝库(见图 1-3)。

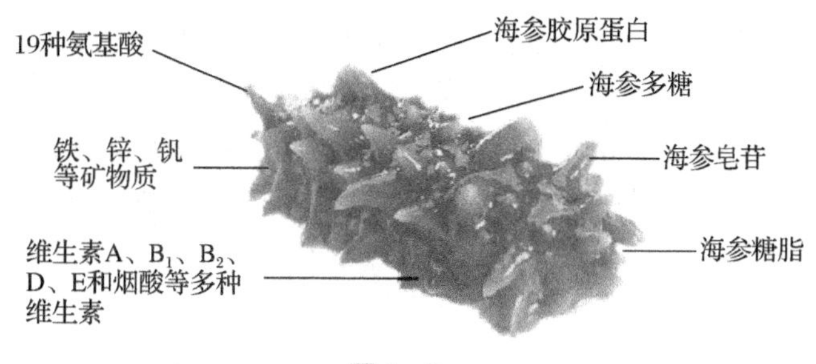


图 1-3

(2) 刺参的药用价值

✔ 海参胶原蛋白

胶原蛋白(collagen)又称胶原,是一种白色、不透明、无支链的纤维状蛋白质,是由动物细胞合成的一种生物高分子化合物。胶原蛋白由三条多肽链构成,是一种糖蛋白,含糖分子及大量甘氨酸、脯氨酸、丙氨酸等,具高度抗张能力,对动物和人体皮肤、血管、骨骼、软骨的形成十分重要,是结缔组织中的主要成分(陈娟娟,2013)。

刺参体壁为主要可食部分,干燥体壁含有高达90%的蛋白质,且以胶原蛋白为主体。胶原蛋白被酶解成小分子肽和氨基酸后,被人体吸收利用。海参胶原蛋白中的高甘氨酸和碱性氨基酸是生血、养血以及促进钙质吸收的物质基础(樊绘曾,2001)。海参胶中的非胶原蛋白富含色氨酸以及赖氨酸、精氨酸等。此外,利用海参自溶特性结合外源蛋白酶酶解技术制备的海参多肽,具有抗疲劳和免疫调节功能。

海参胶原肽具有多方面的生理功能。① 抗氧化作用:崔凤霞(2007)研究表明,仿刺参(*Stichopus japonicus*)、墨西哥参(*Holothuria mexicana*)和菲律宾刺参(*Pearsonothria graeffei*)的胶原肽均可有效去除超氧阴离子($O_2 \cdot ^-$)及羟基自由基(·OH),且清除作用随浓度的增大而增强,其中仿刺参的胶原肽清除效果最佳。陈娟娟(2013)研究得出黑乳海参胶原肽对DPPH·、·OH、$O_2 \cdot ^-$具有清除作用。日本刺参胶原肽通过清除·OH和$O_3 \cdot ^-$保护经紫外线诱导的光老化模型小鼠皮肤。王静凤等(2008)从海参酶解液中分离4种不同分子量的海参多肽,对·OH、$O_2 \cdot ^-$和$H_2O_2$自由基具有很好的清除作用,其效果均优于VC。刘程惠等(2007)采用DPPH·从酶解产物中分离出的不同分子质量的海参肽,对DPPH·的清除能力优于VE。另外,陈卉卉等(2010)发现用木瓜蛋白酶水解4 h得到的多肽清除自由基的能力比风味蛋白酶以及二者的复合酶强。② 抗凝血活性:海参胶原肽对新西兰兔左心室动脉血有促凝血和抗凝血双重作用。③ 抗肿瘤作用:王奕(2007)研究表明,刺参(*A. japonicus*)整体匀浆对小鼠S180移植性肉瘤的生长有显著的抑制效果,并能显著增强荷瘤小鼠特异性及非特异性免疫机能。④ 其他:研究发现冰岛刺参胶原肽可显著降低细胞内氧化应激水平,并可以通过提高自身抗氧化酶活性和抑制凋亡因子caspase-3激活两条途径来保护受损的神经细胞。刺参(*A. japonicus*)酸性黏多糖、皂苷和胶原肽均能不同程度地抑制Ox-LDL诱导的凋亡,且能明显抑制Ox-LDL诱导的过氧化反应。

✔ 海参多糖

多糖是刺参体壁的另一类重要成分,其含量占干参总有机物的3%~6%,主

要有两种：一种为海参糖胺聚糖或叫黏多糖（holothurian glycosaminoglycan，HG），系由 D-N-乙酰氨基半乳糖、D-葡萄糖醛酸和 L-岩藻糖组成的分支杂多糖，其水溶液中带有阴离子，故呈酸性，相对分子质量在 $(4\sim5)\times10^{4}$ Da；另一种海参岩藻多糖（holothurian fucan，HF），是由 L-岩藻糖构成的直链匀多糖，相对分子质量在 $(8\sim10)\times10^{4}$ Da。

海参多糖具有多种药效。① 增强免疫力：陈权勇等(2015)研究对氟中毒后的大鼠腹腔注射海参多糖后抗氧化能力的变化，结果表明海参多糖是通过增强氟中毒大鼠的血液的抗氧化能力而起到保护作用的。有研究表明，刺参酸性黏多糖能使人白细胞悬浮物中的 H 花环数量增加，促进 HID 花环和细胞膜表面免疫球蛋白的表达，使白细胞介素-2 的含量增多，T 细胞开始增殖，激活了多种免疫细胞，从而促进了细胞因子的产生，达到提高机体免疫功能的作用(周湘盈等，2008)。② 抗肿瘤作用：刺参酸性黏多糖具备明显的抗肿瘤活性(聂卫 等，2002)，也能抑制人宫颈癌 HeLa 细胞的体外增殖(刘风仙 等，2010)。胡人杰等(1997)研究表明刺参酸性黏多糖具有抗肿瘤血管生成、提高免疫功能和抗肿瘤转移的作用。张珣(2012)研究表明海参岩藻聚糖硫酸酯可以通过降低缺氧诱导因子 HIF-1α 及其靶基因 *VEGF* 的表达，抑制肿瘤在缺氧条件下诱导的血管新生，继而抑制 Lewis 荷瘤小鼠肿瘤生长和自发性肺转移，有明显的抑制肿瘤生长的作用。缪辉南和戴建凉(1995)研究发现由刺参体壁经酶解而分离提取的刺参酸性黏多糖，具有广谱的抗肿瘤作用。刘昕等(2016)获得的刺参卵多糖对干预的肿瘤细胞均有显著抑制作用。③ 抗凝血作用：樊绘曾等(1980)以刺参为研究对象，利用双酶水解、乙醇分级沉淀和离子交换等方法，从刺参体壁中分离出刺参酸性黏多糖。阮长耿等(1986)证明刺参酸性黏多糖可使血小板不能发挥应有的生理活性和功能，从而达到抗凝血和抗血栓的作用。马西和 Lindn(1990)的研究表明刺参酸性黏多糖外源凝血的过程是直接作用于凝血酶而不影响凝血酶原酶活性。④ 降低血黏度：海参多糖在正常中老年人群(48～72 岁)中试用具有降低全血黏度及血浆黏度的作用，同时有调节血脂的功能。Liu 等(2002)给已服用 1% 胆固醇的小鼠喂食海参黏多糖，结果显示，其总胆固醇和低密度脂蛋白-胆固醇显著降低，而高密度脂蛋白-胆固醇显著增加。在未喂食黏多糖的对照组，胆固醇和低密度脂蛋白-胆固醇含量显著增加。胡晓倩等(2009)发现海参可抑制体内脂肪囤积，显著降低肾周脂肪含量，还能明显降低血清和肝脏中血清总胆固醇(TC)、甘油三酯(TG)浓度，其中以海参皂苷、多糖的效果最佳。⑤ 促进纤维蛋白溶解：海参黏多糖可通过激活纤溶酶原而促进纤维蛋白溶解，且作用强于肝素(杨晓光，1990)。⑥ 保护神经组织，盛卸晃(2012)从刺参体壁中获得了两种富含硫酸基的酸性多糖，HS-3 促进神经干细胞球的黏附和迁移，维持神经球的存活，诱导细胞分化为神经元和星形胶质细胞；HS-4

诱导星形胶质细胞活化可能是通过活化 ERK 激酶，抑制 Rho 活性，使细胞骨架蛋白重组，细胞形态发生变化，促进细胞增殖。⑦ 抗病毒、抗细菌：刺参黏多糖通过抑制病毒对靶细胞的吸附，进而抑制感染细胞内病毒的复制，达到抗单纯疱疹病毒1型病毒的作用(马忠兵，2006)。⑧ 延缓衰老：自由基理论认为氧自由基的增多是导致机体衰老的主要原因，而超氧化物歧化酶(superoxide dismutase，SOD)通过清除氧自由基起到延缓衰老作用。药理研究表明花刺参(*S. variegatus*)提取物能显著提高小鼠红细胞 SOD 活性，具有延缓衰老的作用(闫冰等，2004)

### ✔ 海参皂苷

皂苷(saponins)广泛分布在自然界中，是一类重要的天然化合物。皂苷又名皂甙或皂素，是苷元为三萜或者螺旋甾烷类化合物的一类糖苷，根据苷元的不同又可分为两大类：三萜类皂苷(三萜通过碳氧键与糖链相连)和甾体皂苷(甾体通过碳氧键与糖链相连)。皂苷具有多种重要的药理活性和生物活性，如抗真菌、抗肿瘤、调节免疫、降血糖、防治心血管疾病等作用。

海参皂苷是海参体内所特有的一类三萜皂苷。海参皂苷按苷元的类型可以分为海参烷型和非海参烷型。海参烷型皂苷苷元一般为 18(20)-内酯环，非海参烷型皂苷苷元有 18(16)-内酯环或无内酯环结构(阮伟达 等，2011)。已经发现的海参皂苷多为羊毛甾烷型三萜皂苷，分布在海参的体壁、内脏和腺体等的组织中。

皂苷具有广泛的药理作用和重要的生物活性。① 增强免疫力：陈艳秋(2015)从红刺参中提取的皂苷具有较好的刺激淋巴细胞增殖的能力，但当红刺参皂苷质量浓度超过 110 μg/mL，其刺激淋巴细胞增殖的能力反而下降；张然(2013)建立刺参(*A. joponicus*)中 Holotoxin A1 的 HPLC-ELSD 定量分析方法，分离制备出了海参皂苷 Holotoxin A1；王静凤等(2008)研究表明，刺参匀浆能全面调节机体的特异性和非特异性免疫功能，控制和杀灭肿瘤细胞。② 抗肿瘤作用：樊廷俊等(2009)研究刺参水溶性海参皂苷的不同提纯方法对肿瘤的抑制效果，结果表明，刺参水抽提物中纯化出了水溶性海参皂苷纯化样品，该新纯化样品具有较强的体内和体外抑瘤(HeLa、SGC-7901、A-549 和 Bel-7402)活性，其抑瘤活性是通过诱导肿瘤细胞发生细胞凋亡来实现的。王静凤等(2008)研究表明，刺参匀浆显著抑制小鼠 S180 肉瘤的生长。③ 抗真菌作用：有研究报道从刺参中分离得到的海参皂苷 holotoxin A，B 和 C，发现它们对真菌具有较强的生长抑制活性。袁文鹏等(2007)从冻干刺参加工废液中提取了水溶性海参皂苷，纯化并筛选出水溶性极强且具有高抗真菌活性的海参皂苷纯品。④ 细胞毒作用：海参皂苷能与生物膜上的甾醇分子结合，形成复合物，在膜上形成单一离子通道和大的水孔，导致生物膜溶解(李八方，2009)。闫冰等(2005)从糙海参中分离鉴定了 5 个三萜化合物，结果显

示，其均有显著的体外细胞毒活性。Dang 等(2007)从 *Holothuria scabra* 中分离出的两种新的三萜糖苷海参素(holothurin)A3 和 A4，对癌细胞系 KB(人口腔鳞状细胞癌细胞)和 Hep-G2(人肝癌细胞)都具有强烈的细胞毒性。王静凤等(2008)比较研究了刺参(*A. japonicus*)、北极刺参(*T. anax*)和菲律宾刺参(*P. graeffei*)的皂苷对氧化损伤血管内皮细胞的作用。结果显示，对于正常血管内皮细胞，刺参皂苷无细胞毒作用，而北极刺参皂苷和菲律宾刺参皂苷具有显著的细胞毒作用。⑤兴奋平滑肌的作用：海参皂苷能与生物膜上甾醇分子结合形成复合物，复合物的形成增加了平滑肌细胞膜 $Ca^{2+}$ 通透性，从而阻断神经肌肉的兴奋传导，且直接兴奋横纹肌，对平滑肌产生直接的收缩作用，同时，还对 $Na^{+}$-$K^{+}$-ATP 酶的活性产生抑制。⑥ 调节生长发育：Mats 等(1990)从刺参中分离得到了皂苷混合物，发现其具有抑制排卵和刺激子宫收缩的作用。⑦ 抑制 DNA 和 RNA 的合成：Santhakumari 和 Stephen(1988)从 *H. vagabunda* 中提取的海参素能抑制 DNA 和 RNA 的合成，引起细胞有丝分裂过程异常，从而产生抗有丝分裂效应。

海参糖脂

糖脂是糖和脂类结合所形成的物质的总称。糖脂的种类繁多，其中被研究较为深入的是鞘糖脂。鞘糖脂类是动物、植物细胞膜的主要组成成分，在脑和神经组织中的含量很高。鞘糖脂主要分为脑苷脂(cerebroside)和神经节苷脂(ganalioside)两大类。

刺参中脂质含量相对较低，主要包括脑苷脂、神经节苷脂、磷脂、甾醇、色素等成分。刺参脑苷脂是刺参体内含量最高的鞘糖脂成分，结构分析确认主要为葡萄糖脑苷脂(徐杰，2011)。Kisa 等(2005)从刺参中分离出 5 种葡糖脑苷脂。Kaneko 等(2003)在 2003 年从刺参中获得了神经节苷脂分子种 SJG-1。

脑苷脂的生物活性主要体现在抗肿瘤、抗炎作用等方面。① 抗肿瘤作用：曹建等(2016)分析比较了冰岛刺参和南非花刺参脑苷脂的分子种组成。共分析出 56 种冰岛刺参脑苷脂分子和 109 种南非花刺参脑苷脂分子，且南非花刺参脂肪酸羟基化程度更高，预示着南非花刺参脑苷脂在抑制肿瘤细胞增长、预防癌症方面较冰岛刺参脑苷脂可能具有更好的生物活性。徐杰(2011)通过对刺参中脑苷脂的生物活性进行研究发现，脑苷脂能明显抑制 Caco-2 细胞增殖。② 降脂作用：高壮等(2012)给建立肥胖模型的小鼠投喂海参脑苷脂(0.025%)，5 周后，小鼠的糖耐量有明显改善，血糖浓度和脂肪组织重量降低，肝脏总胆固醇含量减少。③ 抗炎作用：徐杰(2011)通过对刺参中脑苷脂的生物活性进行研究发现，瓜参脑苷脂显著降低了 Caco-2 细胞炎症因子 IL-8 mRNA 的表达量。

### (3) 刺参的食用历史

在我国所有可食用的海产品中，刺参的食用历史是比较短的。清代赵学敏

《本草纲目拾遗》将刺参列为补益药物。从清朝中期开始,刺参入菜开始逐步兴盛起来,《随园食单》中已有刺参的三种做法。从20世纪初直到90年代,刺参一直是我国餐饮市场中的高档菜式,辉煌近百年;鼎盛时期是20世纪70年代末改革开放后至90年代末。2000年后,由于刺参需要火碱或者甲醛的发制方法频频引起中毒现象,刺参市场开始急剧衰退。此时,辽宁与山东沿海兴起了刺参养殖浪潮,并衍生出新的发制方法。另外,近年来先后有中医提出刺参单用或组方治疗再生障碍性贫血和糖尿病,取得了良好效果。同时,在一般病后或产后康复过程中所拟订的各种药膳或食疗组方中,刺参均得到了广泛的认同和应用(樊绘曾,2001)。

刺参为我国北方沿海水产养殖产业重要经济支柱之一,且为重要的食物资源和药物资源,其生物活性物质组成及医学作用正在得到人们的逐步重视,刺参食用与药用的有机结合是刺参高效利用的最佳途径。

## 1.2 刺参的养殖产业现状

20世纪50年代刺参人工育苗和增养殖技术在我国兴起,70年代初相关工作取得了较大进展,开始了天然海域参苗的投放及增养殖。80年代中期,我国确立了刺参苗种的生产工艺,开始了大水体高密度人工育苗和养殖生产。90年代以后,刺参育苗和养殖技术日益完善。目前,我国刺参苗种生产已进入工厂化时代,成参养殖也已建立起完善的生产模式与技术体系。

### 1.2.1 刺参养殖产业概况

步入21世纪,海参增养殖业迅猛发展,在我国海参养殖产业已成为渔业经济发展中的重要增长点。目前,刺参是我国进行规模化繁育和增养殖的重要海参种类,刺参以其特有的营养价值和药用价值得到了消费者的广泛关注,虽然价格较高,但消费群体不断扩大,市场对刺参需求量不断增加,刺参的养殖面积不断扩大。刺参养殖业推动了海水养殖第五次浪潮的形成,据统计,2015年我国海参养殖面积超过21.6万 $hm^2$,养殖量已超过20.5万t,产量位居全世界第一,呈稳定上升的趋势。刺参养殖业积聚了庞大的资本,吸纳了70多万从业人员,同时带动了生产、科研、加工、销售整个产业链的发展,为沿海经济效益结构调整和渔民就业增收开辟了一条新的途径,使地方产业经济快速发展(王吉桥 等,2012)。

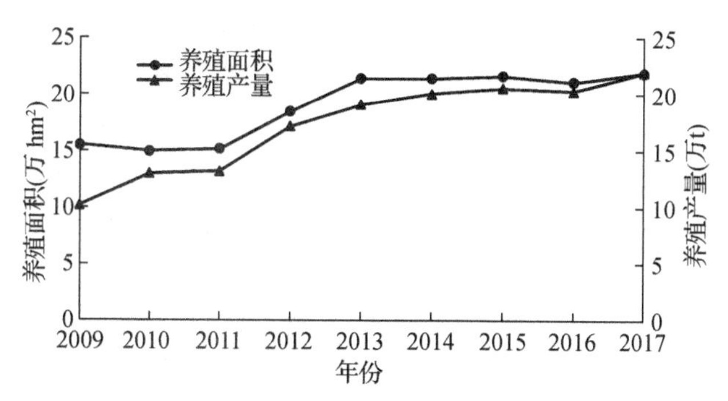


**图 1-4　2009—2015 年我国海参养殖产量和面积**(数据引自渔业资质年鉴 2010—2018)

我国刺参主要产于大连、烟台、威海三大沿海城市。从近几年的刺参产业发展来看,大连刺参产量和产值在全国的占比呈下降趋势,“北参南移”成为中国刺参产业发展的大趋势。养殖海域范围不断扩大,从适合刺参生长的渤海、黄海延伸到东海、南海海域,进一步催生中国刺参产业格局变化。刺参产业发展到目前为止,经济总产值预计超过 600 亿元,超越传统的虾、蟹等产业,刺参成为单品产值最大、利润最高的渔业品种。随着生活条件的逐步改善,国内居民的保健意识逐渐增强,刺参、鲍鱼等滋补品也逐渐被广大消费者接受。从 2011 年刺参消费状况来看,随着居民消费水平升级和养生消费观念的形成,刺参消费需求不断增加,刺参开始作为养生滋补品由区域市场走向全国,并得到消费者的青睐。

刺参营养价值较高,价格较贵,市场占有率较高。湿刺参即鲜活刺参体内有一种溶解酶，在其脱离海水一段时间后会产生自溶现象(张杰 等,2015),不易运输和贮存。因此市面上的刺参多以盐渍刺参、干刺参、即食刺参等形式进行贮存和售卖。盐渍刺参是我国最传统的刺参加工方式,使用盐渍的方法来抑制刺参表面微生物的生长繁殖，以达到长期保存的目的(朱文嘉 等,2015)。冻干刺参是将盐渍刺参或干刺参煮制至可食用状态后，采用真空冷冻干燥技术进行冻干。冻干刺参在运输过程中易破碎，且食用前复水时间久，目前市场中已鲜少出售。干刺参一般分为盐干刺参、淡干刺参(曹荣 等,2015),近年来伴随着养生热潮,市面上出现了新的干刺参形式,即纯淡干刺参，使用淡水煮制且不添加任何盐成分，利用低温干燥即可。即食刺参即为免煮速发刺参,将湿刺参煮熟后,使用冷风干燥即可,其加工成本低，不易破碎，且食用时无需蒸煮，在保温杯中加入沸水泡发 8～12 h 即可(赵玲 等,2015),更好地替代了冻干刺参。

纵观中国刺参产业,该产业发展迅速,吸引越来越多的刺参企业加入,刺参产业的竞争也在不断加剧,尤其是在刺参原产地市场,竞争日益白热化。在基本维持现有的产业规模和市场格局的基础上,中国刺参产业未来的竞争将在品牌层面、产业层面、营销模式、资源整合以及企业软实力方面展开角逐,进入下一轮产业洗牌。分析我国刺参产业发展现状,阶段性养殖为刺参产业带来生机,目前已经有了初步完整的阶段性养殖模式。另外,全国刺参养殖区域面积在2016年有所缩减,参圈套养增加的产值效益弥补了刺参行情近几年持续走低的压力。秋季刺参行情明显回暖,从参苗种到暂养苗再到成品参,价格均有不同程度的提升。

图1-5 淡干海参

图1-6 盐渍海参

图1-7 水发海参

## 1.2.2 刺参主要养殖模式

近年来,随着海水养殖产业"多品种、多元化"养殖格局的逐步确立,国内刺参养殖规模逐步扩大,养殖方式层出不穷,目前国内刺参增养殖主要以池塘养殖和海洋底播增殖为主,部分地区因地制宜,相继形成了围堰养殖、浮筏吊笼养殖、网箱养殖、浅海沉箱养殖、人工控温工厂化养殖及参鲍、参虾、参贝混养等模式。

### 1. 养殖模式关键技术

#### (1) 池塘养殖

池塘养殖是对已有虾池进行消毒、改造、布设附着基、培养底栖藻类等处理,或在沿海潮间带、潮上带修筑堤坝开展的养殖生产模式,该模式的优点在于生产周期短、养殖成本低、易于管理(张春云 等,2004)。

① 选址:一般建设在风浪较小的内湾或海岸,在养殖过程中需水质清澈、流速平缓、潮流通畅、无大量淡水注入,远离农业、工业、人类的各种污染;以泥沙底质为佳;可以空心砖、瓦片、水泥构件或塑料礁体等作为养殖附着基;夏季水温最好不要高于30 ℃,冬季水温不低于−1 ℃,盐度为25~33,pH为7.8~8.3。

② 养殖环境:池塘面积一般为2~20 $hm^2$,池底不低于海水低潮线,水深2~3 m,水体透明度一般在40~70 cm,定期使用微生态制剂,控制底质和水质环境。出现池底和水质恶化现象时,需及时使用固态氧、沸石粉、有益菌剂等底质改良剂进行处理。

**图 1-8 池塘养殖模式图**

③ 苗种选择:一般选择 100～300 头/kg(3～10 g/头)、活力好、附着力强的健康苗种,最佳放苗时期为秋季的 10～11 月和翌年春季的 4～5 月;放苗密度根据苗种的具体规格而定:体长为 2～4 cm,放苗密度可为 10～20 头/$m^2$;体长为 5～6 cm,放苗密度可为 7～15 头/$m^2$。

④ 成参收捕:刺参池塘养殖主要采取轮捕轮放原则,生长 1～3 年达到 100～150 g/头的规格时进行收获,收获时主要由潜水员进行采捕,捕大留小,收获大规格刺参后合理地补放小规格苗种。

(2) 海洋底播增殖

底播增养殖是以投石设礁、海藻增殖、苗种放流为主要技术手段的刺参生态养殖模式,该模式兼具增殖和养殖的效果,生态效益和养殖效益显著。此种生态养殖模式主要集中在辽宁省长海县和山东省长岛县等刺参自然栖息海区,产量有限,养成周期较长(一般为 24 个月左右),成品参市场价格较高(杜佳垠,2005)。

① 选址:一般在海湾或者水流平缓的海域,海底无大的暗流,水深为 6～30 m;在养殖过程中需水质清澈,潮流通畅,无污染,无大量淡水注入;以泥沙或砾石底质为宜;水温 2～27 ℃,盐度 25～34;以水质肥沃、藻类丰富地区为宜,同时应避开台风和赤潮易发生区域。

② 苗种选择:在苗种从室内或池塘环境转移到海区过程中,苗种选择是关键环节。选择参体健壮、活动力强的大规格苗种,放养苗种的规格一般为 40～100 头/kg(10～25 g/头),放苗密度为 5～8 头/$m^2$。苗种投放时间一般为水温 8 ℃ 以上的春季或 21 ℃以下的秋季,选择小潮汛、低潮和平潮时投放,避开风、雨、雾、烈日等不良天气。

③ 成参收捕:一般经过 2～3 年的生长周期,即可在春、秋两季由潜水员采捕大规格的刺参,采取间捕方式,即捕大留小和轮捕轮放的策略收获商品参。

**图 1-9　海洋底播增殖模式图**

(3) 围堰养殖

围堰养殖是在内湾或海岛沿岸，利用人工投石围堰开展的养殖生产模式，实际上，它是池塘养殖的一种特殊方式，该模式的优点在于养成刺参品质好、成活率高(于瑞海 等，2007)。

**图 1-10　围堰养殖模式图**

① 选址：一般选择潮流畅通，水质优良，无污染的内湾或海岸；通常选择石砾、岩礁底质丰富的区域，特别是有大型藻类自然生长的区域；水温为 0～29 ℃，盐度为 26～34。

② 养殖环境：建造围堰池塘大小一般为 50～200 $hm^2$，水深 2～3 m。由于坝体随时面临海水、风暴冲击，需使用水泥浇筑或砌石结构进行加固，坝体要高于海水高潮线，同时坝体的上方应设置拦网，防止刺参逃逸或池外有害藻类和杂物涌入。

③ 苗种选择：选择活力好、附着力强的健康苗种，放苗密度根据苗种的规格、计划产量而定。通常苗种放养规格 20～30 头/kg(33～50 g/头)的养殖密度一般

为4～5头/$m^2$，8～10个月养成；苗种放养规格200～400头/kg(2.5～5 g/头)的养殖密度一般为6～10头/$m^2$，12～18个月养成。最佳放苗时间为秋季的10～11月和翌年春季的4～5月。苗种投放一般采用网袋式投放，将参苗装入开口的网袋中投放到附着基上，让其自行爬出。

(4) 浮筏吊笼养殖

浮筏吊笼养殖是将刺参放至养殖吊笼内，悬挂于浅海浮筏上进行养殖的一种养殖生产模式，是南方地区刺参养殖的主要模式之一。

**图1-11　浮筏吊笼养殖模式图**

① 选址：选择潮流通畅、风浪平稳、无大量淡水注入、无污染、无赤潮的内湾；水深为7 m以上。

② 养殖环境：主要由浮桶、木板、竹竿、橛缆、橛子、吊绳、养殖笼等组成。多为扇贝养殖笼，每串养殖笼通常由5～6个养殖箱组成，养殖箱的规格为40 cm×30 cm×12 cm；通常每亩水面悬挂养殖笼1 500～2 500串。

③ 苗种选择：放苗苗种一般从我国北方地区选购，经过池塘养殖驯化的苗种能够更好地适应海区环境，成活率较高；苗种的规格为20～30头/kg(33～50 g/头)，放养密度为5～6头/箱；放苗时间一般在每年的10月底至11月初。放苗需要南北两地协同进行，避免南方高温和北方低温的差异过大；由于运输距离长，多采取水车运输的方式。

④ 日常管理：以海带、鼠尾藻为主要的饲料原料，也可投喂养殖刺参专用的片状、粉末状饲料。投喂量根据实际摄食情况及时加以调整，日投饲量控制在刺参体重的2%～3%。养殖笼悬挂的水层根据水温、透明度、水流而定，一般控制在水下1.5～3.0 m；根据刺参的生长状况和水质情况可适当调整苗种密度。

(5) 网箱养殖

刺参网箱养殖是在浅海通过搭建浮筏，构建特制网箱及其内置倒“W”形网片附着基，所开展的一种养殖生产方式。

图 1-12 网箱养殖模式图

① 选址：选择海面开阔、水流平缓、风浪较小、无污染、无大量淡水注入的内湾；水深 7 m 以上。

② 养殖环境：主要由浮桶、本板架、锚缆、锚(或水泥坨)、网衣、附着基、网坠等组成。网箱一般由木板连接成网排，网排通过浮桶悬浮于水面上，利用锚缆、锚固定于海区内，网衣悬系在网排上，网衣网孔为 8～20 目。浅海网箱养殖的规格根据海域透明度、水深、水流及管理方式而定，网箱规格为 4 m×4 m，深度一般为 2～3 m。

③ 苗种选择：网箱养殖分为保苗和养成两种养殖方式，网箱保苗养殖方式一般选择规格为 200～400 头/kg(2.5～5 g/头)的苗种，放养密度根据池塘的水质、网箱内网片的密度及管理情况而定，保苗刺参生长到 40～60 头/kg(16～25 g/头)时即可一次性收获；刺参网箱养成方式一般选用规格为 20～30 头/kg(33～50 g/头)的苗种，放养密度为 30 头/$m^2$ 左右，一般生长到 6～10 头/kg(100～166 g/头)的商品参即可进行市场销售。

④ 日常管理：一般以网衣上生长的藻类和附着的有机物、微生物等作为刺参的饵料。摄食较为旺盛的季节为每年的 4～6 月和 10～11 月，在此期间可投喂片状、粉末状的人工配合饲料。

(6) 浅海沉箱养殖

浅海沉箱养殖是利用高密度聚乙烯(HDPE)塑料管制成网架，外面罩置双层特制网衣，内部放置轻质附着基，并通过管件内水和气的进出控制网箱沉浮的一种养殖生产模式。

① 选址：选择潮流通畅、水流平缓、风浪较小、水质清澈、远离河口、无污染的海域；水深 10 m 左右为宜。

② 养殖环境：建造沉箱，利用高密度聚乙烯塑料管制成网架，一般为圆形，直径

8～10 m,高约 2 m。

**图 1－13　浅海沉箱养殖模式图**(引自王吉桥 等,2012)

③ 苗种选择:由于海区环境恶劣,而室内苗种对环境的适应能力差,因此最好选择经过池塘养殖的苗种。苗种的规格为 50～100 头/kg(10～20 g/头),养殖密度为 30～50 头/$m^2$,根据刺参的生长情况及成活率,在不同养殖阶段适当地调整养殖密度。在摄食季节根据饵料的摄食情况适当投喂泡发的海带或人工配合饲料,一般以片状饲料为佳。

④ 成参收捕:养殖周期一般为 1 年以上,刺参生长到 6～8 头/kg(125～166 g/头)时一次性收获,对商品参进行市场销售。

(7) 人工控温工厂化养殖

人工控温工厂化养殖是一种利用养殖大棚设施,通过人为控制水温、溶解氧、盐度、水质等环境条件所进行的高密度、集约化的养殖生产模式(Yokoyama, 2013)。

**图 1－14　人工控温工厂化养殖模式图**

① 选址:工厂化养殖大棚应建在取水方便的海区或养殖池塘附近、拥有丰富的地下海水或地热资源的地区。

② 养殖环境：大棚墙体由砖砌而成，棚顶为钢架支架，水泥池的大小根据大棚情况而定，一般规格为 6 m×6 m，水深 1 m 左右；为了充分利用空间和减少能量消耗，可在室内开展循环水养殖。

③ 苗种选择：工厂化养殖具有短、平、快的特点，放养规格为 50～70 g/头的大规格刺参，经过 3～4 个月的养殖周期，即可获得 150 g/头左右的商品参；养殖密度根据刺参的大小、水温、计划产量、管理水平等情况而定，一般为 20～40 头/$m^2$，根据刺参的生长情况，应适当调整养殖密度。

2. 我国部分产区刺参主要养殖模式

不同地域底质状况及水文因子造成了刺参养殖模式的差异，产于辽东半岛的“辽参”，堪称刺参上品，其中由大连海洋大学、大连力源水产有限公司、大连太平洋海珍品有限公司选育的“水院 1 号”刺参新品种，是目前唯一一个由农业部审定通过的我国海参养殖新品种，具有出皮率高、营养价值高、苗种成活率高、生长速度快等优点。近年来辽宁刺参养殖业迅猛发展，刺参养殖已经成为养殖业结构调整和渔业经济发展方式转变并取得突破性进展的优势产业。全省刺参增养殖面积达到 21.7 万 $hm^2$，年产量超过 7 万 t，产量占全国近半数。刺参产业年产值达到 120 多亿元，成为辽宁省海水增养殖的支柱产业之一，是实现渔业增效、渔民持续增收的重要手段（陈文博 等，2018）。大连海参年产量 5 万多 t，全产业链产值 200 多亿元。海参产业已成为大连海洋渔业经济优势最突出、品牌影响力最大的支柱产业。近年来养殖区域已由大连扩展至丹东、营口、锦州等沿海地区，其中最具代表性的养殖方式为池塘养殖、围堰养殖、海洋底播增殖（隋锡林 等，2010）。

山东省作为我国刺参的另一原产地和主产区，目前主要以增殖护养为主。烟台产区主要采用连片池塘养殖模式、潮间带围堰及海底围网、底播增殖等模式；威海产区通过创建刺参原良种场，大力发展刺参养殖产业，带动了刺参餐饮业、加工业以及刺参销售的蓬勃发展，形成了一条稳定的刺参产业链，被誉为“全国刺参养殖第一市”；青岛产区主要采用潮间带围堰养殖、池塘养殖、海上吊笼养殖及工厂化养殖，其中利用虾池改造进行池塘养殖发展最快；日照产区主要采用深水井大棚工厂化养参，该养殖模式周年水温保持在 13～18 ℃，盐度 26 以上，可使刺参避开在自然生长状态下的冬眠和夏眠，使刺参全年生长，养殖周期缩短 1/3～1/2，并可反季节向市场供应鲜活品，价格提升约 1/4（李成林 等，2010）。

福建省刺参养殖区域主要分布在宁德市、福州市、莆田市和漳州市的沿海地区，主要采用两种刺参养殖模式：一是网箱吊笼单养或混养，其中混养的品种主要为刺参和鲍鱼；二是池塘单养或多品种混养。漳州市以单养为主，莆田市城厢区灵川镇和东海镇主要以刺参与花蛤、对虾混养为主。2011 年福建省网箱养殖刺参达到117 233箱，投苗量15 198.28×$10^4$头。池塘养殖主要集中在莆田市和漳州市，其中莆田市养殖面积约80 $hm^2$，漳州市养殖面积达400 $hm^2$（刘常标 等，2013）。

浙江大部分刺参养殖海区处于台湾暖流和东海沿岸流交汇区域，水温适宜，盐度适中，饵料丰富，潮流平缓且区域广阔，适宜发展高密度养殖模式。浙江温州地区目前以海上渔排网箱养殖模式为主（苏来金 等，2011），虽然面积不足7 $hm^2$，但养殖密度大，管理方便，地区产量占浙江养殖刺参总产量的90%以上；而海域延绳式刺参养殖模式一般结合海带、羊栖菜进行混合养殖，但养殖密度小，投饵管理不方便，因此产量较小。从2009年开始，许多养殖户开始探索围塘养殖、水泥池室内养殖等养殖模式，充分发挥海域池塘、虾池及养殖工厂的优势，养殖技术逐步成熟。

### 1.2.3　刺参养殖产业的主要问题

随着刺参养殖规模的迅速扩大，刺参养殖产业出现了盲目发展的趋势。由于技术欠缺、生产技术工艺落后，导致刺参种质退化、养殖水域环境恶化、病害频发、养殖产品存在质量安全等问题，使刺参质量参差不齐，发展中的矛盾和潜在问题日渐突出，加之渔用药品的经营、管理无序，养殖企业和养殖户缺乏科学指导，药品使用不规范等，使刺参的质量安全受到严重影响。个别企业或养殖户通过使用药物来提高苗种的成活率、提高单产，片面追求经济效益最大化，导致所产苗种适应环境能力及抗病力低，还可能存在药物残留、产品质量无法保障的隐患（陈文博 等，2018）。

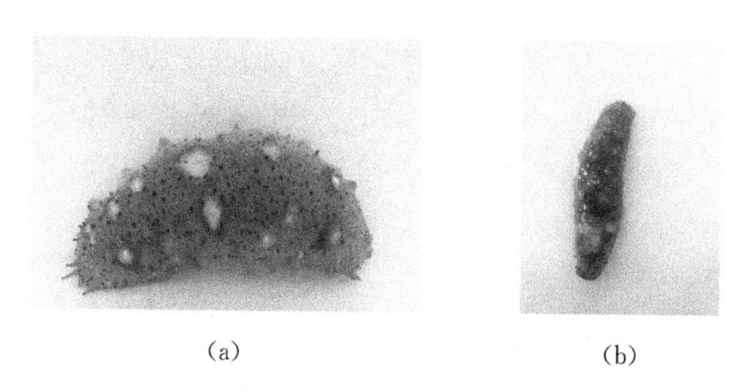

(a)　　　　(b)

**图1－15　刺参腐皮综合征图片**

注：图(a)由张伟杰赠与，图(b)由黎睿君等赠与。

#### (1) 优质苗种繁育技术有待提高

目前，我国已成功掌握刺参苗种繁育技术并使其日趋成熟，从事刺参苗种繁育的厂家不计其数，其产量也达到了相当规模，但整个苗种繁育产业缺乏整体调控性和计划性，各育苗厂家由于缺少科学的育苗规范和标准，生产的种类和数量随意性很大，苗种供应量随之变动较大。育苗厂家规模和水平仍参差不齐，生产条件普遍

存在标准低、设备落后、配套程度不高的问题，这些问题导致苗种健康程度不一，优质苗种产量较少，间接影响着对病害、水质环境和产品质量的监控效果。

(2) 养殖结构和布局不够合理

刺参增养殖模式包括工厂化养殖、池塘围堰养殖、浅海底播增殖及浮筏吊笼养殖，在刺参养殖过程中，其对生存海域要求较高，需要温度盐度适宜、水质好、风平浪静。随着人们对刺参营养价值的逐步认可，刺参养殖区域逐渐扩大，环境优质的海湾相较于养殖区域来说属于稀缺资源。在此稀缺的情况下，增养殖场地和海域缺少科学的规划与布局，科学养殖规划无法付诸实施，而海区养殖规模仍无序扩大，养殖户随意设置渔排，养殖区混乱布局，导致水流不畅，影响养殖效果，存在极大隐患。在池塘围堰养殖中刺参密度过大，在浮筏吊笼养殖中时间和区域等过于集中。高温、淡水输入等外源影响和养殖生产自身污染等对养殖生态系统造成破坏，温度和盐度等指标超越了刺参本身可以忍受的范围，导致其病害严重，甚至大规模死亡，养殖产量出现滑坡(苏来金 等，2014)。

(3) 环境恶化，疾病频发

随着刺参养殖规模的迅速扩大和养殖密度的大幅度提高，刺参养殖面临的环境问题日渐突出，首先，主要是部分海域环境恶化，导致养殖产量与所在海区环境之间相互影响，刺参养殖病害逐渐爆发，相继出现烂嘴、排脏、溃烂等多种病症，甚至造成刺参死亡。我国刺参养殖区域主要集中在沿岸海域和潮间带，此区域多是陆源污染物、污水排放和水产养殖自身污染物的主要受纳场所，养殖区易受污染(张春云 等，2004)。而污染海区富营养化引发的赤潮、绿潮等问题又严重地威胁着刺参的生产安全。其次，刺参本身虽属于生物修复性物种，但高密度的养殖方式和落后的管理模式，造成了养殖的自身污染。再次，过度开发的滩涂刺参养殖池塘和围堰等侵占了其他海洋生物的繁殖、索饵和栖息场所，对海域生态平衡造成负面影响(李成林 等，2010)。

(4) 病害防控技术不够完善

随着国内刺参养殖业的迅速发展、养殖面积的迅速扩张以及集约化养殖方式下的不规范操作，养殖过程中相继出现一系列病害，给刺参养殖业带来了巨大的损失(姜森颢 等，2017)。目前主要的病害种类有：皮肤溃烂病、身体扭曲症、寄生虫病、溢肠症、僵化病、围口部肿胀病等。其中，“烂皮病”因其高传染性、高死亡率而成为刺参养殖病害研究的重点。该病发病特征为：染病初期的刺参一般先从口部出现感染，表现为围口膜松弛，触手对外界刺激反应迟钝，继而大部分刺参会出现排脏现象；中期感染的刺参身体收缩，僵直，一般口腹部出现小面积溃疡，形成蓝白色小斑点，逐渐长大摄食能力；感染末期刺参的病灶变大，溃疡处增多，表皮腐烂面

积变大，最后导致刺参死亡，溶化成鼻涕状胶体。研究调查结果表明：一般 2～4 月为该病发病高峰期，感染率高，传染速度快，死亡率高。越冬保苗期幼参和养成期刺参均可被感染发病，且幼参的感染率、发病率、死亡率都要高于成参。因此，为了保障刺参养殖业的健康发展，有必要加强刺参病害病原的分析与鉴定及病害防治方法的研究。

(5) 养殖饲料研究程度有待深入

随着养殖规模不断扩大，刺参养殖产业对优质饲料及其原料的需求量逐年放大。我国刺参养殖生产中以使用自配和市售配合饲料为主，其主要原料为优质大型海藻（鼠尾藻、马尾藻和大叶藻等）。巨大的市场需求导致我国相关海藻资源被掠夺性利用，资源量迅速减少，市场价格昂贵（Jiang et al，2012）。目前，国内市场上刺参饲料配方混杂，原料质量较难保证，使用效果并不稳定。在刺参营养与饲料领域中，我国科技工作者在刺参生化成分与营养需求、不同饲料原料组成及其养殖效果等方面开展了不少有益的研究，但总体研究程度不深，仍需在更多方面进行深层次研究，找寻出更有利于刺参生长的饲料原料，探究出规范、科学、优质的刺参饲料配方（麦康森，2010）。

(6) 部分产品存在食品安全隐患

刺参产品的药物残留可能来自育苗和养殖期间使用的药物或加工过程中的保鲜剂和保水剂，刺参人工饲料及天然饵料中的一些重金属含量较高，刺参加工中食盐、草木灰等辅料均可带来重金属隐患。假冒伪劣产品时有发现，如水分、盐分超标；肉质腐烂，以次充好；包装和标示不规范；“糖干刺参”冒充淡干刺参，以增加质量，牟取暴利等。目前刺参销售市场缺乏规范管理，缺乏严格的产品准入制度和产品溯源体系，产品上市销售前缺乏更加严格的检验。总之，我国刺参食品安全技术体系和卫生预警预报系统尚需完善。

(7) 对自然环境依赖强、投资风险高

由于刺参的生物学特性，当夏季来临，养殖海域水温逐渐升高，刺参将进入夏眠状态，其间不摄食，不生长，体形缩小，体重下降，必须及时上市销售。罕见高温天气更是会带来严重影响，例如 2018 年夏季辽宁多地持续高温，局部地区最高气温甚至突破了 40 ℃，高温天气导致养殖池内的海参出现了大量死亡的情况，2018 年辽宁地区损失产值超过 68.7 亿元。

## 参考文献

曹建，贾子才，丛培旭，等，2016. 冰岛刺参和南非花刺参脑苷脂分子种的比较[J]. 中国海洋大学学报（自然科学版），46(9)：38－44.

曹荣,李志超,刘淇,等,2015.干海参加工过程中腌制处理对品质的影响[J].中国渔业质量与标准,5(5):9-13.

常亚青,2004.海参、海胆生物学研究与养殖[M].北京:海洋出版社.

陈卉卉,于平,励建荣,2010.东海海参胶原蛋白多肽的制备及清除自由基功能研究[J].中国食品学报,10(01):19-25.

陈娟娟,2013.黑乳海参胶原蛋白活性肽的研究[D].开封:河南大学.

陈权勇,郑永昌,童丹红,2015.海参多糖对饮水型氟中毒大鼠致血液抗氧化能力损伤影响机理的研究[J].中国地方病防治杂志,30(06):516-517.

陈文博,郑怀东,刘学光,等,2018.辽宁刺参育苗养殖技术集成[J].中国水产(1):95-97.

陈艳秋,2015.红刺参皂苷提取及其免疫活性研究[J].食品工业,36(08):20-23.

崔凤霞,2007.海参胶原蛋白生化性质及胶原肽活性研究[D].青岛:中国海洋大学.

杜佳垠,2005.刺参增养殖现状与发展[J].北京水产(3):4-5.

樊绘曾,陈菊娣,林克忠,1980.刺参酸性黏多糖的分离及其理化性质[J].药学学报(05):263-270.

樊绘曾,2001.海参:海中人参——关于海参及其成分保健医疗功能的研究与开发[J].中国海洋药物(04):37-44.

樊廷俊,袁文鹏,丛日山,等,2009.仿刺参水溶性海参皂苷的分离纯化及其抑瘤活性研究[J].药学学报(1):25-31.

高壮,周鑫,胡晓倩,等,2012.海参脑苷脂及其长链碱基对肥胖小鼠脂代谢和糖代谢的影响[J].浙江大学学报(医学版),41(1):60-64.

胡人杰,于苏萍,姜卉,等,1997.刺参酸性黏多糖与可的松联用方案对小鼠肿瘤的抑制作用[J].癌症(06):24-26.

胡晓倩,王玉明,任兵兴,等,2009.海参主要活性成分对大鼠脂质代谢影响的比较研究[J].食品科学,30(23):393-396.

黄华伟,王印庚,2007.刺参养殖现状、存在问题与前景展望[J].中国水产(10):50-53.

姜森颢,董双林,高勤峰,等,2012.相同养殖条件下青、红刺参体壁营养成分的比较研究[J].中国海洋大学学报(自然科学版),42(12):14-20.

姜森颢,任贻超,唐伯平,等,2017.我国刺参养殖产业发展现状与对策研究[J].中国农业科技导报,19(9):15-23.

李八方,2009.海洋保健食品[M].北京:化学工业出版社.

李成林,宋爱环,胡炜,等,2010.山东省刺参养殖产业现状分析与可持续发展对策[J].渔业科学进展,31(4):126-133.

刘常标,游岚,2013.福建省刺参养殖产业发展现状与对策[J].福建水产,35(1):64-67.

刘程惠,朱蓓薇,董秀萍,等,2007.海参酶解产物的分离及其体外抗氧化作用的研究[J].食品与发酵工业(09):50-53.

刘风仙,宋扬,2010.刺参酸性黏多糖对宫颈癌 HeLa 细胞凋亡及 Bax、Bcl-2 基因表达的影响[J].实用医学杂志,26(12):2089-2091.

刘昕,刘京熙,张健,等,2016.仿刺参卵多糖的分离纯化及体外抗肿瘤活性[J].食品科学,07

(23):105-110.

马西,Lindn J,1990.刺参酸性黏多糖抑制凝血酶活性作用的辅因子[J].中华血液学杂志(5):241-243.

马忠兵,2006.刺参黏多糖抗病毒作用的初步研究[D].青岛:青岛大学.

麦康森,2010.我国水产动物营养与饲料的研究和发展方向[J].饲料工业,20(A1):1-9.

缪辉南,戴建凉,1995.海洋生物抗肿瘤活性物质的研究进展[J].生物工程进展(01):8-14.

聂卫,王士贤,2002.海参的药理作用及临床研究进展[J].天津药学(01):12-15.

阮长耿,陈宏,张威,等,1986.海参黏多糖 Sjamp 对兔血小板的作用[J].苏州医学院学报(1/2):8-10.

阮伟达,苏永昌,吴成业,2011.海参皂苷的研究现状[J].福建水产,33(02):74-78.

盛卸晃,2012.刺参多糖对神经细胞作用的研究[D].济南:山东大学.

苏来金,徐仰丽,张井,等,2011.温州地区海参产业现状及发展对策[J].浙江农业科学(4):943-946.

苏来金,周朝生,胡利华,等,2014.南方刺参产业发展现状及可持续发展的思考[J].水产科技情报,41(2):57-60.

隋锡林,刘学光,王军,2010.辽宁省刺参养殖现状及对若干关键问题的思考[J].水产科学,29(11):688-690.

孙修勤,郑法新,张进兴,2005.海参纲动物的吐脏再生[J].中国海洋大学学报(自然科学版)(05):719-724.

谭国福,梁陈长生,刘佳仟,等,2007.海参的加工及产品质量[J].食品与药品(10):69-71.

王怀洪,严俊贤,冯永勤,等,2017.花刺参胚胎和幼体发育的形态观察[J].水产科学,36(05):606-611.

王吉桥,田相利,2012.刺身养殖生物学新进展[M].北京:海洋出版社.

王静凤,逄龙,薛勇,等,2008.日本刺参酸性黏多糖、皂苷和胶原蛋白多肽对血管内皮细胞的保护作用[J].中国药理学通报,24(02):227-232.

王奕,2007.日本刺参胶原蛋白多肽和鱿鱼皮胶原蛋白多肽护肤活性的研究[D].青岛:中国海洋大学.

王印庚,荣小军,2014.刺身健康养殖与病害防控技术丛解[M].北京:中国农业出版社.

谢忠明,2004.海参海胆增养殖技术[M].北京:金盾出版社.

徐杰,2011.海参脑苷脂的分离纯化、结构分析及其生物活性研究[D].青岛:中国海洋大学.

许慈荣,1983.海参的形态结构和生活习性[J].生物学通报(06):22-24.

闫冰,李玲,易杨华,等,2005.糙海参中三萜皂苷活性成分的研究[J].第二军医大学学报,26(6):43-48.

闫冰,李玲,易杨华,2004.海参多糖的生物活性研究概况[J].药学实践杂志(02):101-103.

杨晓光,陈关珍,罗晓玲,等,1990.Sjamp 对纤溶系统影响的初步观察[J].中国医学科学院学报(03):187-192.

于瑞海,李琪,燕会东,等,2007.无公害刺参稳产健康养殖新技术[J].海洋湖沼通报(4):157-160.

袁文鹏，丛日山，杨秀霞，等，2007. 水溶性海参皂苷的分离纯化及其抗真菌活性研究[J]. 山东大学学报(理学版)，42(5)：69－73.

张春云，王印庚，荣小军，等，2004. 国内外海参自然资源、养殖状况及存在问题[J]. 海洋水产研究，25(3)：89－97.

张杰，张永勤，罗彩华，等，2015. 海参体壁中 α-1，4 淀粉酶的分离纯化及性质[J]. 食品科学，36(5)：137－141.

张然，2013. 仿刺参(*Apostichopus japonicus*)中 Holotoxin A1 的定量分析及不同海参的皂苷特征图谱研究[D]. 青岛：中国海洋大学.

张珣，2012. 不同种类海参岩藻聚糖硫酸酯降血糖作用及抗肿瘤活性的比较研究[D]. 青岛：中国海洋大学.

赵玲，刘淇，曹荣，等，2015. 免煮速发型干海参与盐干海参的品质对比分析[J]. 中国渔业质量与标准，5(6)：59－63.

周湘盈，2008. 东海刺海参冻干粉抑瘤作用的研究[D]. 济南：山东大学.

朱伟，麦康森，张百刚，等，2005. 刺参稚参对蛋白质和脂肪需求量的初步研究[J]. 海洋科学，29(3)：54－58.

朱文嘉，王联珠，郭莹莹，等，2015. 盐渍海参行业标准制修订的分析探讨[J]. 中国渔业质量与标准，5(5)：31－37.

Dang N H，Thanh N V，Kiem P V，et al，2007. Two new triterpene glycosides from the Vietnamese sea cucumber Holothuria scabra[J]. Archives of Pharmacal Research，30(11)：1387－1391.

Fu X Y，Xue C H，Miao B C，et al，2005. Characterization of proteases from the digestive tract of sea cucumber (*Stichopus japonicus*)：high alkaline protease activity[J]. Aquaculture，246(1)：321－329.

Kaneko M，Kisa F，Yamada K，et al，2003. Structure of a new neuritogenic-active ganglioside from the sea cucumber *Stichopus japonicus*[J]. European Journal of Organic Chemistry (6)：1004－1008.

Kisa F，Yamada K，Kaneko M，et al，2005. Constituents of holothuroidea，14. Isolation and structure of new glucocerebroside molecular species from the sea cucumber *Stichopus japonicus*[J]. Chemical & Pharmaceutical Bulletin，53(4)：382.

Kitagawa I，Sugawara T，Yosioka I，1976. Saponin and sapogenol. xv. antifungal glycosides from the sea cucumber *Stichopus japonicus* selenka. (2). structures of holotoxin A and holotoxin B[J]. Chemical & Pharmaceutical Bulletin，24(2)，275.

Liu H H，Ko W C，Hu M L，2002. Hypolipidemic effect of glycosaminoglycans from the sea cucumber metriatyla scabra in rats fed a cholesterol-supplemented diet[J]. Journal of Agricultural & Food Chemistry，50(12)：3602－3606.

Mats M N，Korkhov V V，Stepanov V R，et al，1990. The contraceptive activity of triterpene glycosides—the total sum of holotoxins A1 and B1 and holothurin A in an experiment[J]. Farmakol Toksikol，53(2)：45－47.

Santhakumari G, Stephen J,1988. Antimitotic effects of holothurin[J]. Cytologia, 53(1): 163-168.

Seo J Y,Shin I S,Lee S M,2011. Effect of various protein sources in formulated diets on the growth and body composition of juvenile sea cucumber *Apostichopus japonicus*(Selenka)[J]. Aquaculture Research,42(4):623-627.

Yang H, Yuan X, Zhou Y, et al,2015. Effects of body size and water temperature on food consumption and growth in the sea cucumber *Apostichopus japonicus* (Selenka) with special reference to aestivation[J]. Aquaculture Research, 36(11):1085-1092.

Yokoyama H,2013. Growth and food source of the sea cucumber *Apostichopus japonicus* cultured below fish cages-potential for integrated multi-trophic aquaculture[J]. Aquaculture(372-375):28-38.

# 第二章 刺参的主要营养物质需要

## 2.1 研究营养物质需要的必要性及研究方法

### 2.1.1 研究营养物质需要的必要性

动物生长，实际上就是动物对饲料营养成分的利用和积累，以此维持生命活动和建造自身组织、维持新陈代谢，而饲料的质量影响动物的生长、发育和繁殖。随着科技的发展，水产养殖业的产量和效益不断提高，其原因是多方面的，其中一个重要原因就是饲料的质量在不断提高。研究饲料的目的就是满足养殖动物的生理需要，提高饲料的利用率，最大限度地发挥饲料的使用价值，降低饲料成本和养殖成本，提高经济效益。

刺参的营养方式与其他海水养殖生物（如鱼虾贝类）相比较有两个突出的特点：一是属于沉积物食性，利用楯形触手摄食海底和附着基上的沉积物或附着物；二是消化道分化程度低，需要借助有利的生态因素来完成消化吸收。在单纯投喂传统的配合饲料的情况下，刺参不像一些鱼类那样直接吞食饲料，也不像一些对虾类那样直接抱食饲料，而是待饲料在附着基或池底表面分散后，连同泥沙等其他物质一起被部分摄食，这样势必造成部分饲料的溶失，对水环境造成污染。

近年来，虽然我国刺参养殖规模不断扩大、集约化程度不断提高，但营养需求等基础理论的研究水平整体不高，配合饲料的研发落后于产业发展的需要，正逐渐成为制约刺参养殖业发展的最重要因素之一。刺参人工配合饲料的研究还有许多方面需要探索与检验，应在刺参饲料配方的设计和饲料原料的选择上加大研究力度，从刺参消化生理方面入手，对刺参的营养需求进行研究，由此研制出廉价高效、效果稳定的配合饲料，为我国刺参养殖业蓬勃发展提供科学的保障。

### 2.1.2 营养物质需要的研究方法

(1) **饲养试验法**

饲养试验(feeding experiments)可以分为广义的饲养试验和狭义的饲养试验。广义的饲养试验包括消化试验、物质与能量代谢试验及比较屠宰试验,试畜的饲养管理必须符合消化代谢实验室的环境条件。狭义的饲养试验,试畜的饲养管理条件与环境条件接近农场实际生产条件。饲养试验必须准确记录采食量和测量畜禽的生产性能指标,如日增重、产奶、产蛋、产毛、繁殖性能等,是能获得可在实际生产中直接应用的结果的一种常用方法,也是评定饲料营养价值最常用的一种试验方法,还是探讨动物对营养物质需要量的一种简单易行的方法。试验在相同因素影响下产生相同结果,在不同因素影响下产生不同结果,即不同结果的产生是由于变化了的因素所引起的。这一因果规律在动物饲养试验中的具体应用是将动物进行分组或分期试验,比较动物在不同环境条件下的反应和产生的结果。饲养试验比较的指标,对生长肥育动物多比较日增重、饲料利用率、经济效益等;对种用动物则比较繁殖性能、种用体况、配种能力、精子品质、饲料利用率、经济效益等。有条件的可进一步研究动物的生理生化指标,并结合消化试验、代谢试验、平衡试验或屠宰测定等进行综合分析,以作出科学的结论。

(2) **平衡试验法**

动物体内的物质代谢和能量代谢有着不可分割的关系,饲料中有机物质(蛋白质、脂肪和碳水化合物)均含有能量,营养物质在体内进行化学变化的同时,就伴随着能量的转化。根据能量守恒定律,比较动物体内能量收入和支出的差异,就可知道动物体内能量的平衡状况。如果动物体内能量呈负平衡,则说明供给动物的能量不能满足需要;若呈正平衡,则说明供给动物的能量除了满足正常生命活动的需要外,还有剩余可用于生产。物质平衡试验是测定饲料净能和研究动物体内物质代谢规律及平衡状况的重要方法。物质平衡试验是根据动物采食的养分与排出的养分之差来研究动物体成分的变化,即分析体脂肪和体蛋白的沉积、分解和转化为畜产品的数量的一种方法。食入饲料中的各种养分、饮水和吸入的空气是进入机体的物质;排出的粪、尿,呼出的二氧化碳,消化道产生的甲烷,脱落的上皮细胞,分泌的乳、蛋等是支出的物质。进入的物质多于支出的物质时,机体处于正平衡,说明进入的部分营养物质沉积在机体内。支出的物质多于进入的物质时,机体处于负平衡,说明体内的养分发生了分解。进入的物质等于支出的物质时,机体处于平衡。平衡试验在代谢试验的基础上增加了体外产品的分析。

(3) 屠宰试验法

比较屠宰测定法也是用于测试动物体内沉积能力的方法,它是根据动物在试验期内,饲喂供试饲料或日粮后,动物体成分(体蛋白、体脂肪)的变化来测定动物体沉积能力,以评定饲料或日粮的营养价值。

(4) 生物学法

化学分析法是指对饲料、动物组织及动物排泄物的化学成分进行分析测定,主要是进行定量分析。化学分析法包括饲料分析、血液分析、尿液分析及粪便分析。通过测定有关化学成分,可为动物营养物质需要量的确定和饲料营养价值的评定提供基础数据,为机体营养缺乏症的早期诊断提供重要的参数。① 饲料分析。该方法是通过测定饲料中的概略养分含量和纯养分含量,来评定饲料的营养价值。饲料中的概略养分包括水分、粗蛋白、粗脂肪、粗纤维、粗灰分和无氮浸出物,但这六种概略养分是一个笼统的概念,很难对饲料的营养价值作出较为准确的评判。对饲料中纯养分含量的分析测定是化学分析手段不断完善和发展的结果,也是营养学研究的必然要求。② 动物组织和血液分析。通过分析动物血液成分以及动物机体组织的相关指标来评价机体维生素、微量元素的吸收代谢情况,结合饲养试验、平衡试验和屠宰试验以确定动物对各种营养物质的需要。常用于测定的组织有肝、肾、骨骼肌、骨、毛发以及全血、血浆、血清和红细胞,甚至整个机体样品。③ 尿液分析。尿液中含有各种无机及有机成分,它们大多是动物新陈代谢的产物,虽然它们的含量受许多因素的影响,但在正常情况下,各种成分都有一定的含量范围。通过分析某些尿液成分可了解体内代谢和机体营养状况是否正常。④ 粪便分析。粪便成分分析是消化试验和平衡试验的重要内容。通过测定粪便中的粗蛋白、粗纤维和粗脂肪等养分的含量,来估计饲料中的各种可消化养分含量、消化能及代谢能值的高低。

## 2.2 刺参对蛋白质需求量的研究

### 2.2.1 引言

蛋白质对于鱼体是必需的。饲料蛋白质不足会导致鱼生长减慢或停止,并且由于从不太重要的组织中撤出蛋白质以维持更重要组织的功能,从而导致体重减轻。关于刺参最佳生长的基本营养需求的报道很少。然而,在以往的研究中,多以蛋白质含量较高的饲料饲养刺参,并且在实际的研究结果中,生长率往往较低。关

于刺参饲料蛋白质需求的信息不足已成为限制该行业可持续发展的因素之一。因此，刺参饲料最佳蛋白质含量的确定仍然是一个活跃的研究领域。

### 2.2.2　材料与方法

(1) **材料**

试验用刺参幼参为大连金瑞水产有限公司春季产卵培育的苗种。从 1 000 头刺参中随机选择 420 头(初始体重为 1.07±0.02 g)进行试验。

(2) **饲料配方及制作**

以鱼粉、大豆蛋白为主要蛋白源，设计了含蛋白质量分别为 4.20%，10.89%，15.52%，21.67%，25.80%，31.33%和 35.75%的 7 种试验饲料(试验饲料配方及营养成分实际测定值见表 2-1)。将原料混合均匀，用制粒机挤压成颗粒料(颗粒直径为 1.8 mm)，置于 72 ℃烘箱中烘干至水分含量为 10%～12%，装袋储存于 -20 ℃ 冰箱中备用。

**表 2-1　试验饲料配方及营养成分分析**

| | 处理 | | | | | | |
|---|---|---|---|---|---|---|---|
| | Diet 1 | Diet 2 | Diet 3 | Diet 4 | Diet 5 | Diet 6 | Diet 7 |
| 饲料原料(%) | | | | | | | |
| 马尾藻 | 50 | 50 | 50 | 50 | 50 | 50 | 50 |
| 混合维生素 | 1 | 1 | 1 | 1 | 1 | 1 | 1 |
| 混合矿物质 | 1 | 1 | 1 | 1 | 1 | 1 | 1 |
| 酵母粉 | 3 | 3 | 3 | 3 | 3 | 3 | 3 |
| 褐鱼粉 | 0 | 5 | 10 | 16 | 22 | 27 | 45 |
| 大豆蛋白 | 0 | 2.5 | 5 | 8 | 11 | 13.5 | 0 |
| 微晶纤维素 | 45 | 37.5 | 30 | 21 | 12 | 4.5 | 0 |
| 合计 | 100 | 100 | 100 | 100 | 100 | 100 | 100 |
| 营养成分(%) | | | | | | | |
| 水分 | 4.43 | 3.95 | 5.12 | 2.93 | 3.21 | 4.78 | 2.61 |
| 灰分 | 25.51 | 26.47 | 26.68 | 28.20 | 29.10 | 30.46 | 31.89 |
| 粗蛋白 | 4.20 | 10.89 | 15.52 | 21.67 | 25.80 | 31.33 | 35.75 |
| 粗脂肪 | 4.81 | 5.12 | 5.29 | 5.01 | 5.21 | 5.50 | 5.78 |

(3) **饲养管理**

经过7 d的驯养,试验刺参能完全正常摄食配合饲料时开始正式试验。试验共分7个处理,每个处理设3个平行,共21个水槽(40 L),每槽投放20头刺参。每天投饵1次,投饵量为幼参体重的4%~5%,根据幼参的摄食情况相应调节投饵量。每日换水1次,换水量为1/3,同时清理粪便和收集残饵,换水后投饵。每10 d取样称重一次。在整个养殖期间,通过空调控温使室温保持在19±1 ℃,室内水温保持在18±1 ℃。同时全天进行避光处理。

(4) **样品的测定**

饲养试验结束后,停喂24 h,进行取样。首先,用纯水冲洗刺参表面2~3次,将刺参体表海水冲净后,用滤纸轻轻吸干刺参表面水分,之后立即解剖,获得内脏团,清洗肠道的内含物后称重,置于−80 ℃冰箱中保存。分析时截取前肠1.000 g,将其在匀浆器中匀浆,并用生理盐水稀释10倍制成匀浆液,在 −4 ℃下离心25 min (3 000 r/min),取上清液置于−80 ℃下冷冻备用。

生长指标计算公式为:

$$存活率(SR,\%)=成活尾数/总尾数\times 100$$

$$摄食量(FI,g)=C/25$$

$$体增重率(BWG,\%)=[(W_t-W_0)/W_0]\times 100$$

$$特定生长率(SGR,\%/d)=[(\ln W_t-\ln W_0)/T]\times 100$$

$$饲料转化率(FCR)=C/(W_t-W_0)$$

$$蛋白质效率(PER)=(W_t-W_0)/C_p$$

其中,$W_0$为试验刺参幼参的初始体重,$W_t$为试验刺参幼参的终末体重,$T$为试验天数,$C$为总摄食量,$C_p$为蛋白质消耗量(干重,g)。

酸性磷酸酶(ACP)、超氧化物歧化酶(SOD)、溶菌酶(LZM)和过氧化氢酶(CAT)酶活力采用南京建成科技有限公司试剂盒进行测定。

(5) **数据分析**

所有数据用Excel软件计算平均值和标准差,试验数据以平均值±标准差(mean±S. D.)表示。采用SPSS 16.0进行相关性检验,用单因素方差分析来进行试验组间显著性检验,若差异显著($P<0.05$),则作Duncan多重比较分析。

### 2.2.3 结果

(1) **不同蛋白质含量的饲料对刺参幼参生长的影响**

表2-2列出了喂养试验100 d后刺参幼参的生长性能和养分利用情况。喂养

试验期间，当饲喂具有高粗蛋白含量的饲料时，观察到刺参食欲不佳和生长缓慢。刺参在饲养试验结束时表现出高存活率（>70%），并且在所有处理中值没有显著差异。BWG开始增加，当饲料蛋白质含量超过10.89%时，随饲料蛋白质含量的增加而减少。饲喂含有10.89%粗蛋白的饲料时，BWG值显著高于饲喂含4.20%、21.67%、25.80%、31.33%和35.75%粗蛋白的饲料时（$P<0.05$），但与饲喂含15.52%粗蛋白的饲料时无显著性差异（$P>0.05$）。FI和PER随着饲料蛋白质含量的增加而降低。VBWG（内脏团体壁比）首先降低并随着饲料蛋白质含量的增加而随之增加，在所有处理中没有观察到显著差异（$P>0.05$），在饲料蛋白质含量为15.52%时达到最小值。

**表2-2 饲料蛋白质含量对刺参幼参生长的影响**

| 指标 | Diet 1 | Diet 2 | Diet 3 | Diet 4 | Diet 5 | Diet 6 | Diet 7 |
|---|---|---|---|---|---|---|---|
| IBW(g) | 1.06±0.01 | 1.05±0.02 | 1.08±0.02 | 1.08±0.01 | 1.09±0.01 | 1.09±0.03 | 1.06±0.01 |
| FBW(g) | 3.27±0.07[bc] | 5.39±0.19[d] | 5.16±0.22[d] | 3.73±0.27[c] | 3.18±0.14[bc] | 2.89±0.14[b] | 2.32±0.09[a] |
| FI(g) | 7.73±0.08[e] | 7.09±0.07[d] | 6.52±0.15[c] | 4.92±0.12[b] | 4.58±0.01[a] | 4.45±0.11[a] | 4.47±0.02[a] |
| SR(%) | 90.0±2.9 | 90.0±5.8 | 80.0±8.7 | 86.7±6.7 | 77.5±12.5 | 86.7±4.4 | 70.0±7.6 |
| BWG(%) | 209±8[bc] | 415±25[d] | 376±24[d] | 245±28[c] | 193±16[bc] | 166±19[ab] | 119±11[a] |
| FER | 0.34±0.05[d] | 0.26±0.04[cd] | 0.16±0.03[bc] | 0.09±0.01[ab] | 0.07±0.02[ab] | 0.05±0.02[a] | 0.03±0.01[a] |
| VBWG(%) | 21.4±3.9 | 20.3±0.4 | 15.4±0.7 | 16.2±1.2 | 17.0±1.6 | 16.8±0.7 | 18.8±1.7 |

注：数据表示方式为均值±标准误，结果后的不同字母表示组间差异显著（$P<0.05$）。

(2) 不同蛋白质含量的饲料对刺参幼参免疫酶活力的影响

ACP活力随饲料蛋白质含量增高呈先升高后下降的趋势，在饲料蛋白质含量为21.67%时达到最高值，并显著高于其他组（$P<0.05$）；SOD活力呈现先升高后下降的趋势，在饲料蛋白质含量为10.89%时达到最高值，并显著高于其他组（$P<0.05$）；LZM活力先升高后下降，在饲料蛋白质含量为15.52%时达到最高值，与10.89%组无显著性差异（$P>0.05$），但显著高于其他试验组（$P<0.05$）；CAT活力随饲料蛋白含量的增高出现逐步增高的趋势。

**表 2-3　饲料蛋白质含量对刺参幼参免疫酶活力的影响**(单位:U/mg Prot)

| 指标 | Diet 1 | Diet 2 | Diet 3 | Diet 4 | Diet 5 | Diet 6 | Diet 7 |
|---|---|---|---|---|---|---|---|
| ACP 活力 | 0.34±0.06[a] | 0.59±0.09[ab] | 0.88±0.06[bc] | 1.63±0.40[d] | 1.16±0.07[cd] | 1.03±0.09[bc] | 0.85±0.06[abc] |
| SOD 活力 | 33.7±5.7[a] | 66.7±1.9[c] | 56.0±2.1[b] | 59.3±1.5[bc] | 57.7±2.3[b] | 54.3±1.3[b] | 52.3±1.7[b] |
| LZM 活力 | 96±32[a] | 344±24[b] | 421±69[b] | 160±16[a] | 165±49[a] | 164±24[a] | 2.33±0.93[a] |
| CAT 活力 | 1.04±0.25[a] | 1.46±0.25[ab] | 1.34±0.32[ab] | 1.70±0.28[ab] | 1.86±0.45[ab] | 2.33±0.93[ab] | 2.69±0.43[b] |

注:数据表示方式为均值±标准误,结果后的不同字母表示组间差异显著($P<0.05$)。

(3) **刺参最适饲料蛋白质含量**

以饲料蛋白质含量(%)为横坐标,刺参 BWG(%)为纵坐标建立二次回归曲线,$y=-0.5383x^2+15.439x+216.07$, $R^2=0.672$。求得:当饲料蛋白质含量为13.54%时,刺参幼参获得最大体增重率(BWG),为 322%(见图 2-1)。

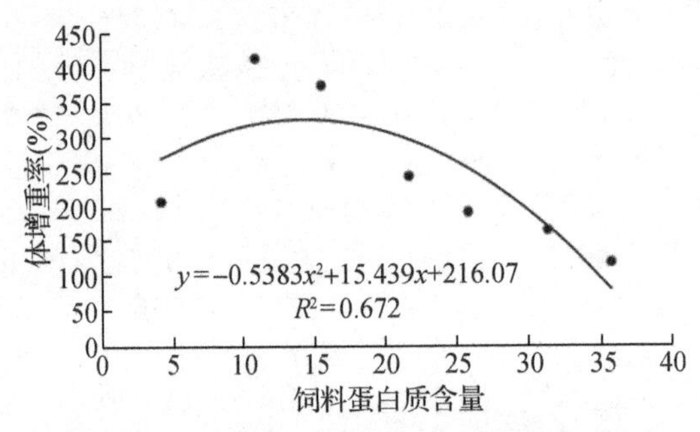


**图 2-1　饲料蛋白质含量与体增重率的关系**

## 2.2.4　讨论

(1) **饲料蛋白质含量对刺参幼参生长的影响**

植食性动物和杂食性动物的饲料蛋白质需求量通常低于肉食性动物。在本研究中,最大 BWG 是在饲料蛋白质含量为 18.90%的情况下获得的。在研究中发现,悬浮双壳类养殖产生的大量生物沉积物和其他有机沉积物可作为养殖刺参的潜在食物来源,这表明刺参不需要肉食性动物饲料那么高的蛋白质含量就能获得最佳的生长性能。先前研究报道的最低饲料蛋白质含量为 19.80%,高于本研究。如果提供过多的蛋白质,则只有一部分可用于有效生长,这可能导致最佳饲料蛋白质含量被高估。另外,最佳饲料蛋白质含量的变化可能归因于刺参的体型和水温。

体形、水温及其相互作用对刺参最大摄食率有显著影响。有些研究结果也表明，如果有足够的氧气来代谢所消耗的食物，生长的最佳温度应接近最大食物消耗的最佳温度。一些研究报道，刺参的 BWG 受温度波动的影响。尽管刺参可以承受多种温度，但生长仅发生在 12～21 ℃之间，生长的最佳温度是 16～18 ℃，这可能是导致之前研究中 BWG 值较低的原因。一些研究报道了类似的结论，在不同的恒定温度下刺参幼体的 SGR 不同，在 18 ℃时观察到最大的 SGR，这与目前的研究一致。此外，在先前的研究中，刺参获得最大 BWG 值时饲料蛋白质含量为 57.0%，比本研究要高得多。表明刺参生长性能不理想有可能导致不完全的蛋白质需要量。作为内脏和体壁质量之间的比例指数，VBWG 值越低表明刺参体壁有效生长的比例越高。在本试验中，当饲料蛋白质含量为 15.52%时，刺参生长特别是体壁生长最快。

(2) 饲料脂肪含量对刺参幼参免疫酶活力的影响

免疫系统可能受到各种因素的影响，包括疾病、污染物、激素和饮食。最近的研究表明，营养状况和免疫状态紧密相关。海参缺乏获得性免疫系统。在棘皮动物中，体腔细胞在非特异性免疫过程中起重要作用，是防御感染和损伤的第一线。吞噬血细胞是无脊椎动物中侵袭病原生物的主要非特异性防御机制。酸性磷酸酶是一组磷酸酯类酶，在低 pH 条件下表现出最佳的催化活性。ACP 活力的增加也说明溶酶体具有较高的活性，且分解代谢占优势，因为水解酶是溶酶体的标志酶。在本研究中，ACP 活力被用作刺参体液免疫的指标，间接反映吞噬细胞清除异物的能力。当饲料蛋白质含量为 21.67%时，ACP 活力达到最大值。随着饲料蛋白质含量的增加，ACP 活力呈现先升高后下降的趋势，这与饲料蛋白的含量有关。本研究结果表明，在适当范围内饲料蛋白质含量的增加将促进 ACP 活力的提高。

超氧化物歧化酶(SOD)作为体腔液的免疫学参数之一，是一种特殊的氧自由基清除剂，在氧化代谢过程中催化超氧离子向过氧化氢和分子氧转化，从而成为细胞对有毒含氧衍生物的主要防御机制之一。SOD 利用率的提高增强了刺参对外界环境的适应性。在本研究中，饲料蛋白质含量为 10.89%时，超氧化物歧化酶活力达到最大值。适当增高饲料蛋白质含量可提高 SOD 活力，增强刺参对外界环境的适应性，对刺参的生长有一定的促进作用。

在无脊椎动物中，溶菌酶(LZM)的活力在环节动物、昆虫、软体动物和棘皮动物中都有报道。在海参吞噬细胞中观察到溶菌酶、酸性磷酸酶和碱性磷酸酶，同时观察到溶酶体酶参与外源物质的降解。LZM 在动物非特异性免疫系统中起着重要作用。在海洋无脊椎动物中，LZM 不仅参与疾病的防御，而且参与海洋细菌的消化和滤食。本研究结果表明，适当增加饲料蛋白质含量可有效提高 LZM 活力，但当饲料蛋白质水平高于一定值时，LZM 活力反而下降。在先前的研究中，虹鳟鱼喂食含10%蛋白质的饲料与饲喂含35%和50%的饲料相比，血清中LZM活力和C反应蛋白都有降低。但抗体生成不受饲料蛋白质水平的影响。鉴于血清溶菌酶在体腔细胞释放中起防御作用，适当增加饲料蛋白质含量可以有效地诱导LZM的释放，但当饲料蛋白质水平过高时则抑制LZM的释放。

## 2.3 刺参对脂肪需求量的研究

### 2.3.1 前言

饲料中所含的脂肪是水产动物的主要能量来源，一般而言海水鱼类较淡水鱼类需要更高的饲料脂肪含量。适宜的饲料脂肪含量有助于发挥脂肪对蛋白质的节约作用，但投喂高脂肪含量的饲料也会使动物产生一些生理病变，带来一些产品问题。水产动物对饲料脂肪的需求主要表现为对必需脂肪酸的需求，水产动物饲料必需脂肪酸的需求量除了与其种类及发育阶段有关外，还与饲料中脂肪含量的高低有关。由于目前刺参营养学研究仍处于起步阶段，配合饲料的配制缺乏标准和依据，市售刺参配合饲料多是沿用或参考其他水产动物的饲料配比而制成的，难以完全满足刺参的营养需求。对刺参营养需求与利用及其生理机制等方面展开研究，可为刺参配合饲料的研制提供一定的理论依据，促进刺参养殖业的进一步的发展。本试验设置不同粗脂肪含量的刺参试验饲料，用以投喂平均体重0.65±0.04 g的幼参，测定其对刺参幼参生长、消化及体成分的影响，初步确定刺参幼参饲料最适脂肪含量。

### 2.3.2 材料与方法

(1) **材料**

试验用刺参幼参为大连地区苗种。从3 000头幼参中随机选取大小相等刺参540头(初始体重为0.65±0.04 g)进行试验。

(2) **饲料制备**

以鱼粉、豆粕为主要蛋白源，以鱼油为主要脂肪源，设计粗脂肪含量分别为0.19%、1.38%、2.91%、4.36%、5.96%及7.16%，粗蛋白含量为14%左右的6组刺参试验饲料(试验饲料配方及近似营养成分实测值见表2-4)。饲料原料经超微粉碎机粉碎至180目(粒径为80 μm)以上，饲料原料逐级混合均匀后，加入30%～50%的水，再次混合均匀，然后用制粒机挤压制成颗粒饲料(直径为1.8 mm)，置于60 ℃烘箱烘干，装袋置于－20 ℃冰箱中备用。

表 2-4　试验饲料配方及近似营养成分分析

| | 处理组 | | | | | |
|---|---|---|---|---|---|---|
| | Diet 1 | Diet 2 | Diet 3 | Diet 4 | Diet 5 | Diet 6 |
| 饲料原料(%) | | | | | | |
| 脱脂马尾藻 | 50 | 50 | 50 | 50 | 50 | 50 |
| 脱脂鱼粉 | 8 | 8 | 8 | 8 | 8 | 8 |
| 脱脂豆粕 | 7 | 7 | 7 | 7 | 7 | 7 |
| 酵母粉 | 3 | 3 | 3 | 3 | 3 | 3 |
| 混合维生素 | 1 | 1 | 1 | 1 | 1 | 1 |
| 混合矿物质 | 1 | 1 | 1 | 1 | 1 | 1 |
| 微晶纤维素 | 10 | 8.5 | 7.0 | 5.5 | 4.0 | 2.5 |
| 鱿鱼肝油 | 0 | 1.5 | 3.0 | 4.5 | 6.0 | 7.5 |
| 营养成分(%) | | | | | | |
| 水分 | 2.97 | 2.92 | 3.37 | 3.36 | 3.39 | 3.82 |
| 灰分 | 46.96 | 46.40 | 45.48 | 45.77 | 45.49 | 44.94 |
| 粗蛋白 | 14.41 | 13.68 | 13.88 | 13.65 | 13.97 | 13.57 |
| 粗脂肪 | 0.19 | 1.38 | 2.91 | 4.36 | 5.96 | 7.16 |

(3) 饲养管理

试验刺参到达实验室后先置于大连海洋大学农业部海洋水产增养殖学重点开放实验室，放入 4 个 200 L 水槽中暂养 2 周，待刺参适应实验室环境并能正常摄食配合饲料后开始养殖试验。试验共设置 6 个处理，每处理组设置 3 个平行，共 18 个水槽(50 L)，每槽放置 30 头刺参(初始体重为 0.65±0.04 g)。在养殖期间，每天换水 1 次，换水量为 1/2，每天 16:00 投喂 1 次(起始投饵量 3%，视摄食情况而定)，收集残饵。在养殖期间，通过空调控温使室温保持在 19±1 ℃，水温保持在 17±1 ℃，全天气泵充氧，全天进行避光处理。

(4) 样品收集及测定

饲养试验结束后，停喂 24 h，进行样品的收集。首先，用纯水冲洗刺参体表 2～3 遍，待刺参体表海水冲净后，用滤纸吸干刺参表面水分，对每个试验单元刺参进行计数与称重，计算成活率、体增重率、特定生长率、摄食量、饲料转化率、蛋白质效率等生长指标。对获取的内脏团在清洗肠道的内含物后称重后，置于−80 ℃冰箱中保存。分析时截取前肠 1.000 g，置于匀浆器中匀浆，并用生理盐水稀释 10 倍后制成匀浆液，于 4 ℃下离心 25 min(3 000 r/min)，取上清液置于－80 ℃冰箱中冷冻备用。

生长指标计算公式为：

$$存活率(SR,\%)=成活尾数/总尾数\times 100$$

$$摄食量(FI,g)=C/25$$

$$体增重率(BWG,\%)=[(W_t-W_0)/W_0]\times 100$$

$$特定生长率(SGR,\%/d)=[(\ln W_t-\ln W_0)/T]\times 100$$

$$饲料转化率(FCR)=C/(W_t-W_0)$$

$$蛋白质效率(PER)=(W_t-W_0)/C_p$$

其中，$W_0$ 为试验刺参幼参的初始体重，$W_t$ 为试验刺参幼参的终末体重，$T$ 为试验天数，$C$ 为总摄食量，$C_p$ 为蛋白质消耗量(干重，g)。

采用福林-酚试剂法对肠道蛋白酶活力进行测定，采用聚乙烯醇橄榄油乳化液水解法对肠道脂肪酶活力进行测定。

水分含量采用直接干燥法进行测定，粗蛋白含量的分析采用半微量凯氏定氮法进行测定，粗脂肪含量的分析采用索氏提取法进行测定，灰分含量的分析采用马弗炉灼烧法进行测定。

各处理组分别称取 10 g 左右体壁样品，捣碎后加入体积分数为 2%的 BHT 甲醇溶液，用改进的 Folch 法萃取脂质。将所得脂质用 0.5 mol/L KOH 甲醇溶液于 70 ℃皂化 1 h 后，用 $BF_3$ 催化法制取脂肪酸甲酯，转移浓缩到石油醚中作为色谱分析的样品。在日本岛津 GC-2010 型气相色谱仪(配 GCsolution 色谱工作站)上测定脂肪酸的组成和含量。采用 30 m×0.25 mm×0.3 μm 的 FFAP 抗氧化交联石英毛细管色谱柱(中国科学院大连化学物理研究所)。进样口温度 260 ℃，分流比 1∶100。高纯 $N_2$ 为载气，柱流量 1 mL/min，柱温由 160 ℃ 以 2 ℃/min 的速度升至 230 ℃，保持至出峰完毕。FID 检测器温度 230 ℃。色谱峰的鉴定采用部分脂肪酸甲酯标准样品(SIGMA 公司和上海试剂一厂)与 ECL 值相结合的方法，采用面积归一化法进行定量分析。

(5) 统计分析

所有数据均以平均值＋标准差(mean±S.D.)表示，利用 SPSS 19.0 软件对试验数据进行处理，用单因素方差分析处理组间显著性检验，若差异显著($P<0.05$)，则做 Duncan 多重比较分析。

### 2.3.3 结果

(1) 不同脂肪含量饲料对刺参幼参生长性能的影响

饲喂不同脂肪含量饲料 60 d 后，饲料中脂肪含量对试验刺参幼参生长及饲料

利用率的影响见表2-5。结果表明:① 试验刺参存活率未呈现规律性变化,但总体来说,饲喂较低(0.19%)与较高脂肪含量(5.96%与7.16%)饲料处理组的刺参存活率较低。② 随着饲料中脂肪含量的增加,刺参幼参体增重率、特定生长率、摄食量及蛋白质效率均呈现降低的变化趋势。③ 饲喂脂肪含量为0.19%的饲料的处理组刺参获得最高的体增重率,显著高于饲喂脂肪含量为5.96%与7.16%的处理组刺参($P<0.05$),但与饲喂脂肪含量为1.38%、2.91%及4.36%的饲料的处理组无显著性差异($P>0.05$)。④ 蛋白质效率与体增重率呈现相同的变化趋势。⑤ 饲喂脂肪含量为0.19%的饲料的刺参获得最高的特定生长率,显著高于饲喂脂肪含量为4.36%、5.96%与7.16%的饲料的刺参($P<0.05$),但与饲喂脂肪含量为1.38%及2.91%的饲料的处理组无显著性差异($P>0.05$)。⑥ 饲料转化率随着饲料中脂肪含量的增加而增高,饲喂脂肪含量为0.19%的饲料的刺参获得最低的饲料转化率,显著低于饲喂脂肪含量为7.16%的饲料的刺参($P<0.05$)。

**表2-5　饲料脂肪含量对刺参幼参生长及饲料利用率的影响**

| 处理组 | 初始体重 IBW(g) | 终末体重 FBW(g) | 成活率 SR(%) | 增重率 BWG(%) | 特定生长率 SGR(%/d) | 摄食量 FI(g) | 饲料转化率 FCR | 蛋白质效率 PER |
|---|---|---|---|---|---|---|---|---|
| Diet 1 | 0.66 | 2.02±0.45 | 85.6±5.1[a] | 208±40[b] | 1.85±0.21[c] | 2.86±0.13 | 2.23±0.34[a] | 3.29±0.59[b] |
| Diet 2 | 0.66 | 1.88±0.42 | 94.4±3.8[b] | 187±36[ab] | 1.73±0.20[bc] | 2.78±0.10 | 2.40±0.33[a] | 3.19±0.51[ab] |
| Diet 3 | 0.66 | 1.49±0.12 | 92.2±5.1[ab] | 127±11[ab] | 1.37±0.08[abc] | 2.74±0.11 | 3.34±0.42[ab] | 2.25±0.26[ab] |
| Diet 4 | 0.65 | 1.39±0.40 | 95.6±3.8[b] | 120±30[ab] | 1.29±0.22[ab] | 2.71±0.28 | 3.73±0.53[ab] | 2.07±0.31[ab] |
| Diet 5 | 0.65 | 1.36±0.10 | 86.7±0.0[a] | 109±10[a] | 1.23±0.13[ab] | 2.60±0.13 | 3.69±0.15[ab] | 1.97±0.08[a] |
| Diet 6 | 0.65 | 1.31±0.19[a] | 88.9±1.9[ab] | 100±17[a] | 1.14±0.14[a] | 2.45±0.03 | 4.01±0.76[b] | 1.96±0.33[a] |

注:数据表示方式为均值±标准误,结果后的不同字母表示组间差异显著($P<0.05$)。

(2) 不同脂肪含量饲料对刺参幼参肠道消化酶的影响

饲喂不同脂肪含量的饲料60 d后,饲料中脂肪含量对刺参幼参肠道消化酶的影响见表2-6。结果表明,随着饲料中脂肪含量的增加,刺参幼参肠道蛋白酶活力总体呈现升高趋势,于脂肪含量为1.38%时获得最小值,显著低于饲喂脂肪含量大于4.36%的饲料的3个处理组刺参。刺参肠道脂肪酶活力随着饲料中脂肪含量的增加而升高,于脂肪含量为7.16%时获得最大值,显著高于饲喂脂肪含量为0.19%与1.38%的饲料的处理组刺参。

表 2-6 饲料脂肪含量对刺参幼参肠道消化酶的影响 (单位:U/mg Prot)

| 处理组 | 肠道蛋白酶活力 | 肠道脂肪酶活力 |
|---|---|---|
| Diet 1 | 68±7[ab] | 5.8±0.4[a] |
| Diet 2 | 61±7[a] | 6.9±0.8[ab] |
| Diet 3 | 70±7[ab] | 7.7±0.7[abc] |
| Diet 4 | 87±6[b] | 8.2±0.6[bc] |
| Diet 5 | 117±8[c] | 9.0±0.7[bc] |
| Diet 6 | 132±6[c] | 9.6±0.8[c] |

注:数据表示方式为均值±标准误,结果后的不同字母表示组间差异显著($P<0.05$)。

(3) 不同脂肪含量饲料对刺参幼参体壁近似成分的影响

饲喂不同脂肪水平饲料 60 d 后,饲料中脂肪含量对刺参幼参体壁近似成分的影响见表 2-7。结果表明,各处理组刺参幼参体壁水分、粗蛋白及灰分含量差异不显著($P>0.05$)。随着饲料中脂肪含量的增加,刺参幼参体壁粗脂肪含量呈现先升高后下降的变化趋势,于脂肪含量为 4.36%时获得最大值,为 5.56%,显著高于饲喂脂肪含量为 0.19%与 1.38%的饲料的处理组刺参($P<0.05$)。与鱼类水生动物相比,刺参体壁灰分含量较高(占体壁干重 40%以上),粗脂肪含量较低,粗蛋白、粗脂肪与灰分之和占身体干重 80%以上。

表 2-7 饲料脂肪含量对刺参幼参体壁近似成分的影响 (%)

| 处理组 | 水分 | 粗蛋白 | 粗脂肪 | 灰分 |
|---|---|---|---|---|
| Diet 1 | 91.9±3.2 | 40.0±1.4 | 3.93±0.15[a] | 40.5±1.5 |
| Diet 2 | 91.7±2.0 | 40.9±1.3 | 4.20±0.13[a] | 40.5±1.8 |
| Diet 3 | 91.6±1.0 | 40.9±1.8 | 5.09±0.10[b] | 43.8±1.2 |
| Diet 4 | 91.8±1.0 | 40.4±1.9 | 5.56±0.38[b] | 41.9±1.5 |
| Diet 5 | 92.2±2.1 | 41.3±1.7 | 5.14±0.21[b] | 41.1±1.2 |
| Diet 6 | 92.0±1.4 | 40.9±2.2 | 4.89±0.15[b] | 40.3±1.4 |

注:数据表示方式为均值±标准误,结果后的不同字母表示组间差异显著($P<0.05$)。

(4) 不同脂肪含量饲料对刺参幼参体壁 *n*-3 HUFA 含量的影响

饲喂不同脂肪含量饲料 60 d 后,饲料中脂肪含量对试验刺参幼参体壁 *n*-3 HUFA含量的影响见表 2-8。结果表明,各处理组刺参体壁含量最高的饱和脂肪酸(SFA)和单烯脂肪酸(MUFA)分别为 16:0 与 18:1*n*。随着饲料脂肪含量的增加,刺参体壁 SFA 及 MUFA 含量基本呈现下降趋势。饲喂脂肪含量高于 1.38%的饲料的处理组刺参体壁 EPA 含量显著高于饲喂脂肪含量为 0.19%的饲料的处理组刺参($P<0.05$),但其他处理组间无显著性差异($P>0.05$)。刺参体壁

DHA 含量随着饲料脂肪含量的升高呈现先升高后降低的变化趋势，饲喂脂肪含量为 1.38%饲料的处理组刺参体壁 DHA 含量显著高于饲喂脂肪水平为 0.19%、5.96%与 7.16%的饲料的处理组刺参（$P<0.05$）。刺参体壁 $n$-3 HUFA 含量与 DHA 呈现相同变化趋势，于饲料脂肪含量为 1.38%时获得最大值，然而，当饲料脂肪含量大于 2.91%时，各饲料处理组间差异不显著（$P>0.05$）。

**表 2-8　饲料脂肪含量对刺参幼参体壁 *n*-3 HUFA 的影响**

| 处理组 | 16:0 | 16:1n | 17:1 *n*-7 | 18:0 | 18:1 *n*-(7+9) | 18:2 *n*-6 | 20:0 | 20:1*n* | 20:2 *n*-6 | 20:4 *n*-6 |
|---|---|---|---|---|---|---|---|---|---|---|
| Diet 1 | 8.2±1.1$^{a}$ | 5.2±0.3$^{b}$ | 3.1±0.8$^{ab}$ | 3.9±0.2$^{b}$ | 10.6±1.0$^{a}$ | 8.0±1.2$^{c}$ | 1.4±0.1$^{b}$ | 8.4±0.3 | 3.8±0.1$^{b}$ | 14.8±1.5$^{ab}$ |
| Diet 2 | 4.7±0.3$^{b}$ | 4.1±0.4$^{b}$ | 2.5±0.4$^{ab}$ | 3.7±0.2$^{b}$ | 13.5±0.8$^{b}$ | 3.1±0.3$^{b}$ | 1.1±0.0$^{a}$ | 8.6±0.3 | 2.8±0.1$^{a}$ | 12.3±1.7$^{a}$ |
| Diet 3 | 5.3±0.4$^{b}$ | 4.4± b0.3 | 1.8±0.3$^{a}$ | 3.0±0.0$^{a}$ | 12.0±0.4$^{ab}$ | 2.1±0.2$^{ab}$ | 1.1±0.1$^{a}$ | 8.9±0.4 | 2.6±0.0$^{a}$ | 14.6±1.4$^{ab}$ |
| Diet 4 | 5.3±0.8$^{b}$ | 3.7±0.7$^{ab}$ | 2.4±0.5$^{ab}$ | 3.0±0.1$^{a}$ | 10.9±0.8$^{a}$ | 1.7±0.3$^{ab}$ | 1.1±0.1$^{a}$ | 8.4±0.3 | 2.6±0.0$^{a}$ | 15.7±1.7$^{ab}$ |
| Diet 5 | 5.8±1.2$^{ab}$ | 4.1±0.6$^{b}$ | 2.4±0.8$^{ab}$ | 2.6±0.0$^{a}$ | 9.8±0.3$^{a}$ | 1.3±0.0$^{a}$ | 1.1±0.0$^{a}$ | 8.5±0.3 | 2.7±0.2$^{a}$ | 16.8±1.8$^{ab}$ |
| Diet 6 | 4.2±0.6$^{b}$ | 2.4±0.5$^{a}$ | 4.0±0.7$^{b}$ | 3.0±0.2$^{a}$ | 9.7±0.7$^{a}$ | 1.2±0.1$^{a}$ | 1.2±0.0$^{a}$ | 8.7±0.1 | 2.9±0.3$^{a}$ | 18.9±1.7$^{b}$ |

| 处理组 | 20:5 *n*-3 | 22:0 | 22:1*n* | 22:2*n* | 22:4 *n*-6 | 22:6 *n*-3 | 24:1*n* | Others | ∑SFA | ∑MUFA | ∑*n*-3 HUFA |
|---|---|---|---|---|---|---|---|---|---|---|---|
| Diet 1 | 10.4±0.5$^{a}$ | 1.4±0.1$^{b}$ | 2.5±0.1 | 1.3±0.1$^{abc}$ | 6.2±1.0$^{ab}$ | 5.7±0.7$^{a}$ | 2.8±0.2$^{b}$ | 2.3±0.2 | 15.0±1.0$^{b}$ | 32.6±1.1$^{b}$ | 16.1±1.0$^{a}$ |
| Diet 2 | 16.8±0.5$^{b}$ | 1.2±0.1$^{a}$ | 2.1±0.1 | 1.1±0.1$^{a}$ | 4.9±0.4$^{a}$ | 12.5±0.8$^{d}$ | 2.4±0.1$^{a}$ | 2.6±0.1 | 10.6±0.4$^{a}$ | 33.2±1.1$^{b}$ | 29.3±0.3$^{c}$ |
| Diet 3 | 16.5±0.7$^{b}$ | 1.2±0.0$^{ab}$ | 2.2±0.3 | 1.3±0.1$^{ab}$ | 6.6±0.6$^{ab}$ | 11.7±0.5$^{cd}$ | 2.4±0.1$^{a}$ | 2.3±0.3 | 10.6±0.3$^{a}$ | 31.6±0.5$^{ab}$ | 28.2±0.9$^{bc}$ |
| Diet 4 | 18.2±0.5$^{b}$ | 1.2±0.1$^{ab}$ | 1.8±0.0 | 1.4±0.1$^{abc}$ | 7.0±0.8$^{ab}$ | 10.4±0.7$^{bcd}$ | 2.4±0.2$^{a}$ | 2.8±0.2 | 10.7±0.6$^{a}$ | 29.6±0.7$^{a}$ | 28.5±1.3$^{bc}$ |
| Diet 5 | 18.0±0.4$^{b}$ | 1.2±0.0$^{ab}$ | 2.0±0.2 | 1.5±0.1$^{bc}$ | 7.3±0.4$^{b}$ | 9.7±0.4$^{bc}$ | 2.5±0.1$^{ab}$ | 2.7±0.4 | 10.8±1.2$^{a}$ | 29.3±0.8$^{a}$ | 27.8±0.5$^{bc}$ |
| Diet 6 | 16.8±0.9$^{b}$ | 1.3±0.0$^{ab}$ | 2.0±0.4 | 1.6±0.1$^{c}$ | 8.3±0.6$^{b}$ | 8.9±0.8$^{b}$ | 2.7±0.1$^{ab}$ | 2.2±0.4 | 9.7±0.6$^{a}$ | 29.4±1.3$^{a}$ | 25.7±1.7$^{b}$ |

注：数据表示方式为均值±标准误，结果后的不同字母表示组间差异显著（$P<0.05$）。

### （5）刺参饲料最佳脂肪含量

以饲料脂肪含量（%）为横坐标，刺参体增重率（%）为纵坐标建立二次回归曲线，$y=2.541x^2-34.286x+218.11$，$R^2=0.9647$。由曲线可知，刺参对脂肪的需求量较低，在饲料脂肪含量为0.19%～7.16%时可正常生长。

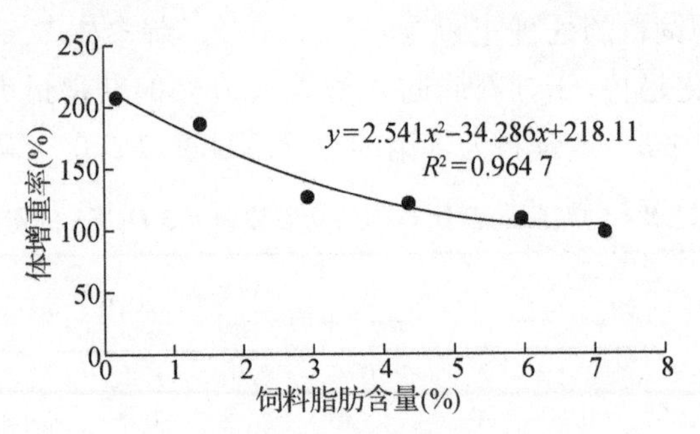


图2-2 饲料脂肪含量与体增重率的关系

## 2.3.4 讨论

(1) 不同脂肪含量饲料对刺参幼参生长性能的影响

鱼类配合饲料脂肪适宜添加量与其机体脂肪含量有着密切的关系。同理，根据刺参体壁脂肪含量，可以粗略推测出刺参配合饲料脂肪适宜需求量。李丹彤等(2009)对黄海獐子岛海域1月、5月、8月及11月的野生刺参体壁营养近似成分进行了测定，结果表明，刺参体壁脂肪含量（湿重）分别为0.10%、0.31%、0.28%与0.33%。朱伟等(2005)等对刺参饲料蛋白质和脂肪需求量进行研究时也对刺参体壁近似营养成分进行了测定，结果表明刺参体壁脂肪含量（湿重）在0.49%～0.75%之间。二者所得结果虽有一定差异，但其脂肪含量均在1%以下，这与其他测定刺参体壁脂肪含量的研究报道是一致的，也间接表明刺参对饲料脂肪需求量并不高。

本研究的结果表明，饲料脂肪含量为0.19%时，刺参幼参的体增重率、特定生长率和蛋白质效率最大，过高的饲料脂肪含量会降低刺参幼参的作增重率和特定生长率。与本研究的结果相似，Seo等(2011)对刺参幼参的研究指出，当饲料脂肪含量由2%升高至10%时，其体增重率及特定生长率显著下降。脂肪可为鱼类的生长发育提供能量和必需脂肪酸，饲料中添加适宜脂肪可减少蛋白质作为能量的消耗，从而提高饲料蛋白质的利用率。另外，过高的饲料脂肪添加量会降低鱼类的生长性能，这在其他许多试验动物中已有类似报道。究其原因，可能与饲喂高脂肪含量饲料时，鱼类的摄食量明显降低有关。随着饲料脂肪添加量的增大，饲料能量含量也随之显著增加，鱼类摄食能量含量较高的饲料后，会适应性地降低摄食量，即降低了蛋白质的摄入量。刺参幼参摄食高脂肪含量饲料时获得较大的饲料转化率，这说明在该情况下刺参幼参摄入的饲料大部分被用作能量消耗，仅有少量用于

生长。

本试验结果表明，以生长指标为评价标准时，刺参幼参饲料最适脂肪含量为0.19%～1.38%。这与Seo等(2011)的2%(1.3%可消化脂肪水平)的推荐量相似。然而，朱伟等(2005)的研究指出，投喂以藻粉、白鱼粉和酪蛋白等为主要原料的刺参试验饲料时，刺参幼参(0.90 g)最适脂肪需要量为5%，有研究也得出类似的5.88%的脂肪最适添加量，略高于本试验结果。造成上述试验结果差异的原因可能包括以下三个方面。第一，上述两个试验的最低饲料脂肪含量约为3%，高于本试验0.19%的最低饲料脂肪含量，这样的饲料脂肪含量梯度设置似乎不够全面，刺参幼参摄食饲料脂肪含量＜3%时的试验数据的缺失可能对试验结果造成影响。第二，饲养过程中水温条件的差异也可能是造成上述两个试验结果高于本试验结果的原因。有研究表明，刺参规格大小、饲养过程中水温及二者的交互关系会对刺参饲料利用率造成显著影响。相同的试验结论也见于相关的研究报道，当具备足够的氧进行代谢及消化吸收时，水产动物最适生长温度应接近于最大饲料利用率时所需温度。许多研究指出，刺参增重率受水温变化的影响。刺参可适应较大的温度变化范围，然而，仅在12～21 ℃时生长，其最适生长温度为16～18 ℃。朱伟等(2005)与王吉桥等养殖试验温度分别为12～22 ℃与12～16 ℃，这可能是造成其刺参体增重率偏低的原因之一。有研究指出，在不同恒定温度下，刺参的生长性能也不尽相同，在水温为18 ℃时刺参获得了最大SGR，这与我们的养殖试验温度一致。第三，上述两个试验的刺参幼参体增重率均偏低。以朱伟等(2005)的研究为例，经过66天的饲养试验，刺参幼参最大体增重率仅为100%，其他处理组体增重率更低，仅有1/3处理组刺参体增重率＞50%。笔者认为，在以生长指标为评价标准对水生动物营养需求进行研究时，良好的生长状态是基本前提，在试验刺参状态不佳、生长不良时得出的最适营养需求似乎不够严密。

(2) 不同脂肪含量饲料对刺参幼参肠道消化酶的影响

水产动物消化酶的研究可广泛应用于水产饲料的制备及基础营养需求研究中。研究表明，刺参消化酶的活性受多种因素的影响，饲料组成是重要的影响因素之一。在刺参养殖过程中，通过改变其饲料组成，可在一定程度上影响其消化酶的分泌，饲料原料配比的差异可刺激刺参消化道分泌相对应的酶以对食物进行消化吸收。已有研究表明，饲料化学组成的改变，会对鱼类消化酶活力产生显著影响，进而影响鱼类对饲料营养成分的利用及其生长。因此，消化酶活力已成为评价饲料效果的重要指标之一。刺参的消化道中含有多种消化酶以进行化学性消化作用，在一般情况下，刺参无法直接有效地对大分子营养物质进行吸收，需要经消化酶作用，将其转变为可溶性的小分子物质后，方可进行吸收。刺参消化系统中的消化酶的活力决定了其对营养物质的消化吸收能力，并对刺参正常生命活动及生长发育起着关键作用。动物食性不同，其消化系统中消化酶的种类及分布情况也不尽相同，对不同消化酶活力进行研究能增进对水产动物新陈代谢变化规律及对各类营养物质的消化吸收能力的了解。相关研究报道指出，蛋白酶是在刺参肠道中检测到的多种消化酶中活力最高的消化酶之一。刺参可通过摄取沉积食物中的营养成分来合成机体蛋白质，主要依靠蛋白酶所发挥的重要作用。刺参消化道中的蛋白酶活力最高值见于其稚参阶段，远高于该阶段其他消化酶的活力，而淀粉酶和脂肪酶活力位居其次。以此为依据，本试验主要测定了刺参肠道中蛋白酶与脂肪酶的活力。

目前，饲料蛋白质含量对鱼类消化酶的影响已有诸多报道，相关研究指出，幼鱼消化系统脂肪酶的活力大小受所摄取的食物性质的影响，但无论是在仔稚鱼还是幼鱼中，脂肪含量对消化酶活力影响的研究报道都相对鲜见。饲料脂肪含量对水产动物消化系统脂肪酶活性的影响在不同种类中表现出一定的差异性，现有报道间差异也较大。Mohanta 等(2008)研究指出，爪哇鲤在饲料脂肪水平为 8%时获得最大 SGR；当饲料脂肪水平在 4%～8%范围内，随饲料脂肪水平增加，其消化道蛋白酶及脂肪酶活力随之增加；当饲料脂肪水平大于 8%后，则出现了显著降低。淀粉酶等其他消化酶活力并无明显变化。王爱民等(2010)研究认为饲料脂肪含量为 9.88%时能够促进异育银鲫肠道蛋白酶的分泌，但对肠道淀粉酶，肝、胰脏蛋白酶和淀粉酶的分泌并无显著性影响。Luo 等(2010)配制了脂肪含量在 6%～16%间 6 个梯度试验饲料用以投喂日本鲈，试验结果显示各处理组日本鲈的肝、胰脏淀粉酶活力并无显著差异，随饲料脂肪含量的增加，其脂肪酶活力持续上升，蛋白酶活力则呈现先升后降的趋势，峰值出现在饲料脂肪含量为 10%时，此外，SGR 的最大值也出现在 10%处理组。饲料脂肪含量从 2.16%增加到 9.88%，异育银鲫肠道蛋白酶活力随之显著增大。对鳡的最适饲料脂肪含量的研究指出，在一定范围内，饲料脂肪含量的升高会促使鳡消化道分泌更多的脂肪酶，以充分利用饲料中的脂肪成分。当脂肪得到充分利用后，其对蛋白质的节约作用表现得愈加明显，促进了鳡对饲料蛋白质的利用。这和对爪哇鲤的研究结果十分相似。然而，对斑点叉尾鮰的研究指出，饲料脂肪含量并未对其肠道内蛋白酶、脂肪酶活力产生影响，Morais 等(2004)研究报道，摄食饲料脂肪含量为 7%与 15%的舌齿鲈(52 日龄)，其肠道脂肪酶活力没有显著性差异。此外，对胭脂鱼的研究指出，当饲料脂肪含量从 2.04%升高至 13.39%时，胭脂鱼肠道蛋白酶活力反而呈持续降低的变化趋势，这与王重刚等(1998)的研究结果相似，饲料脂肪含量与真鲷肠道脂肪酶活力呈负相关，即饲料中脂肪含量高的，脂肪酶活力反而下降，过高的饲料脂肪水平反而对其消化能力产生了抑制作用，使得饲料营养价值降低。究其原因，可能是饲料脂肪

含量对脂肪酶活力的影响因鱼类种类、季节及生长阶段的差异而呈现不同的变化，具体的相关机制仍需进行进一步研究。

在本研究中，刺参肠道脂肪酶活性随着饲料中脂肪含量的增加而升高，表明刺参能通过提高肠道内脂肪酶活力来适应饲料。推测饲料中适宜脂肪含量能够促进鱼类消化道蛋白酶分泌的原因可能是由于适宜的饲料脂肪含量满足了鱼体对能量的需求，提供了充足的脂肪酸来源，减少了饲料蛋白质作为能源的消耗，促进了蛋白质的利用，进而导致消化道分泌更多的蛋白酶用以分解蛋白质，促进了对饲料的消化。

(3) 不同脂肪含量饲料对刺参幼参体壁近似成分的影响

在本试验中，饲料脂肪含量对刺参幼参体壁近似成分无显著性影响。刺参幼参体壁粗脂肪含量虽随着饲料脂肪含量的增加而呈现先升高后下降的变化趋势，但其处理组间差异不显著($P>0.05$)。刺参体壁近似营养成分基本相同，其近似成分未受试验饲料粗蛋白、粗脂肪含量，生长阶段等因素的影响，这在其他刺参研究中也见报道。然而，李丹彤等(2009)分析指出刺参体壁的营养成分会随身体部位、生长阶段、季节、栖息地区、饵料、雌雄的不同而存在差异，这可能是造成本研究刺参体壁近似成分与其他研究报道略有差异的原因。

(4) 不同脂肪含量饲料对刺参幼参体壁 *n*-3 HUFA 含量的影响

现有研究报道指出，不同饲料脂肪来源会对鱼、虾机体脂肪酸组成产生影响。有研究指出，饲料脂肪含量会对石斑鱼机体脂肪酸组成产生一定的影响。对海捕及人工养殖对虾的脂肪酸进行分析可知，对虾机体脂肪酸的组成也受到了饵料脂肪酸组成的显著影响，并对对虾的生长产生了一定影响。在本试验中，在饲料中添加不同含量的鱿鱼肝油，各脂肪酸在饲料中的含量随油脂含量的增加而增加。结果表明，随着饲料脂肪含量的增加，刺参体壁 SFA 及 MUFA 含量基本呈现下降趋势，而 *n*-3 HUFA 含量相对增加，但当饲料脂肪含量大于 2.91%时，各饲料处理组间差异不显著($P>0.05$)。

## 2.4 刺参对糖类需求量的研究

### 2.4.1 引言

碳水化合物被认为是鱼类人工配合饲料中的最廉价的能量物质。一般肉食性鱼类相比草食性鱼类更加不易吸收碳水化合物，肉食性鱼类对碳水化合物的消化和代谢能力有限，过多摄入碳水化合物饲料会导致血糖浓度过高和肝糖原沉积过多，损伤肝细胞，降低肝脏的解毒能力，抑制免疫功能。研究发现，当饲料中碳水化合物不足时，其他营养物质如蛋白质或脂肪将被分解作为能量；在饲料中添加适量的碳水化合物可以使更多的蛋白质用于生长，减少鱼类对蛋白质的消耗量，减轻氮排泄对养殖水体的污染。刺参幼参的碳水化合物需求量尚不能完全确定。因此，本试验的目的是探究最适合刺参幼参生长、消化以及免疫等测定指标下碳水化合物的含量，为今后进一步开展刺参营养研究和研发全价刺参配合饲料提供参考资料。

## 2.4.2 材料与方法

(1) 材料

本试验用刺参幼参来源于大连金驼水产食品有限公司，从1 000头幼参中随机选取大小相等、初始体重相近(初始体重为0.49±0.01 g)的刺参720头进行试验。

(2) 饲料制备

试验是以鱼粉、啤酒酵母、豆粕、微晶纤维素、糊精、甜菜碱等为原料，设计碳水化合物含量分别为3.81%、12.44%、22.26%、29.73%、36.63%、50.63%、55.77%及66.22%，粗蛋白含量为15%，粗脂肪含量为1.8%左右的8个处理组刺参幼参试验饲料(试验饲料配方及近似营养成分实测值见表2-9)。饲料原料经超微粉碎机粉碎至180目(粒径为80 μm)以上，饲料原料逐级混合均匀后，加入50%～60%的水，再次混合均匀，后用制粒机挤压制成颗粒饲料(颗粒直径为1.8 mm)，阴干后装袋置于-20 ℃冰箱中备用。

表2-9 试验饲料配方及近似营养成分分析

| | 处理组 | | | | | | | |
|---|---|---|---|---|---|---|---|---|
| | Diet 1 | Diet 2 | Diet 3 | Diet 4 | Diet 5 | Diet 6 | Diet 7 | Diet 8 |
| 饲料原料(%) | | | | | | | | |
| 鱼粉 | 9 | 9 | 9 | 9 | 9 | 9 | 9 | 9 |
| 豆粕 | 12 | 12 | 12 | 12 | 12 | 12 | 12 | 12 |
| 啤酒酵母 | 3.5 | 3.5 | 3.5 | 3.5 | 3.5 | 3.5 | 3.5 | 3.5 |
| $Cr_2O_3$ | 0.5 | 0.5 | 0.5 | 0.5 | 0.5 | 0.5 | 0.5 | 0.5 |
| 甜菜碱 | 1 | 1 | 1 | 1 | 1 | 1 | 1 | 1 |
| 混合维生素 | 1 | 1 | 1 | 1 | 1 | 1 | 1 | 1 |
| 混合矿物质 | 1 | 1 | 1 | 1 | 1 | 1 | 1 | 1 |
| CMC | 2 | 2 | 2 | 2 | 2 | 2 | 2 | 2 |
| 糊精 | 0 | 10 | 20 | 30 | 40 | 50 | 60 | 70 |

续表 2-9

| | 处理组 | | | | | | | |
|---|---|---|---|---|---|---|---|---|
| | Diet 1 | Diet 2 | Diet 3 | Diet 4 | Diet 5 | Diet 6 | Diet 7 | Diet 8 |
| α-纤维素 | 70 | 60 | 50 | 40 | 30 | 20 | 10 | 0 |
| 合计 | 100 | 100 | 100 | 100 | 100 | 100 | 100 | 100 |
| 营养成分（%） | | | | | | | | |
| 水分 | 8.11 | 7.17 | 6.4 | 7.95 | 7.74 | 8.02 | 8.26 | 8.85 |
| 灰分 | 4.16 | 4.50 | 4.60 | 5.12 | 4.92 | 4.76 | 4.97 | 5.01 |
| 粗蛋白 | 15.74 | 15.29 | 15.32 | 16.21 | 15.72 | 16.34 | 15.62 | 15.26 |
| 可利用糖 | 3.81 | 12.44 | 22.26 | 29.73 | 36.63 | 50.63 | 55.77 | 66.22 |
| 粗脂肪 | 1.84 | 1.99 | 1.99 | 1.88 | 2.04 | 1.726 | 1.88 | 2.04 |

(3) **饲养管理**

养殖试验于大连海洋大学农业部北方海水增养殖重点实验室室内水槽内进行，水源为砂滤处理过的海水。试验刺参到达实验室后先置于 4 个 200 L 水槽中暂养 2 周，待试验刺参适应实验室环境并能正常摄食配合饲料后开始正式试验。随机选取体质健康、规格均匀的刺参，称重后置于水槽中进行试验。试验共设置 8 个处理，每处理组设置 3 个平行，共 24 个水槽（50 L），每槽放置 30 头刺参（初始体重为0.49±0.01 g），进行 60 d 养殖试验。在养殖期间，每天换水 1 次，换水量为 1/2，每天 16:00 投喂 1 次（起始投饵量 3%，视摄食情况而定），收集残饵，根据残饵量适当加大投喂量，并随机更换水槽位置以最大限度保证养殖环境的一致性。在养殖期间，在前一天将第二天要换的水蓄好，并通过空调控温，使室温保持在 19±1 ℃，水温保持在 17±1 ℃，全天气泵充氧，全天进行避光处理。

(4) **样品收集及处理**

饲养试验结束后，停喂 24 h，进行样品的收集。首先，用纯水冲洗刺参体表 2～3 遍，待刺参体表海水冲净后，用滤纸吸干刺参体表水分，对每个试验单元刺参进行计数与称重，计算成活率、体增重率、特定生长率、摄食量及饲料转化率等生长指标。获取的内脏团，清洗肠道的内含物后称重，置于－80 ℃冰箱中保存。分析时截取前肠 1.0 g，将其在匀浆器中匀浆，并用去离子水稀释 10 倍制成匀浆液，在 4 ℃下离心 25 min（3 000 r/min），取上清液置于－80 ℃下冷冻备用。

(5) **生长指标的测定**

生长指标的计算公式为：

存活率(SR,%)=成活尾数/总尾数×100

摄食量(FI,g)=$C/25$

体增重率(BWG,%)=$[(W_t-W_0)/W_0]\times 100$

特定生长率(SGR,%/d)=$[(\ln W_t-\ln W_0)/T]\times 100$

饲料转化率(FCR)=$C/(W_t-W_0)$

其中,$W_0$ 为试验刺参幼参的初始体重,$W_t$ 为试验刺参幼参的终末体重,$T$ 为试验天数,$C$ 为总摄食量。

(6) 饲料与刺参体壁一般营养成分的测定

饲料及刺参体壁近似营养成分的分析包括水分、粗蛋白、粗脂肪和粗灰分含量的测定。在测定前,进行样品的预处理,将制粒成型的饲料及处理组刺参体壁经超微粉碎机粉碎至180目备用。

水分含量采用直接干燥法进行测定,饲料粗蛋白含量采用半微量凯氏定氮法进行测定,饲料粗脂肪含量采用索氏提取法进行测定,饲料粗灰分的测定采用马弗炉灼烧法进行,饲料中可利用糖(碳水化合物)的测定方法为3,5-二硝基水杨酸比色定糖法。

(7) 消化酶及消化率的测定

本试验主要测定刺参肠道中蛋白酶和淀粉酶的活性。蛋白酶活性依照福林-酚试剂法进行测定,淀粉酶活依照淀粉-碘的方法进行测定。试验饲养第40～60 d期间投喂添加 $Cr_2O_3$ 含量为0.5%的饲料,$Cr_2O_3$ 采用湿氏灰化定量法测定。

(8) 免疫指标的测定

本试验主要测定刺参体腔液中各种免疫酶——过氧化氢酶(CAT)、酸性磷酸酶(ACP)和碱性磷酸酶(AKP)、溶菌酶(LSZ)的活力。体腔液中过氧化氢酶的活力采用比色法测定,体腔液中酸性磷酸酶的活力采用磷酸苯二钠法测定,体腔液中碱性磷酸酶的活力采用磷酸苯二钠法测定,溶菌酶的活力使用PBS缓冲溶液(pH 6.4)测定。

(9) 统计分析

所有数据均以平均值±标准误(mean±S. E. M)表示,试验数据利用SPSS 19.0软件进行处理,进行相关性检验,单因素方差分析进行试验处理组间显著性检验,若差异显著($P<0.05$),则做Duncan多重比较分析。

### 2.4.3 结果

(1) 不同碳水化合物含量对刺参幼参生长的影响

饲喂不同碳水化合物含量的饲料60 d后,碳水化合物含量对刺参幼参的生长

的影响见表2－10，表中显示了饲喂60 d后各组刺参幼参的成活率、体增重率、摄食量、特定生长率以及饲料转化率的数据显著性趋势。结果显示，刺参的终末体重、体增重率、特定生长率以及摄食量的整体趋势是随碳水化合物含量的升高呈先升高后降低的趋势。其中，当饲料碳水化合物含量为12.44％时，刺参幼参的体增重率达到最高，且此时体增重率显著高于饲喂碳水化合物含量为55.77％和66.22％（$P<0.05$）饲料时刺参的体增重率。刺参的特定生长率、存活率以及摄食量在不同组别之间没有显著差异（$P>0.05$），但特定生长率在饲料碳水化合物含量为12.44％时最高，存活率仅当饲料碳水化合物含量为66.22％时低于90％，其余各组存活率均高于90％。刺参的饲料转化率随着饲料碳水化合物含量的增加而呈先降低后升高的趋势，在饲料碳水化合物含量为12.44％时刺参幼参的饲料转化率最低，并且显著低于饲料中碳水化合物含量为55.77％和66.22％时（$P<0.05$）。

**表2－10　不同碳水化合物含量对刺参生长性能及饲料利用率的影响**

| | Diet 1 | Diet 2 | Diet 3 | Diet 4 | Diet 5 | Diet 6 | Diet 7 | Diet 8 |
|---|---|---|---|---|---|---|---|---|
| 初始体重(g) | 0.49±0.47 | 0.50±0.38 | 0.50±0.68 | 0.49±0.51 | 0.50±0.45 | 0.49±0.70 | 0.49±0.46 | 0.50±0.33 |
| 终末体重(g) | 2.31±0.84$^{bc}$ | 2.63±0.22$^{c}$ | 2.12±0.41$^{bc}$ | 2.01±1.66$^{bc}$ | 2.29±0.55$^{bc}$ | 1.77±0.63$^{ab}$ | 1.71±0.32$^{ab}$ | 1.33±0.30$^{a}$ |
| 体增重率(％) | 373.15±44.03$^{c}$ | 426.76±45.60$^{c}$ | 327.62±86.75$^{bc}$ | 328.78±26.80$^{bc}$ | 360.02±37.34$^{c}$ | 369.92±5.04$^{c}$ | 247.31±75.55$^{ab}$ | 166.38±58.80$^{a}$ |
| 特定生长率(％/d) | 2.67±0.16$^{b}$ | 2.86±0.14$^{b}$ | 2.48±0.36$^{b}$ | 2.48±0.36$^{b}$ | 2.63±0.14$^{b}$ | 2.12±0.94$^{ab}$ | 2.12±0.38$^{ab}$ | 1.66±0.38$^{ab}$ |
| 存活率(％) | 96.67±3.51$^{b}$ | 91.00±3.46$^{ab}$ | 96.67±3.51$^{b}$ | 96.67±3.51$^{b}$ | 98.00±1.73$^{b}$ | 97.67±4.04$^{b}$ | 90.00±10.00$^{ab}$ | 84.33±8.08$^{ab}$ |
| 摄食量(g) | 2.11±0.27$^{a}$ | 2.25±0.79$^{ab}$ | 2.15±1.47$^{ab}$ | 2.30±0.33$^{ab}$ | 2.35±1.37$^{b}$ | 2.36±1.77$^{b}$ | 2.16±1.25$^{ab}$ | 2.10±0.01$^{a}$ |
| 饲料转化率 | 1.16±0.12$^{a}$ | 1.06±0.53$^{a}$ | 1.33±0.47$^{ab}$ | 1.33±0.47$^{ab}$ | 1.31±0.32$^{ab}$ | 1.84±0.38$^{ab}$ | 1.77±0.78$^{bc}$ | 2.53±0.25$^{c}$ |

注：数据表示方式为均值±标准误，结果后的不同字母表示组间差异显著（$P<0.05$）。

（2）**不同碳水化合物含量对刺参体壁成分的影响**

由表2－11可知，饲料中碳水化合物含量的高低对刺参体壁的组合没有显著影响。总体而言，碳水化合物含量的多少并不影响刺参体壁的粗蛋白、粗脂肪、灰分及水分的含量。表2－11中显示了60 d中各组刺参幼参体壁营养成分的含量。当饲料中碳水化合物添加量为55.77％时体壁中粗蛋白含量最高，各组之间差异不显著（$P>0.05$）。当饲料中碳水化合物添加量为66.22％时，刺参体壁粗脂肪含量最高，各组之间差异不显著（$P>0.05$）。当饲料碳水化合物添加量为36.63％时，刺参体壁粗灰分含量最高，且各组之间差异不显著（$P>0.05$）。

表 2-11　饲料中碳水化合物含量对刺参体壁组成的影响

（单位：%干物质量，除水分）

| 组别 | 粗蛋白 | 粗脂肪 | 灰分 | 水分 |
|---|---|---|---|---|
| Diet 1 | 36.78±0.56 | 6.28±0.80 | 37.83±1.17 | 92.49±0.11 |
| Diet 2 | 38.08±1.74 | 6.34±0.41 | 37.07±0.69 | 91.61±0.02 |
| Diet 3 | 37.06±0.03 | 6.19±0.99 | 39.33±1.81 | 92.36±0.17 |
| Diet 4 | 38.44±1.05 | 6.70±0.89 | 37.45±1.05 | 91.65±0.28 |
| Diet 5 | 35.61±0.16 | 5.99±0.25 | 40.37±0.34 | 92.68±0.14 |
| Diet 6 | 39.29±9.34 | 5.48±0.51 | 39.12±0.30 | 92.37±0.16 |
| Diet 7 | 39.17±4.49 | 6.80±0.00 | 39.01±0.93 | 92.61±0.19 |
| Diet 8 | 38.17±0.83 | 6.36±0.56 | 38.67±0.41 | 91.45±0.17 |

（3）刺参幼参对饲料中碳水化合物的最适需求量

以体增重率为指标，抛物线回归分析，求得刺参幼参对碳水化合物的最适需求量。体增重率与饲料碳水化合物含量的拟合回归曲线如图 2-3，抛物线回归方程 $y=-0.0738x^2+2.266x+365.86$（$R^2=0.7162$），当饲料中碳水化合物含量为 15.35%时，刺参幼参达到最大体增重率，为 383.25%。

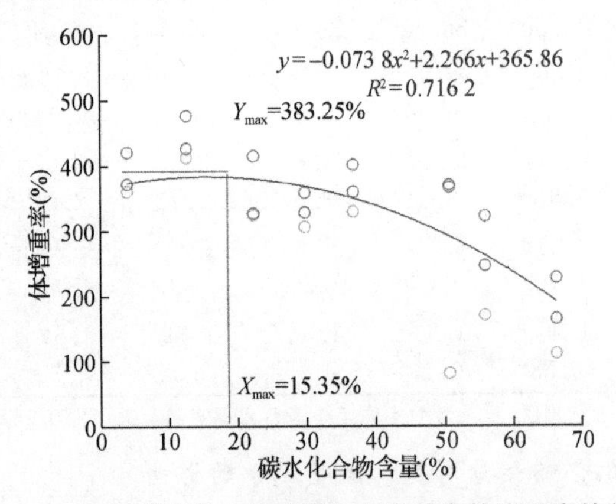


图 2-3　饲料碳水化合物含量与刺参幼参体增重率的关系

（4）不同碳水化合物含量的饲料对刺参幼参肠道消化酶的影响

不同碳水化合物含量的饲料对刺参幼参肠道消化酶的影响见表 2-12。由表 2-12可看出：随着饲料中碳水化合物的增加，各组间刺参肠道蛋白酶活力并没有显著性的变化（$P>0.05$）。随着饲料中碳水化合物含量的增加，刺参肠道蛋白

酶活力呈先降低后升高再降低的趋势，而刺参肠道淀粉酶活力随饲料添加碳水化合物含量的增加先增加后降低，且当饲料中碳水化合物含量达到12.44%时，刺参肠道淀粉酶达到最高值。饲料添加碳水化合物含量超过30%时，刺参肠道淀粉酶活力显著性地降低。

**表2-12　不同碳水化合物含量的饲料对刺参肠道消化酶活力的影响**

| 组别 | 蛋白酶活力(U/mL) | 淀粉酶活力(U/mL) |
| --- | --- | --- |
| Diet 1 | 46.76±1.01 | 368.25±93.38[b] |
| Diet 2 | 42.55±4.85 | 402.11±68.38[b] |
| Diet 3 | 37.71±2.35 | 336.51±30.53[b] |
| Diet 4 | 35.10±0.00 | 222.22±5.38[a] |
| Diet 5 | 46.28±3.03 | 187.94±3.59[a] |
| Diet 6 | 40.01±17.71 | 154.92±0.00[a] |
| Diet 7 | 38.90±7.40 | 160.00±28.73[a] |
| Diet 8 | 37.00±4.70 | 207.40±19.22[a] |

注：数据表示方式为均值±标准误，结果后的不同字母表示组间差异显著($P<0.05$)。

(5) 不同碳水化合物含量的饲料对刺参幼参消化率的影响

由图2-4可看出：刺参幼参的干物质表观消化率的趋势随着饲料中碳水化合物含量的增加，先增加再降低，在饲料碳水化合物达到22.26%时，刺参幼参干物质表观消化率最高。当饲料中碳水化合物含量在3.81%～36.63%范围内时，刺参幼参的干物质表观消化率显著性地($P<0.05$)高于饲料中碳水化合物添加量为50.63%，55.77%及66.22%时刺参幼参的干物质表观消化率。然而当饲料中碳水化合物含量在3.81%～36.63%之间时，刺参幼参干物质表观消化率差异不显著。

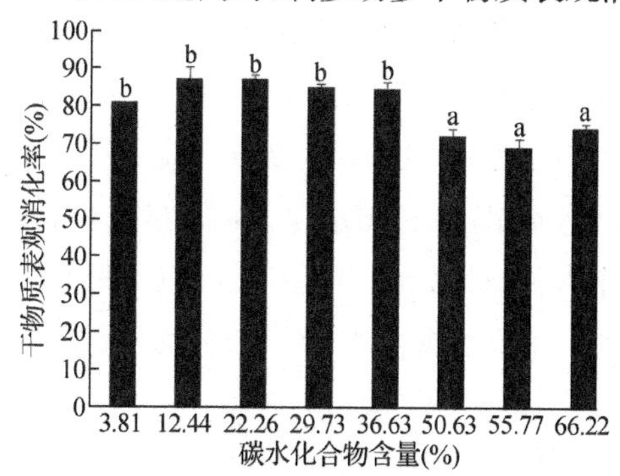


**图2-4　不同碳水化合物含量的饲料对刺参幼参干物质表观消化率的影响**

注：数值表示为均值±标准误，柱形图上方的不同字母表示各组间有显著差异($P<0.05$)。

由图 2－5 可看出：刺参幼参蛋白质消化率的趋势随碳水化合物含量的增加先增加后降低，饲料中碳水化合物含量在 3.81%～36.63% 范围内时，刺参幼参的蛋白质消化率显著性地（$P<0.05$）高于刺参幼参饲料碳水化合物含量为 50.63%～66.22%时刺参幼参的蛋白质消化率，且呈先增后降的趋势。且在饲料中碳水化合物含量到达 22.26% 时，刺参幼参的蛋白质消化率最高，但是刺参幼参饲喂碳水化合物含量在 3.81%～36.63%范围内其蛋白质消化率差异没有显著性（$P>0.05$）。当刺参幼参饲喂碳水化合物含量为 50.63% 的饲料时，刺参的蛋白质消化率显著地高于投喂碳水化合物含量为 55.77% 和 66.22%饲料喂养的刺参幼参的蛋白质消化率。

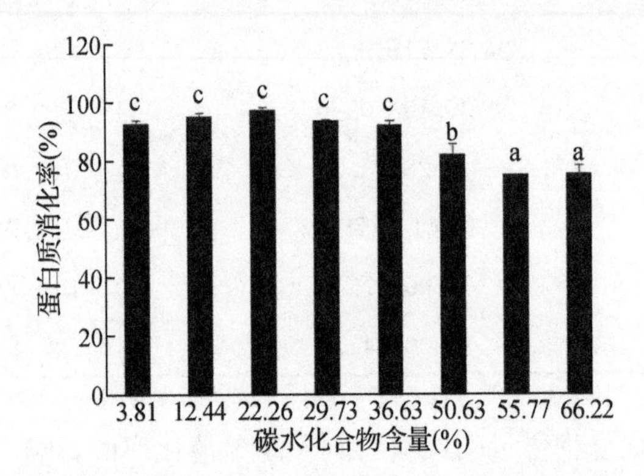


**图 2－5　不同碳水化合物含量的饲料对刺参幼参蛋白质消化率的影响**

注：数值表示为均值±标准误，柱形图上方的不同字母表示各组间有显著差异（$P<0.05$）。

（6）**不同碳水化合物含量的饲料对刺参免疫酶活性的影响**

不同碳水化合物含量的饲料对刺参幼参体腔液免疫酶活力的影响见表 2－13，由表可得：随着饲料碳水化合物含量的增加，刺参幼参体腔液免疫酶活力先增加后降低，其中，溶菌酶活性在饲料碳水化合物含量达到 12.44%时最高，且此时溶菌酶活力显著性地高于碳水化合物含量为 55.77% 及 66.22%的饲料饲喂的刺参幼参溶菌酶活力（$P<0.05$）；过氧化氢酶活力差异不显著（$P>0.05$），但当碳水化合物含量达到 29.73% 时达到最高；在碳水化合物含量达到 22.26% 时，刺参幼参体腔液酸性磷酸酶和碱性磷酸酶达到活力最高，且此时酸性磷酸酶和碱性磷酸酶的活力均显著性地高于碳水化合物含量为 55.77% 及 66.22%的饲料饲喂的刺参幼参中相关酶的活力（$P<0.05$）。

**表 2-13 不同碳水化合物含量的饲料对刺参幼参体腔液免疫酶活力的影响**

（单位：U/mg Prot）

| 组别 | 溶菌酶活力 | 过氧化氢酶活力 | 酸性磷酸酶活力 | 碱性磷酸酶活力 |
|---|---|---|---|---|
| Diet 1 | 5.54±0.24[ab] | 218.13±10.16[a] | 0.22±0.01[ab] | 1.44±0.07[a] |
| Diet 2 | 6.39±0.29[b] | 231.09±29.72[a] | 0.23±0.04[ab] | 1.43±0.21[a] |
| Diet 3 | 5.60±0.47[ab] | 235.35±0.11[a] | 0.55±0.02[b] | 3.99±1.45[b] |
| Diet 4 | 4.71±0.00[ab] | 255.19±0.04[a] | 0.31±0.55[ab] | 2.25±0.21[ab] |
| Diet 5 | 4.29±0.24[ab] | 246.80±0.13[a] | 0.45±0.17[ab] | 1.51±0.16[a] |
| Diet 6 | 4.09±0.00[ab] | 224.65±34.80[a] | 0.37±0.04[ab] | 1.63±0.48[a] |
| Diet 7 | 3.12±2.01[a] | 213.22±21.51[a] | 0.18±0.07[a] | 1.90±0.27[a] |
| Diet 8 | 3.80±0.51[ab] | 216.69±2.11[a] | 0.20±0.09[a] | 1.27±0.71[a] |

注：数据表示方式为均值±标准误，结果后的不同字母表示组间差异显著($P<0.05$)。

## 2.4.4 讨论

**(1) 不同碳水化合物含量的饲料对刺参幼参生长性能的影响**

水产动物食性、生长阶段以及养殖过程中的水环境等因素的差异，均会在一定程度上对其饲料碳水化合物需求量产生影响；对同一种水产动物而言，在同一生长阶段，饲料中的碳水化合物含量过高或者过低，都会对其生长性能产生负面作用。鱼类和哺乳动物相比，利用碳水化合物的能力较差，适宜的饲料碳水化合物含量一般低于 20%，饲料碳水化合物含量过高会抑制鱼体生长，并导致血糖值持续偏高，免疫功能降低。胡毅等(2009)以小麦面粉作为对虾饲料碳水化合物的主要来源，研究显示，饲料蛋白质含量从 45.86% 降低到 37.82%，而碳水化合物含量从 13.82%升高到 25.72%时，凡纳滨对虾特定生长率没有显著变化，但饲料蛋白质效率和蛋白质积存率提高，说明饲料中碳水化合物对蛋白质有一定的节约作用。这与对红额角对虾的研究结果相似。随着饲料碳水化合物含量的进一步升高，虽然能保证提供足够的能量，但对虾生长呈下降的趋势，蛋白质效率和蛋白质积存率保持不变，说明凡纳滨对虾利用碳水化合物的能力是有限的。这与本试验的结果相似。

在本试验中，刺参特定生长率随着饲料中碳水化合物含量的增加，呈先增加再下降趋势。当饲料中碳水化合物含量为 12.44%时，刺参具有最大特定生长率；随着饲料中碳水化合物含量的增加，刺参幼参的特定生长率随之下降。这可能是由于高碳水化合物对刺参及其他水产动物的生长具有抑制作用。

**(2) 不同碳水化合物含量的饲料对刺参幼参体壁近似成分的影响**

在本试验中，饲料碳水化合物含量对刺参幼参体壁近似成分无显著性影响。

刺参体壁近似营养成分基本相同，其近似成分未受试验饲料粗蛋白、粗脂肪质量，不同年龄段等因素的影响，这在其他刺参研究中也见报道。然而，李丹彤等(2009)分析指出刺参体壁的营养成分会随身体部位、生长阶段、季节、栖息地区、饵料、雌雄的不同而存在差异，这可能是造成本研究刺参体壁近似成分与其他研究报道略有差异的原因。

(3) 刺参幼参对饲料中碳水化合物的最适合需求量

单因子蛋白质浓度梯度法是目前国际上研究鱼类蛋白质需求量的常用方法。Liao 等(2014)已经通过此方法研究出最适合刺参幼参生长、消化及免疫的饲料蛋白质含量。本试验借鉴此方法研究最适合刺参幼参生长、消化、免疫及应激反应的碳水化合物需求量。本试验在刺参幼参生长的基础上，用方差分析和回归曲线拟合得出刺参幼参对饲料碳水化合物的最适合需求量，结果表明，当饲料中碳水化合物含量添加量为 15.35% 时，刺参幼参具有最大的体增重率。

## 2.5 刺参对赖氨酸需求量的研究

### 2.5.1 引言

水产动物对蛋白质的营养需求实际是对氨基酸的需求，尤其是对必需氨基酸的需求。赖氨酸是水产动物必需氨基酸之一，在体内直接参与蛋白质的合成，同时还作为肉碱的前体参与长链脂肪酸酰基的 β 氧化(Walton et al，1984)。赖氨酸在植物性蛋白源中含量低，且在加工过程中易被破坏，因此常常被视为第一或第二限制性氨基酸，对水产动物的生长和饲料利用具有重要的影响(Peres et al，2007)。

### 2.5.2 材料与方法

(1) 试验材料

试验用刺参幼参采自大连水益生海洋生物技术有限公司，从 3 000 头幼参中随机选取大小相等刺参 540 头(初始体重为 1.55±0.01 g)进行试验，养殖 56 d。

(2) 试验饲料

试验配制了两类等氮(饲料干重的 14%)等脂(饲料干重的 4%)饲料。一类是以鱼粉和马尾藻为蛋白源的饲料(赖氨酸含量为 0.60%)，简称对照组；另一类为以马尾藻、酪蛋白、明胶、晶体氨基酸混合物为蛋白源，配制成含赖氨酸含量分别为 0.28%，0.64%，1.19%，1.89%和 2.23%的 5 种刺参幼参半精制试验饲料，分别简称为 D1，D2，D3，D4 和 D5 组(试验饲料配方见表 2-14)。饲料原料用超微粉碎机粉

碎至 180 目以上(粒径为 80 μm)将各种饲料原料用搅拌机混合均匀后,加入 30%～40%的纯净水,再次搅拌混合均匀,之后用制粒机压制成颗粒饲料(颗粒直径为 1.8 mm)。将颗粒饲料放入 50 ℃烘箱中烘干,装袋储存于−20 ℃冰箱中备用。

**表 2-14　试验饲料[1] 组成**　(g/kg 干物质)

| 原料 | 对照组 | D1 | D2 | D3 | D4 | D5 |
|---|---|---|---|---|---|---|
| 鱼粉[2] | 150.0 | 0.0 | 0.0 | 0.0 | 0.0 | 0.0 |
| 酪蛋白 | 0.0 | 10.0 | 10.0 | 10.0 | 10.0 | 10.0 |
| 明胶 | 0.0 | 50.0 | 50.0 | 50.0 | 50.0 | 50.0 |
| 马尾藻 | 500.0 | 20.0 | 20.0 | 20.0 | 20.0 | 20.0 |
| 必需氨基酸混合物 | 0.0 | 29.8 | 29.8 | 29.8 | 29.8 | 29.8 |
| 鱿鱼肝油 | 12.0 | 12.0 | 12.0 | 12.0 | 12.0 | 12.0 |
| 糊精 | 200.0 | 200.0 | 200.0 | 200.0 | 200.0 | 200.0 |
| 羧甲基纤维素钠 | 0.0 | 64.1 | 64.1 | 64.1 | 64.1 | 64.1 |
| 卡拉胶 | 0.0 | 64.1 | 64.1 | 64.1 | 64.1 | 64.1 |
| 多维多矿[3] | 20.0 | 20.0 | 20.0 | 20.0 | 20.0 | 20.0 |
| α-纤维素 | 53.0 | 430.7 | 430.7 | 430.7 | 430.7 | 430.7 |
| 木薯淀粉 | 50.0 | 50.0 | 50.0 | 50.0 | 50.0 | 50.0 |
| 诱食剂 | 10.0 | 10.0 | 10.0 | 10.0 | 10.0 | 10.0 |
| $Cr_2O_3$ | 5.0 | 5.0 | 5.0 | 5.0 | 5.0 | 5.0 |
| 赖氨酸 | 0.0 | 0.0 | 6.1 | 18.3 | 24.4 | 30.5 |
| 非必需氨基酸混合物[4] | 0.0 | 34.3 | 28.2 | 16.0 | 9.9 | 3.8 |
| 总计 | 1 000.0 | 1 000.0 | 1 000.0 | 1 000.0 | 1 000.0 | 1 000.0 |

注：1. 六种饲料赖氨酸含量分别为：对照组 0.60%；D1 0.28%；D2 0.64%；D3 1.19%；D4 1.89%；D5 2.32%。

2. 鱼粉，由大连龙源海洋生物有限公司生产。

3. 多维多矿，10 g 混合维生素和 10 g 混合矿物质。混合维生素(mg/10 g 预混料)，由北京桑普生物化学技术有限公司生产：维生素 A 100 万 IU，维生素 $D_3$ 30 万 IU，维生素 E 8 000 mg，维生素 $K_3$ 1 000 mg，维生素 $B_1$ 2 500 mg，维生素 $B_2$ 1 500 mg，维生素 $B_6$ 1 000 mg，维生素 $B_{12}$ 20 mg，维生素 C 10 000 mg，烟酸 1 000 mg，泛酸钙 10 000 mg，叶酸 100 mg，肌醇 10 000 mg，载体葡萄糖，水<10%。混合矿物质 (mg/40 g 预混料)：NaCl，107.79；$MgSO_4 \cdot 7H_2O$，380.02；$NaHPO_4 \cdot 2H_2O$，241.91；$KH_2PO_4$，665.20；$Ca(H_2PO_4) \cdot 2H_2O$，376.70；柠檬酸亚铁，82.38；乳酸钙，907.10；$Al(OH)_3$，0.52；$ZnSO_4 \cdot 7H_2O$，9.90；$CuSO_4$，0.28；$MnSO_4 \cdot 7H_2O$，2.22；$Ca(IO_3)_2$，0.42；$CoSO_4 \cdot 7H_2O$，2.77。

4. 非必需氨基酸混合物。D1：天冬氨酸 10.0 g；谷氨酸 8.6 g；丝氨酸 5.4 g；脯氨酸 0.2 g；甘氨酸 3.0 g，丙氨酸 2.1 g，酪氨酸 4.3 g，半胱氨酸 0.7 g。D2：天冬氨酸 3.9 g，谷氨酸 8.6 g；丝氨酸 5.4 g；脯氨酸 0.2 g；甘氨酸 3.0 g，丙氨酸 2.1 g，酪氨酸 4.3 g，半胱氨酸 0.7 g。D3：天冬氨酸 0.0 g；谷氨酸 0.3 g；丝氨酸 5.4 g；脯氨酸 0.2 g；甘氨酸 3.0 g，丙氨酸 2.1 g，酪氨酸 4.3 g，半胱氨酸 0.7 g。D4：天冬氨酸 0.0 g；谷氨酸 0.0 g；丝氨酸 0.0 g；脯氨酸 0.0 g；甘氨酸 2.8 g，丙氨酸 2.1 g，酪氨酸 4.3 g，半胱氨酸 0.7 g。D5：天冬氨酸 0.0 g；谷氨酸 0.0 g；丝氨酸 0.0 g；脯氨酸 0.0 g；甘氨酸 0.0 g，丙氨酸 0.0 g，酪氨酸 3.8 g，半胱氨酸 0.7 g。

(3) 饲养管理

试验刺参到达实验室后先置于 4 个 200 L 水槽中暂养 2 周,待试验刺参适应实验室环境并能正常摄食配合饲料后开始正式试验。随机选取体质健康、规格均匀的刺参,称重后置于水槽中进行试验。试验共设置 6 个处理,每个处理组设置 3 个平行,共 18 个水族箱 (35 L),每箱放置 30 头刺参 (初始体重为 1.55±0.01 g),进行 56 天养殖试验。试验养殖系统为循环水系统(每箱进水率为 9 L/h),试验用水族箱为容积 35 L 的长方形玻璃纤维水缸,水源为经砂滤和海绵、活性炭过滤后的海水,在整个养殖试验期间均采用 24 h 连续充氧,全天进行避光处理。在养殖期间,每天手动换水 1 次,换水量为 1/4,每天 16:00 投喂 1 次(起始投饵量 5%,视摄食情况而定),收集残饵,根据残饵量适当加大投喂量,并随机更换水槽位置以最大限度保证养殖环境的一致性。在养殖期间,通过空调控温,将室温保持在 19±1 ℃,水温保持在 17±1 ℃,盐度保持在 30,pH 保持在 7.7±0.2。

## 2.5.3 结果

(1) 不同包膜赖氨酸含量的饲料对刺参幼参生长的影响

饲喂对照组饲料和试验组的饲料 56 d 后,赖氨酸含量对刺参幼参的生长的影响见表 2-15。结果显示,对照组刺参的终末体重、体增重率及特定生长率均显著($P<0.05$)高于试验组。虽然试验组刺参组与组之间的终末体重、体增重率及特定生长率差异不显著($P>0.05$),但刺参的终末体重、体增重率及特定生长率的整体趋势是随赖氨酸水平的升高呈先升高后降低。其中,当赖氨酸含量为 1.19% 时,刺参幼参的终末体重和体增重率达到最高;当赖氨酸含量为 0.64%时,刺参幼参的特定生长率达到最高。对照组和 D3 组刺参的摄食量显著($P<0.05$)高于 D1、D2、D4 和 D5 组,但 D1、D2、D4 和 D5 组之间的摄食量没有显著性差异($P>0.05$),不同组别刺参的存活率没有显著性的差异 ($P>0.05$),但对照组的刺参存活率最大。

表 2-15 饲喂不同饲料的刺参的生长性能

| 指标 | 对照组 | D1 | D2 | D3 | D4 | D5 |
|---|---|---|---|---|---|---|
| 初始体重(g) | 1.55±0.00 | 1.55±0.19 | 1.56±0.06 | 1.56±0.09 | 1.54±0.00 | 1.56±0.00 |
| 终末体重(g) | 4.29±0.61$^{b}$ | 2.32±0.23$^{a}$ | 2.57±0.35$^{a}$ | 2.62±0.48$^{a}$ | 2.38±0.20$^{a}$ | 2.48±0.44$^{a}$ |
| 体增重率(%) | 177.49±39.79$^{b}$ | 49.75±16.61$^{a}$ | 65.32±22.83$^{a}$ | 68.27±30.31$^{a}$ | 54.16±12.53$^{a}$ | 58.89±28.18$^{a}$ |

续表 2-15

| 指标 | 对照组 | D1 | D2 | D3 | D4 | D5 |
|---|---|---|---|---|---|---|
| 特定生长率(%/d) | 1.79±0.26[b] | 0.70±0.21[a] | 0.88±0.25[a] | 0.87±0.34[a] | 0.76±0.14[a] | 0.80±0.32[a] |
| 摄食量(g) | 2.51±0.03[b] | 2.19±0.10[a] | 2.08±0.05[a] | 2.40±0.03[b] | 2.11±0.06[a] | 2.00±0.10[a] |
| 存活率(%) | 87.78±4.01 | 77.78±15.55 | 78.34±11.67 | 86.67±1.93 | 68.89±7.78 | 75.00±1.67 |

注：数据表示方式为均值±标准误，结果后的不同字母表示组间差异显著($P<0.05$)。

(2) 不同包膜赖氨酸含量的饲料对刺参幼参体壁近似成分的影响

饲喂6组不同的饲料56 d后，各组刺参幼参体壁营养成分的含量见表2-16。结果显示，饲料赖氨酸含量并不影响刺参体壁的粗蛋白、粗脂肪、灰分及水分的含量。虽然饲喂对照组和试验组饲料的刺参体壁脂肪含量没有显著差异($P>0.05$)，但刺参体壁脂肪含量随饲料中赖氨酸含量的增加而上升，并在饲料赖氨酸含量为2.23%时达到最大值。

表 2-16　饲喂不同饲料的刺参体壁近似成分　(%)

| 组别 | 粗蛋白 | 粗脂肪 | 灰分 | 水分 |
|---|---|---|---|---|
| 对照组 | 47.91±0.53 | 3.47±0.21 | 38.25±0.42 | 90.76±0.98 |
| D1 | 48.58±2.04 | 3.46±0.93 | 37.13±0.61 | 91.02±0.21 |
| D2 | 48.11±2.05 | 4.04±0.08 | 37.26±0.19 | 91.16±0.85 |
| D3 | 47.65±2.31 | 4.54±0.87 | 38.43±0.79 | 91.04±0.56 |
| D4 | 47.27±1.34 | 5.00±0.67 | 37.13±0.80 | 90.98±0.44 |
| D5 | 47.73±1.47 | 5.36±1.64 | 37.47±0.89 | 91.26±0.10 |

注：数据表示方式为均值±标准误，结果后的不同字母表示组间差异显著($P<0.05$)。

(3) 刺参幼参对饲料中赖氨酸的最适需求量

体增重率与饲料赖氨酸含量的折线模型如图2-6。以体增重率为指标，经折线模型回归分析，求得刺参幼参对赖氨酸的需求量为：占干饲料的0.76%，占饲料蛋白质的5.43%。

(4) 不同包膜赖氨酸含量的饲料对刺参幼参肠道蛋白酶和淀粉酶活力的影响

不同赖氨酸含量的饲料对刺参幼参肠道蛋白酶和淀粉酶活力的影响见图2-7。可看出饲喂对照组饲料的刺参肠道蛋白酶活力显著低于($P<0.05$)试验组，随着赖氨酸含量的增加，刺参肠道蛋白酶活力呈先升高后下降的趋势，并在赖氨酸含量为1.19%时达到最大值，显著高于($P<0.05$)D4和D5组刺参，但与D1和D2组刺参无显著性($P>0.05$)差异。而各试验组间刺参肠道淀粉酶活力并没有显著性

的变化($P>0.05$)。

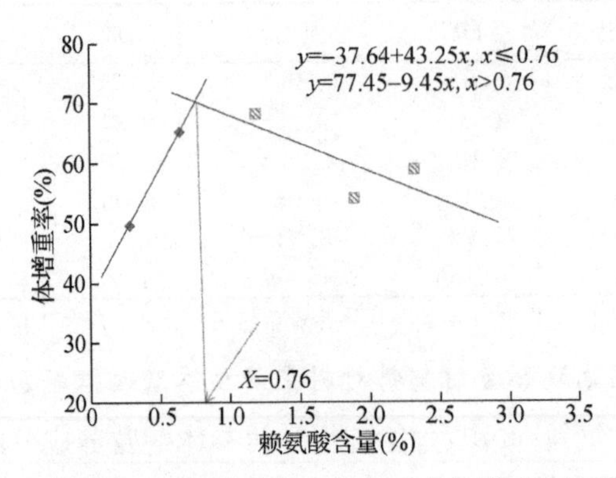


图 2-6　饲料赖氨酸含量与刺参幼参体增重率的关系

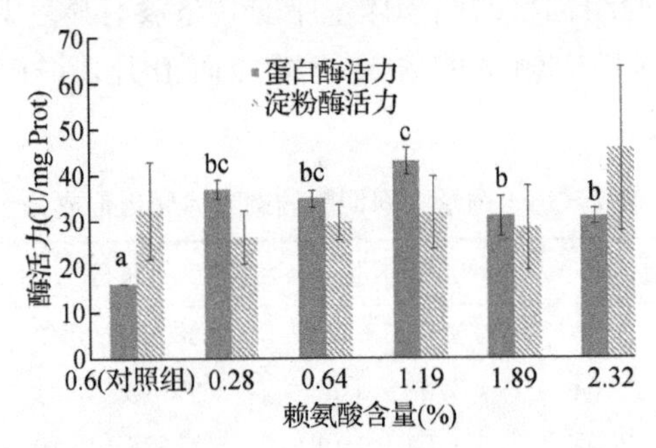


图 2-7　不同包膜赖氨酸含量对刺参幼参肠道蛋白酶和淀粉酶活力的影响

注:数值表示为均值±标准差,柱形图上方的不同字母表示组间有显著差异($P<0.05$)。

(5) 不同包膜赖氨酸含量对刺参幼参体腔液免疫酶活力的影响

饲喂对照组和试验组饲料的刺参体腔液免疫酶活力见表 2-7。由表可知,饲喂赖氨酸含量为 2.23%的饲料的刺参的 AKP 活力显著($P<0.05$)高于 D1 和 D4 组的刺参,但与对照组、D2 和 D3 组没有显著($P>0.05$)差异;D5 组刺参的 CAT 活力显著($P<0.05$)高于其他试验组;而 ACP 和 SOD 活力组与组之间均没有显著($P>0.05$)差异。

表 2-17　饲喂不同饲料的刺参体腔液免疫酶活力　(单位:U/mg Prot)

| 组别 | ACP 活力 | AKP 活力 | SOD 活力 | CAT 活力 |
|---|---|---|---|---|
| 对照组 | 1.62±0.12 | 4.11±0.86[ab] | 60.40±2.92 | 12.92±5.71[a] |
| D1 | 3.18±1.47 | 2.58±0.38[a] | 60.27±3.05 | 11.38±3.74[a] |
| D2 | 1.33±0.16 | 3.37±0.11[ab] | 59.34±2.39 | 10.66±1.36[a] |

续表 2-17

| 组别 | ACP 活力 | AKP 活力 | SOD 活力 | CAT 活力 |
| --- | --- | --- | --- | --- |
| D3 | 1.60±0.29 | 4.70±1.35[ab] | 53.64±0.13 | 10.69±2.02[a] |
| D4 | 3.17±0.90 | 2.78±0.84[a] | 63.66±1.69 | 13.79±2.77[a] |
| D5 | 3.80±0.89 | 6.59±0.83[b] | 59.87±6.36 | 32.16±15.63[b] |

注：数据表示方式为均值±标准误，结果后的不同字母表示组间差异显著($P<0.05$)。

### 2.5.4 讨论

**(1) 不同包膜赖氨酸含量的饲料对刺参幼参生长性能的影响**

研究发现，在大菱鲆(Peres et al,2005)、牙鲆(邓君明 等,2007)、虹鳟(Cheng et al,2003)饲料中补充晶体氨基酸可有效促进其生长，但在异育银鲫、鲤、草鱼中的试验则表明添加晶体氨基酸对其生长无改善作用。研究表明，在低豆粕的饲料中添加晶体赖氨酸对草鱼的生长无改善作用，而添加微囊赖氨酸则显著提高体增重率，降低饲料转化率。冷向军等(2010)发现在低鱼粉实用饲料中补充微囊赖氨酸和蛋氨酸能显著提高鲤的体增重率，降低饲料转化率，而补充晶体氨基酸则对生长性能无显著改善作用。此外，在罗非鱼、斑节对虾及仿刺参(王吉桥 等,2009)中也有类似的报道。本试验研究结果显示试验组刺参的终末体重、体增重率、特定生长率及摄食量基本随赖氨酸水平的升高而呈现先升高后下降的趋势，并在 D3 组中达到最大值。结果表明刺参能够利用晶体氨基酸。但摄食对照组饲料刺参的生长指标均显著高于试验组刺参，这种现象表明刺参对饲料中补充的氨基酸的利用效率低于蛋白质结合态的氨基酸；在黑虎虾及虹鳟(Ellis et al,2011)中也有类似的报道，原因可能是尽管氨基酸经过了包被处理，但由于刺参摄食比较慢，从投喂饲料到摄食饲料，氨基酸还是有部分溶失，这导致摄入的饲料氨基酸不平衡而限制了其他氨基酸的利用，多余的氨基酸经脱氨基作用作为能量而消耗，从而使得蛋白质沉积下降。

**(2) 不同包膜赖氨酸含量的饲料对刺参幼参体成分的影响**

Borlongan et al. (1990)研究指出遮目鱼体近似成分(粗蛋白、粗脂肪、灰分和水分)不受饵料中赖氨酸含量的影响。这与本试验的结果相似。但在本试验中可以观察到随着赖氨酸含量的增加，刺参体壁脂肪含量出现了蓄积现象。谢峰军等(2012)和 Tacon et al. (1985)一致认为氨基酸含量的增加打破了饲料氨基酸平衡模式，增加了所有自由氨基酸的氧化，并且加快了氨基酸向脂肪的转化。除对照组外，本试验的各处理组间体壁氨基酸成分及必需氨基酸含量不受饲料中赖氨酸含量的影响，这与在虹鳟鱼(Mohanty et al,1991)中的研究一致。

(3) 不同包膜赖氨酸水平对刺参幼参肠道消化酶的影响

姜令绪等(2007)和付雪艳(2004)指出蛋白酶活力是刺参肠道检测到的多种消化酶中活力最高的消化酶之一。刺参可通过摄食沉积食物中的营养成分来合成机体蛋白质,主要依靠蛋白酶所发挥的重要作用。刺参消化道的蛋白酶活力最高值见于其稚参阶段,蛋白酶活力远高于该阶段其他消化酶的活力,淀粉酶和脂肪酶活力紧随其后。以此为依据,本试验主要测定了刺参肠道中蛋白酶与淀粉酶的活力,结果显示,随赖氨酸含量的增加刺参肠道蛋白酶活力呈先升高后降低的趋势,在D3组中达到最大值。

本试验中淀粉酶活力在组与组之间没有显著性的差异。这与在刺参(Wang et al,2009a)、对虾及大菱鲆的报道相似,这表明饵料中赖氨酸含量对淀粉消化无影响。

(4) 不同包膜赖氨酸水平对刺参幼参体腔液免疫酶活力的影响

棘皮动物的体腔细胞具有多种重要功能,包括吞噬作用、细胞毒素反应及产生抗菌活性物质(如活性氧和一氧化氮等)等防御反应(Kudriavtsev et al,2004)。吞噬过程在机体免疫反应中发挥着重要作用,是机体内部防御的第一道防线(Janeway et al,2002)。通过增强吞噬作用来提高刺参免疫功能是一种重要的有效措施(Ellis et al,2011)。吞噬作用完成以后,棘皮动物吞噬细胞通过 ACP 和 AKP 完成对这些外源物质的降解(Canicatti, 1990)。在软体动物体内,ACP 被认为是溶酶体的标志酶,在低 pH 环境下表现出较高的催化活性。在酸性环境下,ACP 将表面带有磷酸酯的异物水解达到预防感染以及防御疾病的目的,从而增强免疫细胞对异物识别起到的调理作用,加快吞噬细胞对异物的吞噬作用及对异物降解的速度(Cheng et al, 1978)。AKP 不仅有参与转磷酸作用、调节膜运输、维持体内适宜的钙磷比例、促进体内钙磷的代谢等功能,而且还与角蛋白等蛋白质的分泌有关,对软体动物贝壳的形成也有非常重要的作用(魏炜 等,2001)。在本试验中 ACP 和 AKP 活性的最大值均见于赖氨酸含量为 2.23%组,这表明饵料中赖氨酸的添加能够改善刺参的免疫反应。在棘皮动物中,吞噬变形细胞的刺激导致机体吸入的氧含量和产生的超氧化物阴离子($O_2^-$)量增加,反过来又导致了其他高活性氧化剂的产生,例如过氧化氢($H_2O_2$)、次氯酸盐、纯态氧和活性自由基等。所有生物的抗氧化系统都包括酶系统和非酶系统, SOD 和 CAT 是抗氧化酶系中的两种重要的酶,在清除自由基、防止生物分子损伤方面有重要作用。Xie 等(2012)等研究发现南美白对虾的 SOD 活性不受饵料赖氨酸含量的影响。本试验也有相似的结果。然而,本试验的刺参体腔液 CAT 活性随赖氨酸含量的增加而呈上升趋势,最大值为 D5 组。这种现象归因于随赖氨酸含量的增加饵料中的氨基酸平衡被

打破,从而导致了氨基酸氧化增强,在其氧化过程产生的过量的 $H_2O_2$ 刺激了 CAT 的活性。

# 2.6　刺参对 *n*-3 高不饱和脂肪酸需求量的研究

## 2.6.1　引言

*n*-3 系列高度不饱和脂肪酸(HUFA)是海水鱼类的必需脂肪酸,不同种类的海水鱼类对 *n*-3 HUFA 的需求量不尽相同。EPA 及 DHA 对海水鱼类存活、生长及发育的影响尤为关键,EPA 与 DHA 的比例也是影响海水仔鱼、稚鱼及幼鱼生长和存活的重要因素。

## 2.6.2　材料与方法

(1) 材料

试验用刺参幼参为大连地区苗种。从 3 000 头幼参中随机选取大小相等的刺参共 450 头(初始体重为 1.97±0.01 g)进行实验,养殖时间 60 d。

(2) 试验饲料的制备

通过调节饲料中鱿鱼肝油与橄榄油的比例,使饲料中 *n*-3 HUFA 含量分别达到 0.15%、0.22%、0.33%、0.38%和 0.46%(试验饲料配方见表 2－18)。饲料原料经超微粉碎机粉碎至 180 目(粒径为 80 μm)以上,饲料原料逐级混合均匀后,加入 30%～50%的水,再次混合均匀,后用制粒机挤压制成颗粒饲料(直径为 1.8 mm),将颗粒饲料放入 50 ℃烘箱中烘干,装袋置于－20 ℃冰箱中备用。

**表 2－18　试验饲料配方**

| 饲料原料(%干物质) | 1 | 2 | 3 | 4 | 5 |
|---|---|---|---|---|---|
| 马尾藻 | 50 | 50 | 50 | 50 | 50 |
| 海泥 | 20 | 20 | 20 | 20 | 20 |
| 鱿鱼粉 | 8 | 8 | 8 | 8 | 8 |
| 大豆蛋白 | 7 | 7 | 7 | 7 | 7 |
| 酵母 | 3 | 3 | 3 | 3 | 3 |
| 混合维生素 | 1 | 1 | 1 | 1 | 1 |
| 混合矿物质 | 1 | 1 | 1 | 1 | 1 |
| 微晶纤维素 | 8.5 | 8.5 | 8.5 | 8.5 | 8.5 |

续表 2－18

| 饲料原料(%干物质) | 1 | 2 | 3 | 4 | 5 |
|---|---|---|---|---|---|
| 鱿鱼肝油 | 0 | 0.375 | 0.75 | 1.125 | 1.5 |
| 橄榄油 | 1.5 | 1.125 | 0.75 | 0.375 | 0 |

注：1. 混合维生素(mg/10 g 预混料)，由北京桑普生物化学技术有限公司生产：维生素 A 100 万 IU，维生素 $D_3$ 30 万 IU，维生素 E 8 000 mg，维生素 $K_3$ 1 000 mg，维生素 $B_1$ 2 500 mg，维生素 $B_2$ 1 500 mg，维生素 $B_6$ 1 000 mg，维生素 $B_{12}$ 20 mg，维生素 C 10 000 mg，烟酸 1 000 mg，泛酸钙 10 000 mg，叶酸 100 mg，肌醇 10 000 mg，载体葡萄糖，水＜10%。

2. 混合矿物质 (mg/40 g 预混料)：NaCl，107.79；$MgSO_4 \cdot 7H_2O$，380.02；$NaHPO_4 \cdot 2H_2O$，241.91；$KH_2PO_4$，665.20；$Ca(H_2PO_4) \cdot 2H_2O$，376.70；柠檬酸亚铁，82.38；乳酸钙，907.10；$Al(OH)_3$，0.52；$ZnSO_4 \cdot 7H_2O$，9.90；$CuSO_4$，0.28；$MnSO_4 \cdot 7H_2O$，2.22；$Ca(IO_3)_2$，0.42；$CoSO_4 \cdot 7H_2O$，2.77。

(3) 饲养管理

试验刺参先置于 4 个 200 L 水槽中暂养 2 周，待刺参适应实验室环境并能正常摄食配合饲料后开始养殖试验。试验共设置 6 个处理，每个处理组设置 3 个平行，共 18 个水槽(50 L)，每槽放置 30 头刺参(初始体重为 0.65±0.04 g)。在养殖期间，每天换水 1 次，换水量为 1/2，每天 16:00 投喂 1 次(起始投饵量 3%，视摄食情况而定)，收集残饵，每 15 d 随机更换水槽位置以最大限度保证养殖环境的一致性。在养殖期间，海水 pH 8.1 左右，盐度 31 左右，通过空调控温，将室温保持在 19±1 ℃，水温保持在 17±1 ℃，全天气泵充氧，全天进行避光处理。

## 2.6.3 结果

(1) 不同 *n*-3 HUFA 含量的饲料对刺参幼参生长及饲料利用率的影响

饲喂不同 *n*-3 HUFA 含量的饲料 60 d 后，饲料中 *n*-3 HUFA 含量对试验刺参幼参生长及饲料利用率的影响见表 2－19。结果表明，① 试验刺参成活率呈现较高水平(＞97%)，但各处理组无显著差异($P$＞0.05)。② 随着饲料中 *n*-3 HUFA 水平的升高，刺参幼参体增重率、特定生长率、摄食量与蛋白质效率基本呈现升高的变化趋势。③ 饲喂 *n*-3 HUFA 含量为 0.220%的饲料的处理组刺参的体增重率显著高于饲喂 *n*-3 HUFA 含量为 0.147%的饲料的处理组刺参($P$＜0.05)，但与其他处理组无显著性差异($P$＞0.05)。④ 特定生长率、蛋白质效率与体增重率呈现相同的变化趋势。⑤ 饲料转化率随着饲料 *n*-3 HUFA 含量的升高而降低，饲喂 *n*-3 HUFA 含量为 0.220%的饲料的处理组刺参显著低于饲喂 *n*-3 HUFA 水平为 0.147%的饲料的处理组刺参($P$＜0.05)，但与其他处理组无显著性差异($P$＞0.05)。

表 2－19　饲料 *n*-3 HUFA 含量对试验刺参幼参生长及饲料利用率的影响

| 处理组 | 初始体重 IBW/(g) | 终末体重 FBW(g) | 成活率 SR(%) | 增重率 BWG(%) | 特定生长率 SGR(%/d) | 摄食量 FI(g) | 饲料转化率 FCR | 蛋白质效率 PER |
|---|---|---|---|---|---|---|---|---|
| 1 | 1.97 | 3.13±0.38 | 97±3 | 59±19[a] | 0.76±0.20[a] | 3.28±0.23 | 3.05±0.69[a] | 2.50±0.57[a] |
| 2 | 1.95 | 4.51±0.25 | 100±0 | 131±13[b] | 1.39±0.09[b] | 3.96±0.66 | 1.62±0.42[b] | 5.13±1.07[b] |
| 3 | 1.99 | 4.55±0.34 | 99±1 | 129±18[b] | 1.37±0.13[b] | 3.81±0.47 | 1.50±0.08[b] | 4.92±0.27[b] |
| 4 | 1.97 | 5.23±0.14 | 97±2 | 166±9[b] | 1.63±0.06[b] | 4.28±0.21 | 1.31±0.00[b] | 5.49±0.01[b] |
| 5 | 1.96 | 5.39±0.35 | 99±1 | 176±20[b] | 1.68±0.12[b] | 4.47±0.73 | 1.29±0.11[b] | 5.76±0.50[b] |

注：数值表示为均值±标准差，结果后的不同字母表示组间有显著差异（$P<0.05$）。

(2) 不同 *n*-3 HUFA 含量的饲料对刺参幼参肠道消化酶活力的影响

饲喂不同 *n*-3 HUFA 含量的饲料 60 d 后，饲料中 *n*-3 HUFA 含量对试验刺参幼参肠道消化酶活力的影响见表 2－20。刺参肠道蛋白酶活力随着饲料中 *n*-3 HUFA 含量的升高而升高，饲喂 *n*-3 HUFA 含量为 0.460%的饲料的处理组刺参获得最大蛋白酶活力，显著高于饲喂 *n*-3 HUFA 含量为 0.220%的饲料的处理组刺参（$P<0.05$）。刺参肠道脂肪酶活力随着饲料中 *n*-3 HUFA 含量的升高呈现降低趋势，饲喂 *n*-3 HUFA 水平为0.220%的处理组刺参获得最小脂肪酶活力，但各处理组均无显著性差异（$P>0.05$）。

表 2－20　饲料 *n*-3 HUFA 含量对刺参幼参肠道消化酶活力的影响

（单位：U/mg Prot）

| 处理组 | 肠道蛋白酶活力 | 肠道脂肪酶活力 |
|---|---|---|
| 1 | 177±14[a] | 3.97±1.32 |
| 2 | 195±1[ab] | 4.58±1.50 |
| 3 | 200±12[ab] | 3.30±0.83 |
| 4 | 211±5[ab] | 2.75±0.99 |
| 5 | 259±38[b] | 2.20±0.55 |

注：数值表示为均值±标准差，结果后的不同字母表示组间有显著差异（$P<0.05$）。

(3) 不同 *n*-3 HUFA 含量的饲料对刺参幼参体壁近似成分的影响

饲喂不同 *n*-3 HUFA 含量饲料 60 d 后，饲料中 *n*-3 HUFA 含量对刺参幼参体壁近似成分的影响见表 2－21。结果表明，各处理组刺参幼参体壁水分、粗蛋白及灰分含量差异不显著($P > 0.05$)。随着饲料 *n*-3 HUFA 含量的增加,刺参幼参体壁粗脂肪含量呈现下降的变化趋势,饲喂 *n*-3 HUFA 含量为 0.147%与0.220%的饲料的处理组刺参显著高于饲喂 *n*-3 HUFA 含量为 0.379%与 0.460%的饲料的处理组刺参($P < 0.05$)。

表 2-21　饲料 *n*-3 HUFA 含量对试验刺参幼参体壁近似成分的影响

(单位:%湿重)

| 处理组 | 水分 | 粗蛋白 | 粗脂肪 | 灰分 |
|---|---|---|---|---|
| 1 | 90.4±6.4 | 4.47±0.34 | 0.45±0.05[a] | 3.32±0.36 |
| 2 | 90.4±6.2 | 4.73±0.45 | 0.46±0.04[a] | 3.27±0.21 |
| 3 | 90.3±5.0 | 4.59±0.43 | 0.39±0.05[ab] | 3.36±0.39 |
| 4 | 91.1±4.5 | 4.30±0.34 | 0.36±0.04[b] | 3.23±0.34 |
| 5 | 90.5±5.8 | 4.58±0.39 | 0.33±0.04[b] | 3.41±0.37 |

注:数值表示为均值±标准差,结果后的不同字母表示组间有显著差异($P<0.05$)。

(4) 不同 *n*-3 HUFA 含量的饲料对刺参幼参体壁脂肪酸种类与含量的影响

饲喂不同 *n*-3 HUFA 含量的饲料 60 d 后,饲料中 *n*-3 HUFA 含量对试验刺参幼参体壁 *n*-3 HUFA 含量的影响见表 2-22。结果表明,各处理组刺参体壁中含量最高的饱和脂肪酸和单烯脂肪酸均分别为 16:0 与 18:1*n*。

随着饲料 *n*-3 HUFA 含量的增加,刺参体壁 SFA 基本呈现上升趋势,MUFA 含量呈现下降趋势。刺参体壁 EPA 与 DHA 含量随着饲料 *n*-3 HUFA 含量的增加基本呈现升高的变化趋势,饲喂 *n*-3 HUFA 含量为 0.460%的饲料的处理组刺参体壁获得最高 *n*-3 HUFA 含量,但各处理组均无显著性差异($P > 0.05$)。

表 2-22　饲料 *n*-3 HUFA 含量对试验刺参幼参体壁 *n*-3 HUFA 的影响

| 处理组 | 16:00 | 16:1*n* | 17:1 *n*-7 | 18:00 | 18:1 *n*-(7+9) | 18:2 *n*-6 | 20:1*n* | 20:2 *n*-6 | 20:4 *n*-6 |
|---|---|---|---|---|---|---|---|---|---|
| 1 | 10.5±2.5 | 3.4±0.6 | 3.0±1.0 | 2.4±0.0[a] | 23.2±4.0[a] | 4.4±0.8[a] | 10.1±0.6[a] | 1.6±0.1 | 13.7±2.2 |
| 2 | 11.7±2.9 | 3.6±0.7 | 2.9±0.9 | 3.1±0.4[ab] | 18.5±0.9[ab] | 3.7±0.2[ab] | 9.4±0.1[a] | 1.7±0.1 | 17.2±3.1 |
| 3 | 11.3±2.3 | 3.3±0.3 | 2.7±0.6 | 3.0±0.3[ab] | 16.6±0.1[bc] | 3.2±0.0[ab] | 9.6±0.4[a] | 1.8±0.1 | 17.1±1.4 |
| 4 | 13.1±2.5 | 4.7±0.3 | 2.5±0.7 | 3.7±0.1[b] | 13.0±1.4[bc] | 2.7±0.3[b] | 9.0±0.5[a] | 1.7±0.0 | 21.1±5.8 |
| 5 | 17.8±2.2 | 3.9±0.6 | 3.2±0.6 | 3.8±0.4[b] | 11.1±1.0[bc] | 2.4±0.3[b] | 7.6±0.1[b] | 1.8±0.1 | 15.0±2.8 |

续表 2-22

| 处理组 | 20:5 $n$-3 | 22:00 | 22:1$n$ | 22:4 $n$-6 | 22:6 $n$-3 | 24:1$n$ | Others | ∑SFA | ∑ MUFA | ∑$n$-3 HUFA |
|---|---|---|---|---|---|---|---|---|---|---|
| 1 | 6.5±0.3[a] | 0.9±0.1 | 2.2±0.2 | 4.6±1.0 | 7.5±1.1 | 2.7±0.3[ab] | 3.3±0.8 | 13.9±2.5[a] | 44.7±4.5[c] | 14.0±0.9 |
| 2 | 7.7±0.7[ab] | 1.1±0.1 | 1.9±0.2 | 5.3±0.3 | 7.1±1.0 | 2.5±0.1[abc] | 2.6±0.9 | 15.9±2.5[ab] | 38.7±0.5[bc] | 14.8±1.7 |
| 3 | 9.1±0.5[ab] | 1.1±0.1 | 2.1±0.1 | 5.8±0.3 | 7.9±0.3 | 2.8±0.0[a] | 2.6±0.5 | 15.4±2.0[ab] | 37.1±0.5[b] | 17.0±0.8 |
| 4 | 8.2±2.4[ab] | 0.9±0.5 | 1.6±0.3 | 6.0±1.4 | 7.2±2.4 | 2.2±0.2[bc] | 2.4±0.8 | 17.7±1.9[ab] | 33.0±1.3[ab] | 15.4±4.5 |
| 5 | 11.7±1.9[b] | 0.9±0.1 | 1.6±0.2 | 4.5±0.8 | 10.4±2.4 | 2.1±0.1[bc] | 2.2±0.1 | 22.5±1.9[b] | 29.5±0.9[a] | 22.2±4.2 |

注：数值表示为均值±标准差，结果后的不同字母表示组间有显著差异（$P<0.05$）。

### 2.6.4 讨论

（1）**不同 $n$-3 HUFA 含量的饲料对刺参幼参生长及饲料利用率的影响**

饲喂不同 $n$-3 HUFA 含量的饲料 60 d 后，试验刺参饲料转化率及蛋白质效率随着饲料 $n$-3 HUFA 含量的升高而升高，然而，当饲料 $n$-3 HUFA 含量高于 0.327%时，各处理组间无显著性差异（$P>0.05$）。

本试验结果显示，刺参幼参存活率及体壁近似成分不受饲料 $n$-3 HUFA 含量的影响。相同的结果也见于军曹鱼、牙鲆及金头鲷等的研究报道（Ibeas et al，1996）。Watanabe 等（1989）研究指出，饲料必需脂肪酸组成对海水仔稚鱼及幼鱼存活率的影响受试验鱼体规格、种间差距等因素的影响。有研究表明若饲料中 $n$-3 HUFA 含量过高，会对海水鱼的生长产生抑制作用（Furuita et al，2002）。然而，本试验中饲料最高 $n$-3 HUFA 含量仅为 0.460%，在养殖过程中，并未发现刺参生长及饲料利用被抑制的现象。相同的试验结果也见于对岩鱼、星斑川鲽及军曹鱼的研究报道（Lee et al，2003；Lee et al，2001）。更高的饲料 $n$-3 HUFA 含量是否会对刺参幼参的生长及饲料利用产生不良影响，仍有待进一步研究。

（2）**不同 $n$-3 HUFA 含量的饲料对刺参幼参肠道消化酶的影响**

刺参胃含物中虽然含有 40 多种生物，但所占比例非常小，多为粗沙，植物（包括大叶藻和藻类）的重量占到绝对优势。韩丽君等（1995）对广西北部湾地区的八种马尾藻脂肪酸组成进行了测定，结果显示，马尾藻 EPA 含量约占总脂肪含量的 1.14%～3.18%。这间接表明刺参饲料并不需要太高的 $n$-3 HUFA 含量。本试验中，饲喂不同 $n$-3 HUFA 含量饲料 60 d 后，刺参幼参肠道消化酶均无显著性差异（$P>0.05$）。究其原因，可能是因为饲料配方中脂肪及 $n$-3 HUFA 的含量较为适宜，已基本满足了刺参的需求，饲料中 $n$-3 HUFA 含量的升高虽能使脂肪酶的活力降低，使蛋白酶活力升高，但其影响并不显著。

(3) 不同 $n$-3 HUFA 含量的饲料对刺参幼参体壁近似成分的影响

马晶晶等(2009)研究指出，饲料中添加 $n$-3 HUFA，能显著降低黑鲷幼鱼肌肉中的脂肪含量，最大降幅可达 29.4%，但对全鱼组织的脂肪含量并无明显影响。Ibeas 等(1996)对金鲷幼鱼的研究也发现，当试验饲料 $n$-3 HUFA 含量由 0.19% 增加至 1.10%时，金鲷幼鱼肝脏组织脂肪沉积率降低约 17%，差异极显著。饲料 $n$-3 HUFA 含量对虹鳟、狼鲈、草鱼等鱼类组织中的脂肪酸合成酶(FAS)活力的抑制作用均已见报道(Dias et al,1998)。究其原因，可能是由于组织中 FAS 的活力或其基因表达受到了饲料 $n$-3 HUFA 成分的抑制(Clarke et al,1993)。本试验结果显示，随着饲料 $n$-3 HUFA 含量的增加，刺参幼参体壁粗脂肪含量呈现下降的变化趋势，但与其他处理组间差异不显著($P>0.05$)，其差异不显著是否与刺参体壁粗脂肪含量较低有关，刺参体内 $n$-3 HUFA 抑制组织 FAS 活性或基因表达的机制存在与否，仍需进一步的研究。

(4) 不同 $n$-3 HUFA 含量的饲料对刺参幼参体壁脂肪酸种类与含量的影响

饲料脂肪酸水平对鱼体组织中脂肪酸组成有着显著的影响作用(Sargent et al,1999)。对牙鲆(Lim et al,1997)、狼鲈(Skallia et al, 2004)饲料 $n$-3 HUFA需求量的研究发现，饲料 $n$-3 HUFA 含量与机体组织脂肪酸组成具有正向相关关系。有研究指出，鱼油中含有较高含量的 $n$-3 HUFA，用不同比例菜籽油、亚麻籽油和大豆油等植物性油脂替代鱼油投喂金鲷 60 d，接着再用 100%鱼油饲料进行投喂，能够显著提高金鲷肌肉中 DHA 和 ARA 的含量。此外，海水鱼对饲料 $n$-3 HUFA 的需求量还受到饲料中 DHA/EPA 比例、种类、生长阶段及饲料脂肪含量等因素的影响。

本试验以鱿鱼肝油和橄榄油来调节饲料 $n$-3 HUFA 的含量，随着鱿鱼肝油添加量的增加，饲料中 16:0、18：0、18:1$n$ 的含量逐渐降低，而 EPA 和 DHA 的含量则逐渐升高。经过 8 周的养殖试验，摄食较低水平 $n$-3 HUFA 饲料的刺参体壁具有较高含量的 18：1$n$ 和较低含量的 $n$-3 HUFA。随着饲料 $n$-3 HUFA 含量的增加，刺参体壁 18：1$n$ 的含量逐渐减少，同时 $n$-3 HUFA 的含量逐渐提高，这在对军曹鱼、虹鳟、真鲷等研究中亦有相似的报道 (Takeuchi et al,1976)。因此，机体 18:1$n$ 与 $n$-3 HUFA 的比例常被用作衡量鱼类必需脂肪酸状态的指标。水生动物

自身无法合成 $n$-3 HUFA，只能从饵料中获取。试验中 EPA 和 DHA 是刺参体壁中含量最高的 $n$-3 HUFA，这与李丹彤等（2009）对辽宁獐子岛海域野生刺参体壁的营养分析结果相似。在本试验中，刺参体壁 EPA 与 DHA 含量分别占 6.5%～11.7%、7.5%～12.8%，随着饲料 $n$-3 HUFA 含量的增加基本呈现升高的变化趋势，饲喂 $n$-3 HUFA 水平为 0.460% 饲料的处理组的刺参体壁获得最高 $n$-3 HUFA含量，其测定结果略高于其他野生或养殖刺参。综上所述，仅从脂肪酸角度分析，饲喂 $n$-3 HUFA 含量为 0.460%的饲料的刺参具有更高的营养与商业价值，更适合人类食用。

## 2.7　刺参对维生素 C 需求量的研究

### 2.7.1　引言

维生素 C 能参与胶原蛋白、黏多糖等细胞间质的形成，还参与某些氨基酸代谢，其可以增加肉质中胶原蛋白的含量，改变某些氨基酸的含量等，使肉质更加营养、美味。而大多数水生动物缺乏合成维生素 C 的前体 L-古络糖酸内酯氧化酶，所以在养殖过程中需要在饵料中添加适量的维生素 C 才能满足其机体生长和发育的需求。

### 2.7.2　材料与方法

(1) **试验材料**

试验刺参来自大连盐化集团，干法运输后到实验室暂养 14 d，其间投喂刺参配合饲料。挑选 300 头规格整齐、体色鲜亮、体质健壮的刺参（初始体重为 10.04±0.06 g）进行试验，养殖时间为 60 d。

(2) **试验饲料的制备**

试验饲料以马尾藻、海泥、鱼粉、豆粕为主要原料，共设计了 5 个 VC 添加剂量，分别为 0，500，1 500，5 000，15 000 mg/kg（试验饲料配方见表 2-23）。其中 VC 剂型采用维生素 C 多聚磷酸酯（LAPP，北京桑普生化，VC 含量为 35%）。饲料原料用超微粉碎机粉碎至 180 目（粒径为 80 μm）以上，将各种饲料原料用搅拌机混合均匀后，加入 30%～40%的纯净水，再次搅拌混合均匀，之后用制粒机压制成颗粒饲料（颗粒直径为 1.8 mm）。将颗粒饲料放入 50 ℃烘箱中烘干，装袋储存于−20 ℃冰箱中备用。

表 2-23 试验饲料配方

| 饲料原料（%） | D1 | D2 | D3 | D4 | D5 |
| --- | --- | --- | --- | --- | --- |
| 马尾藻 | 50 | 50 | 50 | 50 | 50 |
| 海泥 | 20 | 20 | 20 | 20 | 20 |
| 鱼粉 | 8.4 | 8.4 | 8.4 | 8.4 | 8.4 |
| 豆粕 | 5.6 | 5.6 | 5.6 | 5.6 | 5.6 |
| 酵母粉 | 3 | 3 | 3 | 3 | 3 |
| 混合维生素（不含 VC） | 1 | 1 | 1 | 1 | 1 |
| 混合矿物质 | 1 | 1 | 1 | 1 | 1 |
| 纤维素 | 11 | 10.86 | 10.57 | 9.57 | 6.71 |
| VC 多聚磷酸酯 | 0 | 0.14 | 0.43 | 1.43 | 4.29 |
| 合计 | 100 | 100 | 100 | 100 | 100 |

(3) 饲养管理

试验设置 5 个处理，每个处理组设置 3 个平行，共 15 个水槽，水槽容积为 90 L，每个水槽放置 20 头刺参。每天下午 4 点进行换水、投喂，换水量为 1/2～1/3，每日吸底一次，同时进行粪便清理和残饵收集。日投喂量为刺参体重的 2%～5%，根据刺参的摄食情况相应的调节投饵量，以刺参完全摄食并略有剩余为最适。每 20 d 称重一次并更换水槽位置以最大限度地保证养殖环境的一致和水质的干净。在试验期间海水 pH 为 7.9～8.4，养殖水温 16±1 ℃（空调控温），盐度为 30‰～32，氨氮含量为 5～8 μg/ml。在试验期间全天进行避光处理。

## 2.7.3 结果

(1) 饲料中 VC 含量对刺参生长的影响

饲喂不同 VC 含量的饲料 60 d，刺参各种生长指标见表 2-24。经过 60 d 的养殖试验，D2 和 D3 组终末体重、体增重率和特定生长率显著高于对照组（D1）（$P<0.05$）。D2 组的饲料转化率与对照组（D1）相比显著降低（$P<0.05$），其他组饲料转化率与对照组相比差异不显著（$P>0.05$），但也有所降低。而各组的脏壁比、含肉率和成活率与对照组相比不存在显著差异（$P>0.05$）。

**表 2-24 饲料 VC 含量对刺参生长指标及饲料转化率的影响**

| | D1 | D2 | D3 | D4 | D5 |
|---|---|---|---|---|---|
| 初始体重 ABW(g) | 10.01±0.08 | 10.05±0.03 | 10.07±0.08 | 10.01±0.05 | 10.04±0.06 |
| 终末体重 FBW(g) | 24.38±3.91[a] | 30.55±1.36[b] | 29.65±3.07[b] | 27.04±1.00[ab] | 26.04±1.38[ab] |
| 体增重率 BWG(%) | 143.27±36.87[a] | 203.98±13.39[b] | 194.29±30.17[b] | 169.64±9.54[ab] | 160.02±12.78[ab] |
| 特定生长率 SGR(%/d) | 1.47±0.24[a] | 1.85±0.07[b] | 1.79±0.17[b] | 1.67±0.06[ab] | 1.59±0.08[ab] |
| 脏壁比(%) | 2.00±0.52 | 2.89±0.47 | 2.16±1.03 | 2.14±0.59 | 2.06±0.90 |
| 含肉率(%) | 63.57±5.40 | 59.96±2.44 | 65.90±2.79 | 61.40±0.96 | 60.49±4.49 |
| 饲料转化率 FCR | 2.84±0.78[b] | 1.83±0.23[a] | 2.12±0.30[ab] | 2.38±0.23[ab] | 2.34±0.22[ab] |
| 成活率(%) | 90.00±0.00 | 88.33±2.89 | 93.33±2.89 | 91.67±5.77 | 91.67±7.63 |

注：数值表示为均值±标准误，结果后的不同字母表示组间有显著差异($P<0.05$)。

**(2) 饲料中 VC 含量对刺参体壁成分的影响**

饲喂不同饲料 60 d 后，刺参体壁成分见表 2-25，D5 组的脂肪含量最高，显著高于其他 4 组($P<0.05$)，D2、D3 和 D4 组的脂肪含量显著高于对照组(D1)($P<0.05$)。D4 组的蛋白质高于其他 4 组，D2 组的灰分含量最高，但各组之间蛋白质、灰分、水分的含量差异不显著($P>0.05$)。

**表 2-25 不同 VC 含量的饲料对刺参体壁成分的影响** (%干物质)

| | D1 | D2 | D3 | D4 | D5 |
|---|---|---|---|---|---|
| 蛋白质 | 46.96±0.21 | 47.14±0.15 | 47.23±0.41 | 47.88±0.18 | 47.78±0.11 |
| 脂肪 | 3.81±0.28[a] | 4.09±0.40[b] | 5.58±0.31[b] | 6.42±0.35[b] | 8.68±0.73[c] |
| 灰分 | 30.81±0.57 | 33.28±2.05 | 31.43±1.24 | 32.38±1.24 | 32.00±0.29 |
| 水分 | 90.50±0.50 | 90.98±0.28 | 90.53±0.25 | 90.93±0.46 | 91.13±0.40 |

注：数值表示为均值±标准误，结果后的不同字母表示组间有显著差异($P<0.05$)。

(3) 饲料中 VC 含量对刺参体壁和肠道中 VC 含量的影响

经过 60 d 养殖试验，饲料中 VC 含量为 500～15 000 mg/kg 的 4 组刺参肌肉组织中和肠道中 VC 含量均高于对照组，且随饲料 VC 含量的升高呈现出上升趋势(图 2-8,图 2-9)，并且饲料中添加 VC 的 4 组刺参体壁中的 VC 含量与对照组相比差异显著($P<0.05$)，5 000 mg/kg、15 000 mg/kg 两组刺参肠道 VC 含量与对照组相比差异显著($P<0.05$)。

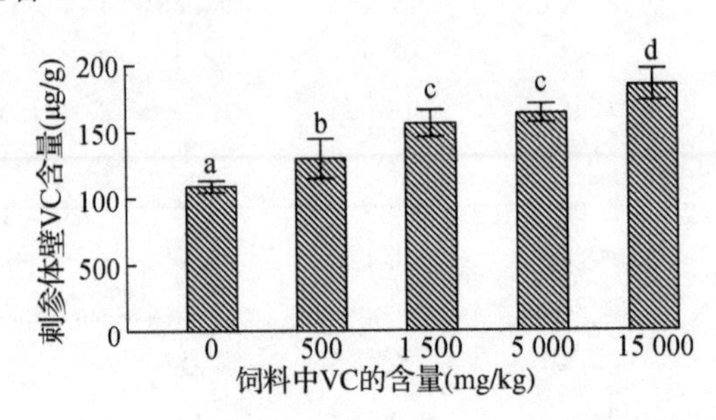


**图 2-8　饲料中 VC 含量对刺参肌肉组织 VC 含量的影响**

注：数值表示为均值±标准误，柱形图上方的不同字母表示组间有显著差异($P<0.05$)。

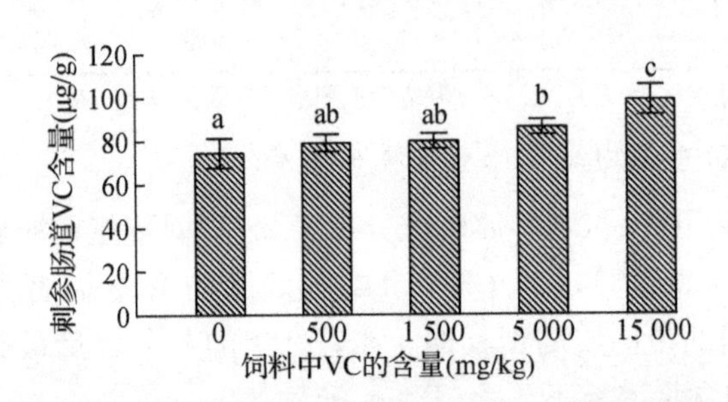


**图 2-9　饲料中 VC 含量对刺参肠道 VC 含量的影响**

注：数值表示为均值±标准误，柱形图上方的不同字母表示组间有显著差异($P<0.05$)。

(4) 饲料中 VC 含量对刺参体壁胶原蛋白含量的影响

刺参体壁羟脯氨酸含量如图 2-10 所示。由于胶原蛋白含量与羟脯氨酸含量呈线性关系，胶原蛋白含量是羟脯氨酸含量的 13.5 倍，所以胶原蛋白含量可以用羟脯氨酸含量来表示。从图中可以看出，经过 60 d 的养殖试验，VC 添加量为 1 500 mg/kg～15 000 mg/kg 的 3 组与对照组相比，刺参体壁胶原蛋白的含量显著增加($P<0.05$)，其中 VC 添加量为 1 500 mg/kg 组的刺参体壁的胶原蛋白含量最高，显著高于 5 000 mg/kg 组和 15 000 mg/kg 组($P<0.05$)。

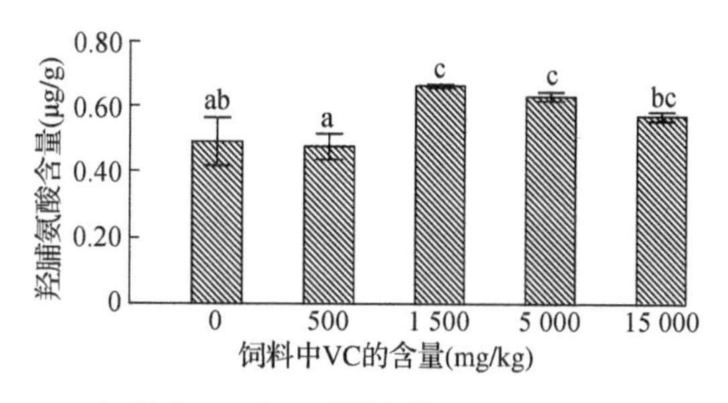


**图 2-10 饲料中 VC 含量对刺参体壁中羟脯氨酸含量的影响**

注:数值表示为均值±标准误,柱形图上方的不同字母表示组间有显著差异($P$<0.05)。

(5) **刺参体壁物理性指标**

质构剖面分析法(Texture Profile Analysis, TPA)是模拟人牙齿咀嚼食物,对试样进行两次压缩的机械过程,该过程能够测定探头对试样的压力以及其他相关质地参数,通过输出的质地测试曲线,可以分析质构特性参数。本试验主要测定刺参体壁的内聚性、弹性、胶黏性、咀嚼性、硬度。结果如表 2-26 所示:饲料中 VC 含量为 1 500~15 000 mg/kg 时刺参体壁的咀嚼性显著大于对照组($P$<0.05),15 000 mg/kg 组刺参体壁的弹性最大,与其他组相比差异显著($P$<0.05)。随着饲料中 VC 含量的增加,刺参体壁硬度也增大,5 000 mg/kg、15 000 mg/kg 两组显著大于对照组($P$<0.05)。而饲料中添加 VC 的 4 组与对照组相比,刺参体壁内聚性不存在显著性差异($P$>0.05)。5 000 mg/kg 组刺参体壁的胶黏性显著小于对照组($P$<0.05)。

**表 2-26 饲料中 VC 含量对刺参质构特性的影响**

| VC 含量(mg/kg) | 咀嚼性(mm) | 内聚性 | 弹性(mm) | 硬度 | 胶黏性 |
|---|---|---|---|---|---|
| 0 | 13.08±3.56[a] | 0.20±0.01 | 0.72±0.07[a] | 30.40±7.92[a] | 30.95±8.13[b] |
| 500 | 12.63±3.63[a] | 0.25±0.09 | 0.75±0.06[a] | 37.90±9.80[a] | 29.30±5.09[ab] |
| 1 500 | 25.48±5.84[b] | 0.29±0.06 | 0.78±0.04[a] | 64.45±8.56[a] | 30.40±3.25[ab] |
| 5 000 | 27.29±2.05[b] | 0.33±0.08 | 0.68±0.08[a] | 73.50±8.77[b] | 16.60±2.97[a] |
| 15 000 | 29.26±0.46[b] | 0.34±0.07 | 0.97±0.09[b] | 82.10±1.27[b] | 18.30±4.67[ab] |

注:数值表示为均值±标准误,结果后的不同字母表示组间有显著差异($P$<0.05)。

(5) **刺参体壁感官评定**

刺参体壁感官评定结果见表 2-27,从表中可以看出饲料中 VC 含量 1 500~15 000 mg/kg 时,刺参体壁的咀嚼性和硬度与对照组相比差异显著($P$<0.05)。而弹性、滋味、综合口感方面,处理组与对照组之间不存在显著差异($P$>0.05),但 1 500 mg/kg 组的弹性、滋味和综合口感值最大。

表 2-27　刺参体壁感官评定试验结果

| VC含量(mg/kg) | 咀嚼性(mm) | 硬度 | 弹性(mm) | 滋味 | 综合口感 |
|---|---|---|---|---|---|
| 0 | 1.23±0.22[a] | 1.03±0.38[a] | 1.41±0.33 | 1.48±0.23 | 1.51±0.27 |
| 500 | 1.42±0.21[a] | 1.22±0.40[a] | 1.62±0.25 | 1.49±0.29 | 1.55±0.31 |
| 1 500 | 1.54±0.34[b] | 1.55±0.19[b] | 1.63±0.31 | 1.63±0.21 | 1.63±0.21 |
| 5 000 | 1.53±0.17[b] | 1.58±0.27[b] | 1.42±0.84 | 1.47±0.26 | 1.58±0.12 |
| 15 000 | 1.58±0.37[b] | 1.72±0.21[b] | 1.36±0.26 | 1.48±0.26 | 1.41±0.22 |

注：数值表示为均值±标准误，结果后的不同字母表示组间有显著差异($P<0.05$)。

(6) **总抗氧化能力**

刺参总抗氧化能力活力的测定结果如图 2-11 和 2-12 所示，随着饲料中 VC 含量的增加，刺参体壁的 T-AOC 活力呈现升高趋势。饲料中 VC 添加量为 1 500 mg/kg，5 000 mg/kg，15 000 mg/kg 组的刺参体壁的 T-AOC 活力与对照组相比差异显著($P<0.05$)，这三组之间没有显著性差异($P>0.05$)。而饲料中添加 VC 的 4 个处理组的刺参体腔液中 T-AOC 活力显著高于对照组($P<0.05$)，这四组之间差异不显著($P>0.05$)。

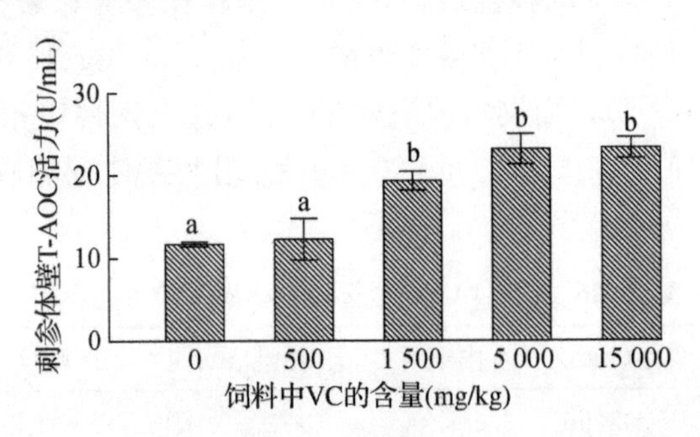


**图 2-11　饲养中 VC 含量对刺参体壁中的 T-AOC 活力的影响**

注：数值表示为均值±标准误，柱形图上方的不同字母表示组间有显著差异($P<0.05$)。

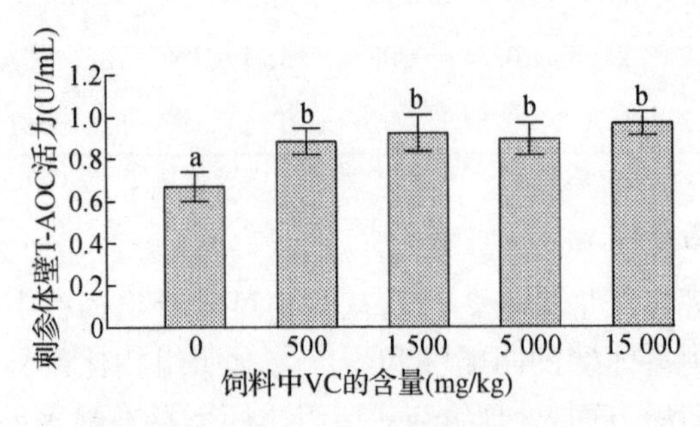


**图 2-12　饲养中 VC 含量对刺参体腔液中的 T-AOC 活力的影响**

注：数值表示为均值±标准误，柱形图上方的不同字母表示组间有显著差异($P<0.05$)。

(7) 超氧化物歧化酶

刺参体壁和体腔液中的 SOD 活力如图 2－13 和 2－14 所示。添加 VC 的四组 SOD 活力与对照组相比差异显著($P<0.05$)，但这四组之间差异不显著($P>0.05$)。

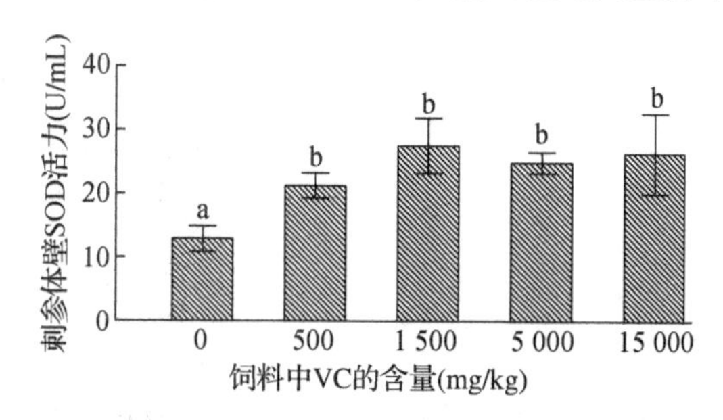


**图 2－13　饲养中 VC 含量对刺参体壁中的 SOD 活力的影响**

注：数值表示为均值±标准误，柱形图上方的不同字母表示组间有显著差异($P<0.05$)。

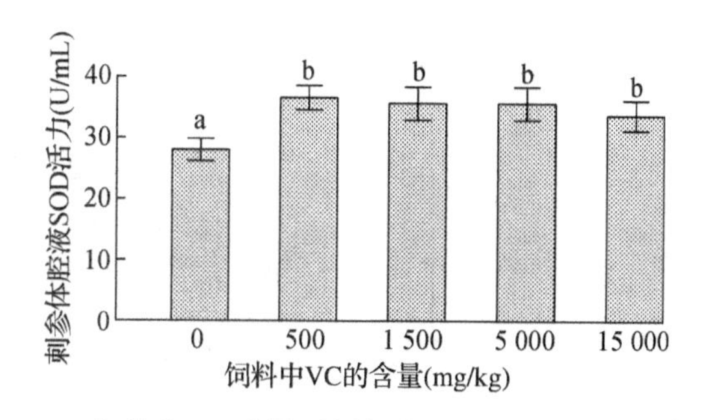


**图 2－14　饲养中 VC 含量对刺参体腔液中的 SOD 活力的影响**

注：数值表示为均值±标准误，柱形图上方的不同字母表示组间有显著差异($P<0.05$)。

(8) 谷胱甘肽过氧化物酶

刺参体壁和体腔液中的 GSH-Px 活力如图 2－15 和 2－16 所示，随着饲料中 VC 添加量的增加，GSH-Px 活力呈现增大的趋势。饲料中 VC 添加量为 5 000 mg/kg 和 15 000 mg/kg组的刺参体壁中 GSH-Px 活力与对照组相比差异显著($P<0.05$)，其他两组(500 mg/kg，1 500 mg/kg)与对照组并不存在显著差异。而饲料中 VC 添加量为 15 000 mg/kg 组与其他组相比，刺参体腔液中 GSH-Px 活力最高($P<0.05$)，5 000 mg/kg 组的刺参体腔液中 GSH-Px 活力显著高于对照组。

(9) 丙二醛

刺参体壁和体腔液中的 MDA 含量测定结果见图 2－17 和 2－18。随着饲料中 VC 添加量的增加，MDA 含量呈降低的趋势。500 mg/kg，1 500 mg/kg 两组刺参体壁中的 MDA 含量与对照组相比差异不显著($P>0.05$)，但 5 000 mg/kg 和

15 000 mg/kg两组刺参体壁中的 MDA 含量显著小于对照组($P<0.05$)。饲料中添加 VC 的 4 组刺参体腔液中 MDA 含量都显著小于对照组($P<0.05$)。

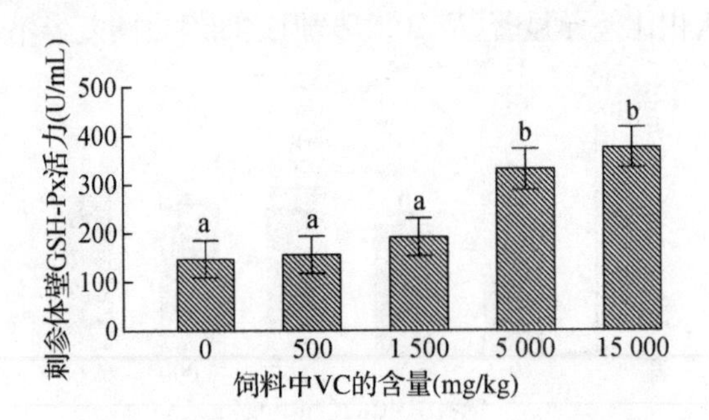


**图 2-15　饲养中 VC 含量对刺参体壁中的 GSH-Px 活力的影响**

注:数值表示为均值±标准误,柱形图上方的不同字母表示组间有显著差异($P<0.05$)。

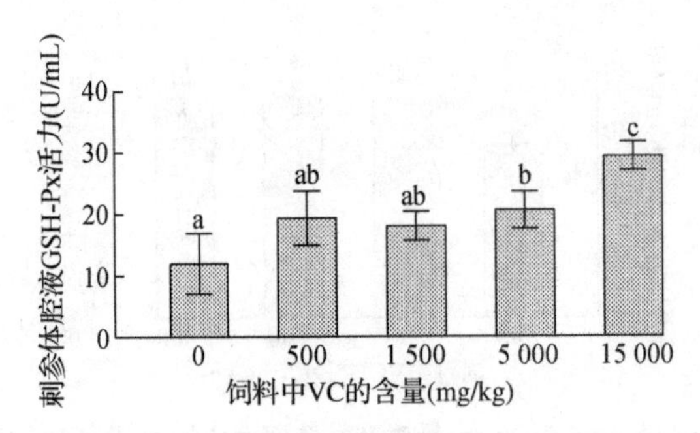


**图 2-16　饲养中 VC 含量对刺参体腔液中的 GSH-Px 活力的影响**

注:数值表示为均值±标准误,柱形图上方的不同字母表示组间有显著差异($P<0.05$)。

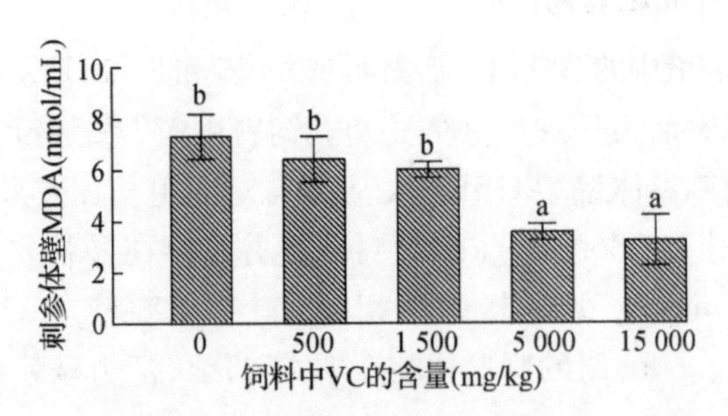


**图 2-17　饲养中 VC 含量对刺参体壁中的 MDA 含量的影响**

注:数值表示为均值±标准误,柱形图上方的不同字母表示组间有显著差异($P<0.05$)。

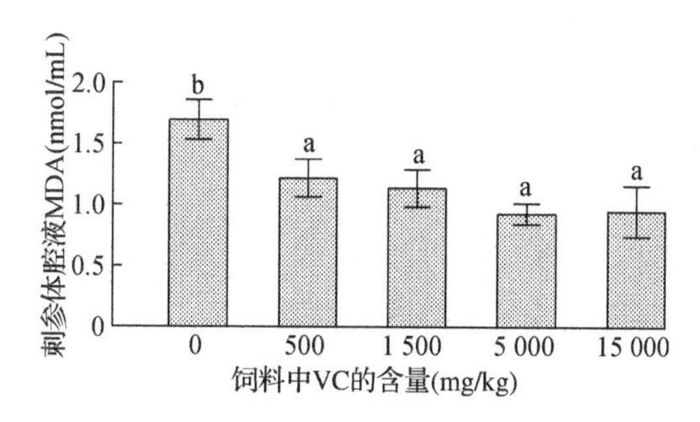


**图 2-18 饲养中 VC 含量对刺参体腔液中的 MDA 含量的影响**

注：数值表示为均值±标准误，柱形图上方的不同字母表示组间有显著差异($P<0.05$)。

## 2.7.4 讨论

(1) VC 对刺参生长的影响

由于水生动物体内缺乏古洛糖酸内酯氧化酶，不能将古洛糖酸内酯转化成 L-抗坏血酸，不能生物合成 VC，故而必须经常从食物中摄取 VC。如果饵料中 VC 不足，则可能致使鱼虾类产生厌食、生长缓慢、鱼类脊椎骨变形、死亡率增高等状态。

VC 对其他水生动物的促生长作用已有大量报道，但 VC 对刺参生长的影响报道比较少。饲料中添加适量的维生素可促进水产动物的生长、繁殖，提高其成活率等。随着饵料中 VC 含量的提高，黑鲷仔鱼的体增重率、特定生长率、存活率、饲料转化率和蛋白质效率呈升高趋势(王秀英，2004)。李小勤等(2010)报道在饲料中添加 VC 100 mg/kg 或 200 mg/kg，均可显著提高草鱼的体增重率，降低饲料转化率。王文辉等(2006)饲养黄颡鱼 90 d 的试验表明，饲料中维生素 C 磷酸酯和包膜维生素 C 的添加量分别为 1 110～1 200 mg/kg 和 659～900 mg/kg 时，黄颡鱼生长最快，饲料转化率最低。饲料 VC 含量为 75 mg/kg 时，建鲤的特定生长率、摄食量、蛋白质沉积率和脂肪沉积率均显著高于其他组(刘扬 等，2011)。Okorie 等(2008)使用纯化日粮考察了 0～1 045 mg/kg 的 VC 对体重 1.49±0.07 g 的刺参生长和体组成的影响，并初步确定了维持刺参正常生长所需的饲料 VC 添加量为 100～105.3 mg/kg。王开来(2009)研究了饲料 VC 添加量对刺参稚参(初始体重为 1.19±0.46 g)生长的影响，结果表明 500 mg/kg 以上的饲料 VC 添加量可显著提高刺参增重速度和特定生长率。本研究发现，500～1 500 mg/kg 的饲料 VC 添加量可使刺参达到最快生长速度，随着饲料中 VC 添加剂量的增加，对体重影响逐渐减小，该结果也与王开来(2009)的研究结果一致。但是，本试验结果中的 SGR 和脏壁比低于王开来(2009)的试验结论，原因可能是由于试验刺参的规格不同。本试验采用的是初始体重为 10.04±0.06 g 的刺参；而王开来试验采用的刺参初始体重为 1.19±0.46 g。刺参规格不同，所以生长速度也有所不同。

饲料转化率是摄食量与体增重的比值，饲料转化率低表示刺参以最小的摄食量达到最大的体增重。在本试验中，D2 组饲料转化率显著低于对照组，其他添加 VC 试验组的饲料转化率也低于对照组，说明 VC 可以降低刺参的饲料转化率，而 500 mg/kg 的 VC 能显著降低刺参的饲料转化率。

(2) VC 对刺参体壁成分的影响

在本试验中，经过 60 d 的养殖，刺参体壁中粗蛋白、灰分和水分与对照组相比并无显著差异，其中灰分的含量比其他水产动物多，这可能是由于灰分来自内骨骼，由于刺参内骨骼不发达，变为许多微小石灰质骨片埋于外皮之下，且数量较多，因此造成灰分含量较其他水产动物多。Shearer 认为影响粗蛋白含量的因素主要是内因(如鱼体大小、不同发育阶段)，而外因(如温度、盐度、日粮等)对鱼体粗蛋白含量没有影响(Shearer，1994)。本试验结果表明体壁粗脂肪含量差异显著，随着饲料中 VC 含量的增加，刺参体壁粗脂肪含量也在增加。这与周歧存等(2005)的研究结果类似，VC 显著增加了带点石斑鱼体脂肪含量，但高水平的 VC 却导致了带点石斑鱼体脂肪含量下降。这可能是由于 VC 参与体脂肪代谢的结果，其作用机理有待进一步研究。

(3) 刺参体壁和肠道 VC 含量

一些研究结果表明，在鱼类和水生无脊椎动物中，饲料中的 VC 含量会影响动物组织和器官中的 VC 积累量(Mai et al，1995)。本试验结果表明刺参体壁中 VC 含量随着饲料中 VC 含量的增加而增加，而体壁中的 VC 含量要高于肠道中的 VC 含量，这与之前的一些研究结果相同。刺参肠道中 VC 含量低于体壁肌肉中的 VC 含量，也随着饲料中 VC 添加量的增加而增加，但是差异不显著。Okorie 等(2008)研究了不同 VC 含量的饲料对刺参体内 VC 含量的影响，结果表明，刺参全身的 VC 积累量随着饲料中 VC 含量的增加而增加。

(4) 刺参体壁胶原蛋白含量

添加 500 mg/kg VC 能显著提高中国对虾肌肉胶原蛋白含量和肌原纤维耐折力。在饲料中添加 VC，随着 VC 含量的增加，中国对虾肌肉失水率，肌纤维直径和肌原纤维耐力呈增加趋势，肌肉胶原蛋白含量和肝脏 VC 含量随饲料中 VC 添加量的增加而增加。

本试验研究结果表明，饲料中 VC 添加量为 1 500～5 000 mg/kg 时，刺参体壁胶原蛋白含量显著高于其他组($P<0.05$)，故 VC 可以促进刺参胶原蛋白的合成。刺参中可食用的主要部分就是胶原蛋白，是刺参中最具有营养价值的部分，所以说

提高刺参的胶原蛋白含量可以提高刺参的营养价值，从而提高刺参的肉质品质。而从本试验结果来看，VC 可以提高刺参的胶原蛋白含量，这与王开来(2009)的研究结果相同。

(5) 刺参体壁物理性指标和感官评定

TPA 质构测试又被称为两次咀嚼测试(two bite test)，可以分析质构特性参数如：硬度(hardness)、脆性(fracturability)、黏性(gumminess)、内聚性(cohesiveness)、弹性(springiness)、胶黏性(gumminess)、耐咀性(chewiness)、回复性(resilience)。本试验就采用质构剖面分析法。有学者研究了不同冷藏温度下梭子蟹的质构特征，结果表明蟹肉经过超低温冻藏后，蟹肉的弹性、黏性变化幅度很小。徐志斌等(2010)研究了水发条件对海参的质构特征的影响，结果表明水温对海参的硬度、黏附性、弹性、内聚性和回复性有显著影响。在本次试验结果中，刺参体壁咀嚼性的变化趋势与硬度和弹性的变化规律相似，这是因为咀嚼性主要受硬度、弹性的影响。而胶黏性跟硬度、弹性、咀嚼性结果正好相反，这与徐志斌等对海参的研究结果相似。

感官评价是用于唤起、测量、分析、解释产品通过视觉、嗅觉、触觉、味觉和听觉所引起反应的一种科学的方法。本试验由于试验动物是刺参，跟其他水产动物的肉质品质不同，所以选取咀嚼性、硬度、弹性、滋味和综合口感这几个指标来进行感官评定。其结果与质构仪测定结果类似，所以从物理性指标和感官评价这两种试验结果看来，5 000～15 000 mg/kg 饲料 VC 添加量能显著增加刺参体壁的咀嚼性，5 000～15 000 mg/kg 饲料 VC 添加量能显著增加刺参体壁的硬度。5 000 mg/kg VC 饲料添加量能提高刺参的滋味和综合口感。

(6) 总抗氧化酶

总抗氧化酶可以综合反映机体非酶抗氧化系统和抗氧化酶系统共同完成抗氧化作用，它的大小可代表和反映机体抗氧化酶系统和非酶抗氧化系统对外来刺激的代偿能力以及机体自由基代谢的状态，主要作用是分解和清除代谢过程中产生的活性氧自由基。在本试验中，当 VC 的添加量为 1 500～15 000 mg/kg 时，刺参体壁 T-AOC 活力增强；当 VC 的剂量为 500～15 000 mg/kg 时，刺参体腔液 T-AOC 活力增强。结果表明 VC 可以增强刺参体壁和体腔液的抗氧化能力。这与徐维娜(2012)所研究的 VC 对异育银鲫原代肝脏细胞抗敌百虫氧化胁迫影响的结果不同，可能是由于受试动物和所处环境的不同导致结果不同。

(7) 超氧化物歧化酶

机体内清除自由基的酶系统主要包括 SOD、GSH-Px。这类酶可以单独作用，也可以起到协同增效的作用。SOD 和 GSH-Px 是抗氧化防御系统中两种主要的

抗氧化酶，对自由基引起的氧化损伤具有保护作用。SOD是一类广泛存在于动物、植物及微生物体内的含金属酶类，也是一种细胞溶质酶，它存在于所有的需氧组织中，是生物消除体内超氧化物自由基的天然抗氧化剂，它能有效地将$O\cdot^{2-}$歧化并生成$H_2O_2$及$O_2$，减少血细胞吞噬时吞噬细胞呼吸爆发产生的大量活性氧。

本试验结果显示，刺参血清中SOD的活力随着饲料VC添加量的增大而呈现出先升高后稳定的趋势。500 mg/kg的饲料VC添加量能显著增加刺参体壁和体腔液SOD的活力，但之后3组，随着饲料VC添加量的增加，SOD活力基本保持不变。目前有关VC对SOD活力影响的研究结果并不一致。一些报道表明，VC能有效提高黑鲷、胡子鲶、大口黑鲈、南美白对虾（Wang et al，2006）血清和肌肉中的SOD活力。有研究结果表明，草鱼血清中的SOD活力不随饲料中VC的添加量而改变。草鱼血清中的SOD活力不随饲料中VC的添加量而改变。艾春香等(2002)报道，饲料中添加VC可以使中华绒螯蟹不同组织中的SOD活力下降。这种差异可能是由于饲料VC的添加量不足（最大添加量为15 mg/kg饲料），同时随着个体的发育和体重的增加，河蟹体内脂质不足以清除产生的氧自由基，导致SOD活力下降。因此，有关饲料VC添加量对SOD活力的影响需要进一步研究其理论机制。

(8) 谷胱甘肽过氧化物酶

GSH-Px是动物体内广泛存在的一种重要的催化过氧化物分解的酶类，是细胞内抗脂质氧化作用的酶性保护系统的主要成分之一。GSH-Px在体内的主要作用是催化还原型谷胱甘肽变成氧化型谷胱甘肽，将$H_2O_2$转化成水和氧，阻止羟自由基的产生，保护生物膜免受过氧化物的损害。VC作为强抗氧化剂，最大功能就是其还原性。它将氧化型谷胱甘肽(GSSG)还原为还原型谷胱甘肽(GSH)，使GSH不断补充，GSH可以还原机体内代谢产生的脂质过氧化物，消除其对组织细胞的破坏。

本试验研究结果显示，随着饲料VC添加量的增加，GSH-Px呈现升高的趋势，5 000 mg/kg以后显著增加($P<0.05$)。这说明，VC可以提高刺参体壁和体腔液中GSH-Px活力，促进机体中$H_2O_2$的清除，增强刺参的抗氧化损伤能力，减少脂质过氧化和蛋白质氧化。目前，关于VC对鱼类GSH-Px活力的影响仅有少量的研究报道。王秀英(2004)研究也表明，VC能有效提高黑鲷仔鱼组织中GSH-Px活力，这与本试验结果一致。Hwang et al. (2002)在鲤鱼中的研究表明，在高水温(35 ℃)引起氧化应激时，饲料中添加2 000 mg/kg VC的试验组鲤鱼，肝胰脏和肌肉GSH含量较对照组显著增加10.4%和33.16%。

(9) 丙二醛

机体丙二醛(MDA)的含量与机体抗氧化性密切相关，它由脂质过氧化物进

步水解产生，作为机体内氧自由基代谢中产生的脂质过氧化产物，它可以反映机体中过氧化自由基的存在。在本试验中，刺参体壁和体腔液中 MDA 含量随着饲料中 VC 添加量的增加而降低，这与一些研究结果相同。王秀英(2004)研究结果表明 VC 能较对照组显著降低黑鲷鱼肝胰脏 65.72%的 MDA 含量。而在鲤鱼中的研究也发现 VC 可以降低普通鲤鱼肝胰脏和肌肉中丙二醛的含量(Hwang et al, 2002)。Hamre 等报道，饲料添加 VC 能保护大西洋鲑因 VE 缺乏而产生的生长抑制效应，并减少肝胰脏脂质过氧化产物 MDA 的产生，且这种保护效应存在剂量依赖关系(Hamre et al,1997)。MDA 含量降低可能是因为 VC 有效地抑制了抗氧化酶的活力，去除自由基等活性氧，防止脂质过氧化，减少了抗氧化酶的消耗，间接增强了机体的活性。

综上所述，VC 能增强刺参抗氧化能力，但不同的酶最适添加剂量不同，原因可能是机体内各种抗氧化酶之间存在互补或协同作用。如 SOD、过氧化氢酶(CAT)和 GSH-Px 之间具有协同作用。SOD、CAT 和 GSH-Px 一起可以减轻或阻止脂质过氧化的一级触发作用，还可通过还原氢过氧化物来减轻或阻止二级触发反应，三者组成机体防御自由基的体系互为补充，相辅相成(程元恺，1993)，三种酶的联合效应，能够更有效地清除生物体内的活性氧自由基，保护机体不受损害。

## 2.8　主要营养对刺参消化能力及肠道健康的影响

### 2.8.1　主要营养物质对水生动物肠道健康的影响

我国是水产养殖大国，随着经济的快速发展及人口的不断增长，水产品的需求量也越来越大。因此，人们为了得到更高的产量而大量使用饲料、添加剂等。营养物质不均衡的饲料严重影响了水生动物的正常生长，容易引起水生动物肠道微生物失衡，免疫力下降，进而生长停滞。

肠道是微生物和动物联系最密切的地方，也是微生物寄居及发挥一系列作用的重要场所(Savage，1977)，因此水生动物肠道健康与其肠道结构和菌群结构变化息息相关。初生动物的胃肠道几乎没有微生物，但随着动物的摄食和生长，与环境的不断接触，微生物通过各种途径不断进入动物胃肠道并定植形成复杂庞大的微生物区系。肠道微生物基因组中富含参与氨基酸、维生素、碳水化合物和短链脂肪酸代谢的基因，在这些基因中很大一部分是宿主自身所不具备的，因此肠道微生物是宿主生理代谢的重要参与者(Grill et al，2006)。目前已知，宿主、肠道环境、肠道菌群构成了一个相互依赖和相互作用的整体，一起参与营养物质的消化、能量代谢和吸收。正常机体与肠道菌群所构成的微生态系统在正常情况下是平衡的，而在幼年时期或病变状况下，动物体内的肠道菌群容易受到多种因素的干扰而发生变化。本书中研究的水生动物主要是水产养殖动物，与其他动物一样，当前的研究显示水生动物的肠道微生物会因饲料组分的不同而受到影响。Wong 等(2013)研究了不同饲料组分及不同饲养密度条件下虹鳟的肠道微生物组成情况，结果表明不同饲养条件下的虹鳟肠道微生物中都有一个核心的菌群，养殖密度和饲料组分只会影响某些微生物群落的结构(Smith et al,2003)。有研究表明，鱼类肠道中占优势的细菌大多是革兰氏阴性菌，也有少量的革兰氏阳性菌，它们依靠宿主提供的营养物质生存和繁殖，鱼类摄入的营养物质的组成和含量会影响肠道菌群的组成。

鱼类肠道是其消化营养物质、吸收养分的重要器官。鱼类肠道通常由黏膜层、黏膜下层、肌层和浆膜层四个部分组成。相对于哺乳动物而言，鱼类肠壁结构缺乏明显的黏膜下层，且肠壁结构薄，厚度仅为哺乳动物的 5%。鱼类肠道黏膜层由黏膜上皮、固有膜和基膜组成。它包含两种类型的细胞：柱状上皮细胞和杯状细胞。柱状上皮细胞主要起着吸收营养的作用，杯状细胞则分泌黏液和消化酶以起润滑和保护肠道的作用。水生动物肠道消化吸收营养物质的主要场所是肠绒毛，肠绒毛和肠道上皮细胞表面存在线状直纹，称之为纹状缘(即电镜下所观察到的微绒毛)。微绒毛大大增加了肠道与食物接触的表面积，有利于食物中营养物质的消化吸收。小肠绒毛不仅吸收动物摄入的营养物质，而且其规律性的摆动有排斥有害菌群定植的作用，同时，肠道黏膜皱襞的高低和疏密、肌层厚度以及杯状细胞数量的多少等都会影响机体的消化吸收能力。饲料质量与鱼类肠道结构之间存在着密切的关系，质量差的饲料会损伤鱼类肠道结构，从而降低鱼类肠道对营养物质的消化吸收能力(Refstie et al,2001)。

(1) 蛋白质和氨基酸

水生动物正常生长需要饲料中有足量、易消化吸收、各种氨基酸比例平衡的蛋白质。水生动物摄取蛋白质不足时，生长缓慢，机体免疫力下降，肠道蠕动减慢，消化吸收缓慢，容易感染疾病；摄取蛋白质过多时，动物消化不良而将其排出体外，降低蛋白质的利用率，也易引起消化道疾病，并易破坏水质。

胰脏分泌胰蛋白酶、糜蛋白酶、羧肽酶等，胰蛋白酶和糜蛋白酶共同作用，水解蛋白质为多肽，而羧肽酶则降解多肽为寡肽和氨基酸。胰腺也能分泌胶原酶(collagenase)，可以作用于胶原蛋白使之分解。小肠分泌的氨基肽酶从氨基端裂解蛋白质；二肽酶使蛋白胨和肽分解为氨基酸而被机体吸收。蛋白质的摄入会刺激肠道产生一系列的反应，摄入太多或太少的蛋白质都会损害机体肠道健康。吴垠等(2007)研究中国对虾后发现，饲料中蛋白质含量超过 45%后，中国对虾胃和中肠蛋白酶活力下降，而超过 50%后，肝胰脏蛋白酶活力也出现下降。Mohanta

等(2008)研究发现,饲料中过高的蛋白质含量同样会降低银鲃(*Hampala macrolepidota*)胰蛋白酶的活力。对胡子鲇(*Clarias fuocus*)肠道蛋白酶活力进行研究发现,当饲料蛋白质含量由25%增至50%时,胡子鲇肠道中蛋白酶活力显著升高,但蛋白质含量再继续增加至75%,酶活力并不随之增高。很多试验说明,在一定范围内,饲料蛋白含量增加,动物可以通过提高自身蛋白酶活力来适应饲料的变化;但饲料蛋白质含量超过需要量时,动物肠道中蛋白酶活力则会受到抑制,影响其对蛋白质的消化与吸收。饲料中蛋白质含量的改变不仅会导致动物肠道中相应消化酶的变化,还导致动物肠道菌群与肠道形态结构的改变。钟雷等(2014)研究脱脂蚕蛹代替日粮中鱼粉对建鲤(*Cyprinus carpiovar* var. *Jian*)肠道菌群的影响,发现脱脂蚕蛹替代鱼粉对建鲤肠道菌群组成产生显著影响,随着脱脂蚕蛹替代水平的提高,肠道菌群多样性下降,细菌种类从19种锐减至8种,而饲料中补充赖氨酸可减弱这种影响。棉粕是我国重要的饼粕类饲料,是优良的植物蛋白源,由于加工工艺的差异,不同棉粕中蛋白质含量差异较大。通常情况下棉粕中蛋白质含量为33.21%～50.00%(薛敏 等,2007),可与豆粕相媲美。棉粕适量替代鱼粉时,黑鲷(*Sparus macrocephlus*)幼鱼肠道结构未受到显著影响,但当替代比例增加到一定水平时,饲料中抗营养因子含量较高(棉粕主要为植物蛋白,其中含有大量不易消化成分,导致幼鱼肠腔扩张,肠道肌层厚度变薄),从而明显损伤幼鱼肠道结构。宋霖等(2013)研究表明,用植物蛋白代替鱼粉比例超过50%的饲料投喂黄颡鱼8周,其肠道肌层厚度明显变薄,导致黄颡鱼肠道肌层厚度变薄的原因可能是植物蛋白中含有大量不易消化成分,如非淀粉多糖;这一结果与黎慧等(2014)研究中的报道类似。

**表2-28　常见养殖动物幼苗最佳生长状态下的蛋白质需求量**

| 品种 | 蛋白源 | 蛋白质需求量(%) |
|---|---|---|
| 大西洋鲑 | 酪蛋白、明胶 | 45 |
| | 鱼粉 | 55 |
| 斑点叉尾鮰 | 全卵蛋白 | 32～36 |
| 银大麻哈鱼 | 酪蛋白 | 40 |
| 大鳞大麻哈鱼 | 酪蛋白、明胶、氨基酸 | 40 |
| 鲤 | 酪蛋白 | 38 |
| | 酪蛋白 | 31 |
| 河口石斑 | 金枪鱼肉粉 | 40～50 |
| 金鲷 | 酪蛋白、浓缩鱼蛋白、氨基酸 | 40 |

续表 2-28

| 品种 | 蛋白源 | 蛋白质需求量(%) |
| --- | --- | --- |
| 草鱼 | 酪蛋白 | 41～43 |
| | 酪蛋白 | 22.77～27.66 |
| | 酪蛋白 | 48.26 |
| 日本鳗鲡 | 酪蛋白、氨基酸 | 44.5 |
| 欧洲鳗 | 鱼粉 | 40 |
| 大口黑鲈 | 酪蛋白、浓缩鱼蛋白 | 40 |
| 红鳍东方鲀 | 酪蛋白 | 50 |
| 青鱼 | 酪蛋白 | 30～41 |
| | 酪蛋白 | 41 |
| 团头鲂 | 酪蛋白 | 33.91 |
| | 酪蛋白 | 38.88～44.44 |
| 罗氏沼虾 | 大豆粉、金枪鱼粉、虾粉 | >35 |
| 印度对虾 | 对虾粉 | 43 |
| 日本囊对虾 | 虾粉 | 40 |
| | 酪蛋白、蛋清蛋白 | 54 |
| 日本囊对虾 | 乌贼粉 | 60 |
| | 酪蛋白、蛋清蛋白 | 52～57 |
| 墨吉对虾 | 贻贝粉 | 34～42 |
| 斑节对虾 | 酪蛋白、鱼粉 | 46 |
| 中国明对虾 | 鱼粉、虾糠、花生饼 | 44 |

资料来源:美国科学院国家研究委员会,2015。

过低或过高的饲料蛋白含量都会引起水生动物对饲料中蛋白质营养消化能力的降低,使其不能被充分利用,进而引起生长发育受阻,导致高投入低产出的结果。

(2) 糖类(碳水化合物)

糖类按其生理功能可以分为可消化糖[或称无氮浸出物(nitrogen free extract)]和粗纤维两大类。可消化糖包括单糖、糊精、淀粉等。鱼、虾摄入的糖类在消化道内被淀粉酶、二糖酶分解为单糖,然后被吸收。

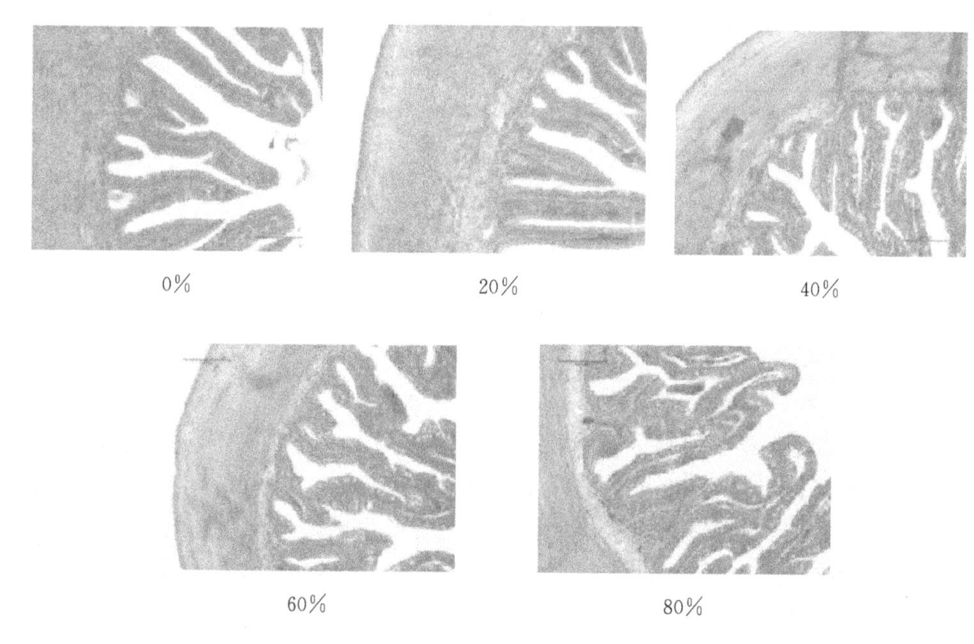

0%　　20%　　40%

60%　　80%

**图 2-19　饲料中 KT67 代替鱼粉对花鲈后肠组织结构的影响**

注：各组肠道黏膜皱襞清晰，由肠腔向肠壁方向可清晰地观察到黏膜层、黏膜下层、肌层以及浆膜层。全鱼粉组花鲈后肠绒毛形态完整，整齐伸入肠腔内，无破损、脱落现象，杯状细胞正常。但是当代替水平升至 40%时，可观察到肠道黏膜中杯状细胞开始增多；当代替水平进一步升高，肠道黏膜皱襞弯曲伸入肠腔内，固有层变宽，绒毛长度增加，肠上皮细胞出现空泡。

一般认为，肉食性鱼类消化道很短，淀粉酶活性低，对碳水化合物的利用能力显著低于草食性和杂食性鱼类。对南方鲇（*Silurus meridionalis*）、中华鲟（*Acipenser sinensis*）的研究表明，淀粉酶活性与饲料碳水化合物的含量并不存在显著的依赖关系，关于肉食性鱼类淀粉消化率的研究结果表明饲料淀粉的消化率较低，且随饲料中淀粉含量的增加而降低（Gridale-Helland et al，1997）。饲料中碳水化合物的含量与动物肠道内消化酶有相应的关系。胡毅等（2009）试验结果表明，在饲料碳水化合物含量为 13.82%～25.72%范围内，凡纳滨对虾（*Litopenaeus vannamei*）的肠道淀粉酶活力随饲料碳水化合物含量的升高而升高，但当饲料碳水化合物含量再进一步升高时，肠道淀粉酶活力便有了下降的趋势（见表 2-29）。当饲料碳水化合物含量由 0%增至 15%时，鳡（*Elopichthys bambusa*）幼鱼肠道蛋白酶、淀粉酶和脂肪酶活力呈升高趋势，而饲料碳水化合物含量由 15%继续增至 25%时，三者活力则呈降低的趋势。

**表 2-29 不同碳水化合物水平饲料对凡纳滨对虾肠道可溶性蛋白、淀粉酶及糖苷酶活力的影响**

（胡毅 等，2009）

| 饲料编号 | 可溶性蛋白 | 淀粉酶 | 糖苷酶 |
| --- | --- | --- | --- |
| Diet 1(13.82%) | 33.24±1.81[a] | 928.51±66.32 | 3.88±0.08 |
| Diet 2(19.41%) | 44.32±3.52[b] | 1025.91±8.03 | 4.91±0.51 |
| Diet 3(25.72%) | 38.21±2.83[ab] | 1138.62±9.13 | 4.83±0.30 |
| Diet 4(31.80%) | 43.45±2.91[b] | 972.42±63.7 | 4.23±0.68 |
| Diet 5(38.20%) | 40.81±0.9[ab] | 998.31±15.91 | 4.58±0.08 |

注：数值表示为均值±标准差，结果后的不同字母表示组间有显著差异（$P<0.05$）。

多糖能够促使益生菌与致病菌竞争肠道微生物定植区域，并通过脂肪酸分泌物降低肠道 pH 值以及释放抗生素等途径抑制致病菌的生长。多糖还可以将已黏附在肠上皮细胞上的病原菌置换下来。外源添加的多糖可与肠上皮细胞的多糖受体结合，当多糖的量达到一定程度时，可使肠道上皮的多糖受体位点饱和，使已经黏附在肠黏膜上皮细胞上的病原菌解离。通常，多糖的代谢产物可以被益生菌利用，从而促进肠道益生菌的增殖，抑制有害微生物的生长。通过调节两种微生物菌群的平衡来实现肠道微生物区系的优化。已有研究证实，甘露寡糖（王印庚 等，2006）、乳糖（Robertsen，1999）、低聚果糖和菊粉（Smith et al，2003）等多糖可以选择性地促进肠道中部分细菌的生长，有益于机体健康（Wang et al，2009b）。在水生动物中，多糖对软壳龟（Trionychidae）、比目鱼（Pleuonectiformes）、南美白对虾（*Penaeus vannamei*）等都有促进作用。低聚果糖能选择性地促进南美白对虾肠道中益生菌的生长，提高其免疫力；有研究也表明低聚果糖能显著减少刺参肠道中弧菌数，增强其抗病能力。低聚木糖是功能性寡糖的一种，在动物体内不能被消化酶所消化，但低聚木糖在体内发酵后，能被婴儿双歧杆菌（*Bifidobacterium infantis*）、青春双歧杆菌（*B. adoltescentis*）和长双歧杆菌（*B. longum*）等利用，促进双歧杆菌的增殖和抑制有害细菌。在饲料中添加适量的低聚木糖，能够提高奥尼罗非鱼（*Oreochromis mossambicus*）抗嗜水气单胞菌感染能力。对异育银鲫的研究也有类似结果，原因在于其改善了异育银鲫肠道菌群结构，使有益微生物形成一层物理屏障，抑制有害微生物在异育银鲫肠道中的定植，同时刺激异育银鲫机体产生非特异性免疫反应从而增强肠道免疫力，提升抗病能力。经过一段时间的喂养，假交替单胞菌能够在异育银鲫肠道中定植，对大肠杆菌的增殖有抑制趋势，异育银鲫肠道中菌群种类受到低聚木糖添加量的影响。添加低聚木糖的奥尼罗非鱼肠道切片显示：肠道黏膜皱襞完整、高度较高，皱襞面积较大，黏膜上皮细胞核排列整齐，表明肠道吸收能力加强。蔡雪峰等（2000）报道在饲料中添加寡聚糖能够影响虹鳟幼鱼

肠道菌群，这种影响与寡聚糖的浓度有关；有研究发现，黄芪多糖能够在一定程度上增加罗非鱼小肠绒毛的表面积，增加基层厚度；还有研究发现，壳聚糖能显著增加草鱼肠黏膜皱襞高度、中肠肌层厚度。多糖免疫增强剂的添加不仅可以有效地促进益生菌如乳酸杆菌、双歧杆菌的生长，还能影响肠道形态。

**表 2-30　不同鱼、虾类不同生长阶段的饲料适宜糖含量或推荐值**

| 种类 | 最适饲料可溶性糖含量(%) | 试验鱼规格 |
| --- | --- | --- |
| 异育银鲫 | 36 | 3 g |
| | 15.6 | 9 g |
| 鲤 | 25 | 7 g |
| 青鱼 | 9.5～18.6 | 48.82 g |
| | 20 | |
| | 30 | 当年鱼种 |
| | 35 | 当年鱼种及成鱼 |
| 鲮 | 24～26 | |
| 草鱼 | 56 | |
| | 38 | |
| | 50 | |
| | 9.5～12.8 | |
| 团头鲂 | 25～30 | |
| 尼罗罗非鱼 | 12.6～12.7 | |
| 乌鳢 | 16 | 50 g |
| 大口鲇 | 1.13～1.15 g/100 g | 35～77 g |
| 中华鲟 | 25.56 | 8～40 g |
| 牙鲆 | 15.8 | 1.8 g |
| 中华鳖 | 18.24 | 100 g |
| | 3.4～4.3 | |
| | 5.3～5.6 | |
| 对虾 | 26 | 2.87～3.44 g |
| 罗氏沼虾 | 22 | 1.5～3.19 cm |
| | 26 | 3.88～5.38 cm |
| | 30 | 4.72～6.02 cm |

资料来源：美国科学院国家研究委员会，2015。

综上所述，鱼类对糖类的利用能力有限，所以当饲料中糖类含量过高，超过适宜含量的时候，鱼类的肠道结构以及消化酶的分泌会受到影响，饲料中添加适量的糖类有利于水生动物的肠道健康。

(3) 脂类

脂类在鱼、虾类生命代谢过程中具有多种生理功能，如提供能量、利于脂溶性维生素的吸收运输、提供必需脂肪酸、提高蛋白质的利用率等。

脂类的营养水平能够对水产动物肠道健康产生影响。研究发现，鱼类肠道脂肪酶活性与饲料脂肪含量正相关(Fountoulski et al，2005)。鱼类的脂肪酶最适pH通常在偏碱性范围内(pH=7.5)，故在胃的酸性环境中脂肪几乎不被消化，幽门垂虽能检出脂肪酶，但酶活力较低，所以也不能是脂肪消化的主要部位。脂肪消化吸收的主要部位在肠道前部(胆管开口附近)。但肠道内的脂肪酶大多数并非肠道本身分泌，而是来自肝胰腺(由胆管、胰管导入)。对于具有幽门盲囊的鱼来说，其幽门盲囊中的脂肪酶活力最高，是脂类消化的主要部位，这些脂肪酶来自胰腺。脂肪本身及其主要水解产物游离脂肪酸都不溶于水，但可被胆汁酸盐乳化成水溶性微粒，当其到达肠道的主要吸收位置时，此种微粒便被破坏，胆汁酸盐留在肠道中，脂肪酸则透过细胞膜而被吸收，并在黏膜上皮细胞中重新合成甘油三酯。

表2-31 一些水产养殖动物对脂肪的需求量

| 种类 | 规格 | 含量(%) |
|---|---|---|
| 青鱼 | 当年鱼种 | 6.5 |
| | 1冬龄鱼种 | 6 |
| | 成鱼 | 4.5 |
| 草鱼 | 100 g | 3.6 |
| 鲤 | 鱼苗、鱼种 | 8 |
| | 幼鱼、成鱼 | 5 |
| 异育银鲫 | 2.5～3.6 g | 6.2 |
| | | 5.1 |
| 尼罗罗非鱼 | 鱼苗至0.5 g | 10 |
| | 0.5～3.5 g | 8 |
| | 3.5 g至商品规格 | 6 |
| 大黄鱼 | 0.57 g | 10.5 |
| 中国明对虾 | | 8 |

续表 2-31

| 鱼虾种类 | 规格 | 含量(%) |
| --- | --- | --- |
| | | 4 |
| 美洲龙虾 | | 5 |
| 斑节对虾 | 2.73 g | 7.5 |
| 皱纹盘鲍 | 0.39 g | 3.1～7.1 |
| 疣鲍 | 0.59 g | 3.11 |

资料来源：美国科学院国家研究委员会，2015。

一般来说，鱼、虾类能有效地利用脂肪并从中获取能量。鱼、虾类对脂肪的吸收利用受许多因素的影响，其中脂肪的种类对脂肪消化率影响最大。通常草食性鱼类利用脂肪的能力较弱，而肉食性鱼类和杂食性鱼类利用脂肪的能力较强。鱼、虾类对熔点较低的脂肪消化吸收率很高，而对熔点较高的脂肪消化吸收率较低。此外，饲料中其他营养物质的含量对脂肪的消化代谢也会产生影响。若饲料中钙含量过高，多余的钙可与脂肪发生螯合，从而使脂肪消化率下降。若饲料含有充足的磷、锌等矿物元素，可促进脂肪的氧化，避免脂肪在体内大量沉积。有学者分别用脂肪含量为 4.6%和 8.1%的饲料养殖草鱼，发现连续投喂高脂饲料可显著提高草鱼血清中甘油三酯(TG)、胆固醇(CHO)的含量。同时，长期投喂高脂饲料可使草鱼肠道自由基水平显著提高，打破肠道正常的氧化还原状态而引起肠道功能的损伤。在高脂饲料中，可以添加一定量的胆汁酸，胆汁酸具有改善肠腔菌群的作用(李旭，2013)，保护肠道内环境稳定，改善肠道健康；同时，胆汁酸能促进脂肪乳化，不同程度地促进鱼类对脂溶性维生素、类胡萝卜素及其他微量元素的吸收利用。曾本和等(2016)在高脂饲料中添加 150 mg/kg 胆汁酸，研究其对齐口裂腹鱼肠道的影响，发现相似的结果，并且试验组鱼肠道单层柱状上皮细胞排列规则，游离端纹状缘排列整齐，细胞间可见数量较多的杯状细胞；而对照组鱼由于饲料中脂肪含量过高而肠道受损，前肠皱襞上部分纹状缘畸形，并带有脱落现象。这证实了高脂饲料会影响水产动物肠道健康与完整性。

(4) **维生素**

维生素作为动物体内代谢反应酶的辅酶、辅助因子或生理活性物质直接参与营养素和能量代谢的调控。动物体内烟酸的缺乏直接影响到氧化还原反应的进行和能量的产生，从而导致动物摄食下降、饲料效率降低等。同时，对动物消化系统也产生不利影响，如出现肠道病变、腹水肿等综合症状。胆碱的缺乏在鱼类中会导致其出现肝脏变黄、肠壁变薄等症状。肌醇的缺乏主要会导致鱼类出现食欲下降、胃排空缓慢、胆碱酯酶活力下降等症状。某些维生素（主要是脂溶性维生素）含量过多同样对水生动物的生长和健康不利。因此要根据多种因素分析，如鱼的种类、生长阶段、环境应激等因素，制定实际添加方案。例如，饲料中添加适量的维生素C可以降低刺参肠道中金属硫蛋白含量，减弱毒性。维生素A具有减轻动物肠黏膜结构损伤和改善肠黏膜屏障的功能。有研究表明，在水生动物中，维生素A可以促进幼建鲤肠道皱襞高度的增长。幼建鲤长期饲喂缺乏维生素A的饲料，其肠道皱襞高度降低，饲料效率下降，但添加适宜水平的维生素A后，肠道皱襞高度明显增加，饲料效率提高，此试验说明维生素A促进建鲤肝胰脏的生长发育，从而引起消化酶分泌增强；维生素A具有生理活性，可直接作为神经递质，刺激肠道激素受体，促进肠道生长激素（GH）、胰岛素样生长因子I（IGF-I）的等激素的分泌，从而促进肠细胞的分泌。维生素E可能通过调控信号分子肌球蛋白轻链激酶（MLCK）的基因表达水平来调控紧密连接蛋白的基因表达量，进而增强肠道上皮细胞的结构完整性。维生素A和维生素E能显著增强幼建鲤肝胰脏和肠道胰蛋白酶活力、胰糜蛋白酶活力和脂肪酶活力以及增加肠道皱襞高度，肌醇则可以通过提高肠道淀粉酶活力和增强肠胰蛋白酶、胰糜蛋白酶、脂肪酶和淀粉酶活力以及肠GT、CK、ACP和$Na^+/K^+$-ATPase，从而促进幼建鲤对营养物质的消化吸收。有关维生素的种类和含量对水生动物的肠道菌群和形态学变化影响的研究很少，有待今后进一步研究。

（5）*矿物质*

矿物质是水产动物营养中的一大类无机营养素。与大多数陆生动物不同，水产动物除了从饲料中获得矿物质外，还可以从水环境中吸收矿物质。淡水动物主要通过鳃和体表吸收，而海水鱼则通过肠和体表吸收。如在肠道细胞的细胞膜中，常量元素钙和磷紧密结合，由此控制膜的通透性和调控细胞对营养成分的吸收。近20年来水生动物矿物质营养研究取得了很大的进展，但在营养研究中该领域仍滞后。到目前为止，大多数养殖动物的矿物元素需要量及其生理功能尚未确定，尤其是关于微量元素在水产动物体内代谢的机制及其与水产动物肠道健康的研究还很少。

## 2.8.2 主要营养物质对刺参肠道消化酶活力的影响

消化酶是由消化系统分泌的具有促消化作用的一类酶类，蛋白质、碳水化合物、脂肪等营养物质在消化酶的作用下分解，转变为能溶于水的小分子物质，通过消化道肠黏膜上皮细胞的吸收途径进入血液循环供机体利用，因此消化酶对水产动物的生长和发育具有重要的作用（赵贵萍，2008）。刺参没有特化的消化腺，肠道起到相应消化腺的作用，同时肠道作为刺参消化吸收饲料中营养物质的主要场所，

可分泌蛋白酶、淀粉酶和脂肪酶等多种消化酶来促进饲料中营养物质的消化与吸收，其肠道消化酶的种类组成和活力的高低在很大程度上反映了刺参消化能力的强弱，决定着刺参对营养物质的消化吸收能力（唐黎 等，2007）。

蛋白酶存在于刺参肠道的各个部位，在刺参肠道内的诸多消化酶中，其活力是最高的，属于内源性消化酶，且最适 pH 范围较为广泛，不同肠段蛋白酶的最适 pH 值不同，前肠蛋白酶最适 pH 值处于偏酸性范围，而中肠和后肠蛋白酶的最适 pH 处于偏碱性范围。刺参摄取营养物质合成自身蛋白质，蛋白酶至关重要。

刺参在稚参时期肠道就可以分泌脂肪酶，其也属于内源性消化酶，最适 pH 处于酸性范围，碱性过强就会失活，与其他酶相比，脂肪酶的活力最低。

淀粉酶是刺参的另一种主要消化酶，前肠和中肠淀粉酶的最适 pH 差别不大，基本接近于中性。刺参消化道中淀粉酶活力仅次于蛋白酶活力，这与糙海参刚好相反，可能是细菌在糙海参食物消化中起到很大作用的缘故。

纤维素酶是催化分解纤维素的一类酶。与海洋中其他无脊椎动物不同的是，在刺参肠道中，纤维素酶属于外源性消化酶，其活力很可能由所摄食外源食物中的微生物所产生，因此刺参养殖过程中外界环境的微生物数量和种类决定了刺参肠道中纤维素酶活力的高低（吴垠 等，2003）。姜令绪等（2007）指出，刺参前、中肠纤维素酶最适 pH 偏酸性，其酶活力比蛋白酶活力低但高于淀粉酶活力，这与王吉桥等（2010）认为的纤维素酶活力同时低于淀粉酶和蛋白酶活力有所不同，之间存在的差异有待研究。

褐藻酸酶是分解褐藻胶的一种酶，在分解褐藻细胞壁时发挥重要功能，在微生物和食藻海洋软体动物（海螺、鲍等）的消化道中广泛存在（刘晨光 等，2007）。刺参消化道内也具有该酶，但活力较低，表明刺参对富含褐藻酸的大型海藻如海带和裙带菜等的消化能力较弱（王吉桥 等，2007）。另外，刺参消化道内的绝大部分细菌都可分解褐藻胶，对所摄食食物中褐藻胶的分解起着重要作用（孙奕 等，1989）。

在刺参养殖过程中，改变其饲料组成可在一定程度上影响消化酶的分泌，营养物质含量的不同可刺激刺参消化道分泌相应的消化酶以对食物进行消化吸收。有研究表明，动物消化酶活力会随饲料种类和成分的变化而变化，其变化规律一般为：饲料中某些营养成分的增加会引起消化该营养成分的消化酶活力的增加，而其他消化酶活力也会随之发生相应的变化（Gridale-Helland et al，1997）。因此，消化酶活力已成为评价饲料效果的重要指标（Mohamta et al，2008）。

（1）碳水化合物

碳水化合物被认为是鱼类人工配合饲料中的最廉价的能源物质（李强 等，2007）。研究发现，当饲料中碳水化合物不足时，其他营养物质如蛋白质、脂肪等将被分解作为能量;过多摄入碳水化合物饲料不仅导致血糖浓度升高和肝糖原沉积过多,还会损伤肝细胞,降低肝脏的解毒能力,抑制免疫力(李强 等,2007)。在饲料中添加适量的碳水化合物可以使更多的蛋白质用于生长,减轻氮排泄污染(张海涛 等,2004)。基于笔者实验室研究,随着饲料中碳水化合物含量的增加,刺参肠道内淀粉酶活力呈先升高后降低的趋势,且当饲料中碳水化合物含量达到12.44%时,刺参肠道淀粉酶活力到达最高值,当饲料中碳水化合物含量超过30%时,刺参肠道淀粉酶活力显著性降低(如表2-32所示)。饲料中碳水化合物含量的增加并不能使刺参肠道淀粉酶的活力继续升高,这说明刺参肠道消化酶对饲料中碳水化合物适应性有限,因此,刺参饲料中碳水化合物含量不宜过高,其含量在12.44%~22.26%为宜(如表2-32所示)。相似研究证实,连续投喂壳寡糖能显著提高刺参肠道蛋白酶和脂肪酶的活力;在刺参饲料中添加适量的黄芪多糖,可以促进刺参肠道褐藻酸降解菌的生长和繁殖,进而提高肠道褐藻酸酶的活力(钟雷 等,2014);陆生植物淀粉可以提高刺参淀粉酶活力和含量(王吉桥 等,2010)。

**表2-32 不同碳水化合物水平的饲料对刺参幼参肠道消化酶活力的影响**

| 组别 | 蛋白酶 | 淀粉酶 |
|---|---|---|
| 1(3.81%) | 46.76±1.01 | 368.25±93.38[b] |
| 2(12.44%) | 42.55±4.85 | 402.11±68.38[b] |
| 3(22.26%) | 37.71±2.53 | 336.51±30.53[b] |
| 4(29.73%) | 35.10±0.00 | 222.22±5.38[a] |
| 5(36.63%) | 46,28±3.03 | 187.94±3.59[a] |
| 6(50.63%) | 40.01±17.71 | 154.92±0.00[a] |
| 7(55.77%) | 38.90±7.40 | 160.00±28.73[a] |
| 8(66.22%) | 37.00±4.70 | 207.40±19.22[a] |

注:数值表示为均值±标准差,结果后的不同字母表示组间有显著差异($P<0.05$)。

(2) 蛋白质和氨基酸

蛋白质是一切生物的物质基础,是维持生命活动所必需的营养物质,不仅参与体内组织的构成,而且是酶和激素的重要组成部分,同时也是饲料成本中比例最大的部分之一。在刺参饲料蛋白质含量与消化酶活力关系的相关研究中发现,刺参肠道蛋白酶和淀粉酶活力对饲料粗蛋白含量具有适应性,且对饲养时间也有适应性。笔者在实验室中,以鱼粉、酵母粉、大豆蛋白、马尾藻粉和微晶纤维素为主要原料,设计了蛋白质含量分别为4.20%,10.89%,15.52%,21.67%,25.80%,31.33%和35.75%的7种试验饲料,研究发现:随着饲料中蛋白质含量的增加,刺

参幼参肠道中蛋白酶活力呈现先升高后下降的变化趋势。当蛋白质的质量分数高于21.67%时，蛋白酶活力反而下降(如表2-33所示)。这一结果与Lee等(1984)对南美白对虾消化蛋白酶的研究报道相一致，即试验虾的蛋白酶活力随着饲料中蛋白质含量增加而上升，当饲料蛋白质含量为30%时达到最高值，之后蛋白酶活力便逐渐降低。其原因可能与刺参的食性和低蛋白质需求、豆粕中淀粉的诱导作用有关。刺参中肠的胃蛋白酶活力高于前肠，且受饲料中蛋白质含量影响明显，随饲料蛋白质含量的增加也呈现先升高后下降的变化趋势，在李旭等(2013)研究试验中，在饲料蛋白质含量为18.08%时达到最大值；而饲料中蛋白质含量对前肠胃蛋白酶活力没有显著影响，但其活力也呈现先升高后下降的趋势。在饲料蛋白质含量较低时，刺参前肠脂肪酶活力变化不明显，但与饲料中蛋白质含量呈正相关，中肠脂肪酶活力则不受饲料中蛋白质含量的影响，且活力高于前肠脂肪酶。这种现象说明，饲料蛋白质含量增加可以促进刺参肠道对主要营养物质的消化和吸收，但是饲料中蛋白质含量过高则可能会抑制消化酶活力。所以，消化酶活力因饲料蛋白质含量而有差异。

**表2-33　不同蛋白质水平饲料对刺参肠道消化酶活力的影响**

(单位:U/mg Prot)

| 处理组 | 肠道蛋白酶活力 | 肠道脂肪酶活力 |
|---|---|---|
| D1(4.20%) | 4.83±1.19[a] | 0.13±0.06 |
| D2(10.89%) | 7.07±0.30[ab] | 0.12±0.02 |
| D3(15.52%) | 7.31±0.01[ab] | 0.10±0.02 |
| D4(21.67%) | 8.55±2.78[b] | 0.09±0.04 |
| D5(25.80%) | 7.37±0.54[ab] | 0.07±0.03 |
| D6(31.33%) | 6.88±1.17[ab] | 0.11±0.03 |
| D7(35.75%) | 4.30±1.72[a] | 0.11±0.01 |

注:数据表示方式为均值±标准误，结果后的不同字母表示组间差异显著($P<0.05$)。

氨基酸分析显示，饲料氨基酸的总量和组成与刺参生长有一定关系。笔者实验室基于对缬氨酸的研究，以鱼粉、小麦粉和藻粉为主要蛋白源，鱼油为主要脂肪源配制基础饲料，在基础饲料中分别添加0、0.80%、1.60%、2.40%、3.20%和4.00%的包膜缬氨酸，配成缬氨酸含量分别为0.61%(D1)，1.14%(D2)，1.46%(D3)，1.73%(D4)，2.17%(D5)和2.64%(D6)的6组等氮等能的试验饲料。试验结果表明:饲料中添加缬氨酸显著提高了刺参肠道蛋白酶和脂肪酶活性，且分别在D3和D4组达到最大值(如表2-34所示)。说明缬氨酸能够提高刺参肠道蛋

白酶和脂肪酶活力，从而促进刺参肠道发育，提高其免疫能力。缬氨酸经包膜处理后，减少了在水中的溶失率，延缓了在消化道中的吸收速度，促进了外源添加氨基酸与蛋白态氨基酸的同步吸收，改善了其吸收性，从而促进刺参的生长。肠道淀粉酶活力不受饲料中缬氨酸含量的影响，各试验组差异不大，说明饲料中添加缬氨酸对淀粉代谢影响比较小。其他九种必需氨基酸并没有一一介绍，但是由在饲料中添加适宜含量的缬氨酸可以提高刺参肠道消化酶活力可以推断出，饲料中适宜的氨基酸含量，可以改善刺参肠道健康，从而提高刺参的免疫能力。

表 2-34　缬氨酸对刺参肠道消化酶活力的影响　（单位：U/mg Prot）

| 饲料编号 | 蛋白酶活力 | 脂肪酶活力 | 淀粉酶活力 |
|---|---|---|---|
| D1(0.61%) | 1 083.39±27.37[a] | 27.55±2.08[b] | 4.09±0.31 |
| D2(1.14%) | 1 184.10±41.80[c] | 28.30±2.28[b] | 4.24±0.21 |
| D3(1.46%) | 1243.83±58.23[d] | 32.24±1.56[bc] | 4.24±0.46 |
| D4(1.73%) | 1186.01±22.10[c] | 33.13±1.64[c] | 4.24±0.18 |
| D5(2.17%) | 1126.45±27.81[ab] | 32.91±2.18[bc] | 4.24±0.39 |
| D6(2.64%) | 1152.09±26.48[bc] | 29.44±1.36[ab] | 4.40±0.22 |

注：数据表示方式为均值±标准误，结果后的不同字母表示组间差异显著（$P<0.05$）。

(3) 脂肪

稚参时期刺参肠道就能分泌脂肪酶，与其他酶相比，脂肪酶活力最低，其原因可能是脂肪酶最适 pH 与肠道环境中 pH 相差较大，致使其活力在肠道中很难表现出来（姜令绪 等，2007），说明刺参对脂肪的消化能力相对偏弱，故刺参对饲料中脂肪需求量较低，饲料中脂肪含量对刺参肠道消化酶活力影响的报告甚少。笔者实验室设计粗脂肪含量分别为 0.19%、1.38%、2.91%、4.36%、5.96%及 7.16%，粗蛋白含量为 14%左右的 6 组试验饲料，用以投喂平均体重 0.65 g 的刺参幼参。经过 60 d 饲养试验，刺参幼参肠道蛋白酶活力于脂肪含量为 1.38%时获得最小值，脂肪酶活力随着饲料中脂肪含量的增加而升高，于脂肪含量为 7.16%时获得最大值，显著高于脂肪含量为 0.19%与 1.38%的处理组刺参（如表 2-35 所示）。刺参肠道脂肪酶活力随着饲料中脂肪含量的增加而升高，表明刺参能通过提高肠道内脂肪酶活力来适应饲料。推测饲料中适宜脂肪含量能够促进鱼类消化道蛋白酶分泌的原因可能是由于适宜的饲料脂肪含量满足了鱼体对能量的需求，提供了充足的脂肪酸来源，减少了饲料蛋白质作为能源的消耗，促进了蛋白质的利用，进而导致消化道分泌更多的蛋白酶以分解蛋白质，促进对饲料的消化利用。

表 2-35　饲料脂肪水平对刺参幼参肠道消化酶活力的影响

(单位：U/mg Prot)

| 处理组 | 肠道蛋白酶活力 | 肠道脂肪酶活力 |
| --- | --- | --- |
| D1(0.19%) | 68±7[ab] | 5.8±0.4[a] |
| D2(1.38%) | 61±7[a] | 6.9±0.8[ab] |
| D3(2.91%) | 70±7[ab] | 7.7±0.7[abc] |
| D4(4.36%) | 87±6[b] | 8.2±0.6[bc] |
| D5(5.96%) | 117±8[c] | 9.0±0.7[bc] |
| D6(7.16%) | 132±6[c] | 9.6±0.8[c] |

注：数值表示为均值±标准差，结果后的不同字母表示组间有显著差异（$P<0.05$）。

(4) **其他**

在饲料中添加矿物质、维生素、多糖的原料主要有四种：海带粉、脱胶海带粉、苜蓿粉和石莼粉，李旭等(2013)试验结果显示海带粉能显著提高刺参肠道淀粉酶与脂肪酶的活力，有利于刺参对饲料养分的消化与吸收，胃蛋白酶活力不受饲料原料的影响，淀粉酶活力受饲料原料影响显著，酶活力从高到低依次为海带粉组、脱胶海带粉组、石莼粉组和苜蓿粉组。在刺参肠道消化酶中活力最高的是胃蛋白酶，依次为淀粉酶，脂肪酶活力最低。然而，也有一些因子对刺参消化酶活力产生抑制作用，如 $Hg^{2+}$、$Ag^{2+}$(唐黎，2006)。

## 2.8.3　营养物质影响肠道健康的调控机制

饲料中营养物质含量的变化，影响肠道内优势菌群与肠道结构的变化(赵贵萍，2008)。

鱼类肠道是其消化营养物质、吸收养分的重要器官。鱼类肠道消化吸收营养物质的主要场所是肠绒毛，肠绒毛和肠道上皮细胞表面存在线状直纹，称为纹状缘(即电镜下所观察到的微绒毛)。小肠绒毛不仅吸收动物摄入的营养物质，而且其规律性的摆动对排斥有害菌群定植的作用；微绒毛大大增加肠道与食物接触的表面积，有利于食物中营养物质的消化吸收；肠道黏膜皱襞的高低和疏密、肌层厚度以及杯状细胞数量的多少等都会影响机体的消化吸收能力。同时，饲料质量与鱼类肠道结构之间存在着密切的关系，质量差的饲料会损伤鱼类肠道结构，从而降低鱼类肠道对营养物质的消化吸收能力(Robertsen，1999)。因此，肠道结构的完整性对动物消化能力有重要的影响(刘敬盛 等，2010)。

肠道菌群是在长期进化过程中形成的，在正常状况下，动物肠道内优势种群为

厌氧菌，其占 99%以上，其中主要包括拟杆菌（*Bacteroidetes*）、双歧杆菌（*Bifidobacterium*）、乳酸杆菌（*Lactobacillus*）、硝化杆菌（*Nitrobacteriaceae*）、优杆菌（*Eubacterium*）等；而需氧菌及兼性厌氧菌只占 1%。根据细菌在宿主肠道上的定植力和停留时间，肠道菌群可分为固定（autochthonous 或 indigenous）菌群和过路菌群。前者是指在肠道中占有特定区域的微生物；后者是指不能在健康动物消化道内长期滋生的微生物，通常不定植或仅短时间存留在宿主的上皮或黏膜细胞表面，与宿主细胞的关系不密切，而固定菌群则常与宿主细胞紧密接触，关系稳定。

肠道黏膜是防止病原体侵入的第一道屏障，而肠道菌群是肠黏膜屏障重要的组成部分。肠道菌群既能发挥有益作用，又具有致病潜力。几种微生态制剂对刺参肠道菌群影响的研究结果表明，添加益生菌制剂对刺参肠道内菌群结构和丰富度均有显著影响（阳钢，2012）；周慧慧（2010）用传统方法研究益生菌对肠道菌群的影响，发现添加益生菌活菌能显著增加肠道总菌数；壳寡糖能促进有益生菌的生长，并且同时占据病原菌的生长位点，进而抑制病原菌的生长，提高益生菌的比例，优化肠道菌群的组成（Salminen et al，2002）。

水产动物肠道微生物对于其机体健康和营养物质的消化吸收具有重要意义，肠道内的微生物群落寄居在机体肠壁上，相互协调形成一个复杂而又稳定的微生态系统，这种生态系统处于稳态时，机体表现正常，一旦稳态失衡，定会造成机体肠道菌群的紊乱，机体出现各种疾病（刘晨光 等，2007），从而影响水产动物的生长发育，造成一定的经济损失。

肠道菌群对养殖动物的健康起着十分重要的作用。其机制与主要的生理功能体现在以下几个方面：

拮抗作用。正常菌群在某一特定位置黏附、定植和繁殖，形成一层菌膜屏障。通过拮抗作用抑制并排斥过路菌群的入侵和群集，调整机体与微生物之间的平衡状态，这也是肠道黏膜免疫发挥免疫抑制作用的原理（李亚杰 等，2006）。

免疫作用。正常菌群能刺激宿主产生免疫及清理异物功能。正常菌群在生长过程中能分泌多种抑菌物质，抑制病原菌的过度生长及外来病原菌的入侵，维持肠道的微生态平衡。肠道细菌可以促进机体免疫器官的发育成熟，也可以激活巨噬细胞，并且能够干预细胞免疫，刺激产生免疫应答。通过研究无菌动物肠道发现，当动物肠道缺乏细菌时，不仅会造成动物肠道免疫系统发育不良，而且会造成其肠道形态结构的损伤；与正常的动物相比较，无菌动物的免疫细胞的结构会发生改变。有研究报道，伴随着肠道内气单胞菌数量的减少，肠杆菌科细菌数量的增多，草鱼白细胞的吞噬活力显著提高；鱼类肠道菌群能预防疾病，还有可能是因为肠道菌群在肠道中的竞争排斥机制。大多数细菌能够定植在肠道中，彼此形成一种平衡状态，和动物保持一种共生关系，而一旦由于外界因素的干扰（外来细菌的入侵或动物对环境的应激、营养不

良等)打破平衡状态,某种细菌数量急剧上升,压制其他细菌的生长,造成动物发病。因此肠道菌群通过竞争机制来调节、重新建立平衡,使每种细菌的数量稳定在一个合理范围内,共同维护动物肠道健康。

营养作用。部分有益肠道菌本身具有很高的营养价值,还能产生多用消化酶类,对水产动物起促生长作用。肠道菌群在鱼体内有两种获取营养的方式:一种是从宿主直接得到营养,另一种则是利用宿主吃进去的食物中的养分来增殖。除致病性微生物外,大多数微生物能够和鱼类形成良好的共生关系。研究发现,从淡水养殖池中的罗非鱼肠道中分离出来的专性厌氧菌株能够将淀粉和几丁质水解;吸收宿主营养的细菌大部分集中在鲤鱼的前肠壁上,而吸收食物中的养分来生存的细菌主要集中在中、后肠壁上。另外,鱼类肠道中的菌群能够分泌多种活性物质,包括某些维生素和必需氨基酸等,对鱼类的生长起着促进作用;有研究发现,鱼类肠道中的菌群能够合成多种维生素如 $VB_1$、烟酸、泛酸和生物素等。

随着对宿主营养代谢和肠道菌群关系的研究不断深入,人们发现肠道菌群主要通过参与宿主体内糖、蛋白质和脂肪等营养物质的代谢影响宿主对于营养物质的消化、代谢和吸收,进而调控宿主的营养水平、健康状况、免疫和肠神经系统,因此要注意饲料营养成分的均衡,保持肠道健康。

## 参考文献

艾春香,陈立侨,2002. VC 对河蟹血清和组织中超氧化物歧化酶及磷酸酶活性的影响[J]. 台湾海峡,21(04):431 - 438.

蔡雪峰,罗琳,战文斌,2006. 壳寡糖对虹鳟幼鱼肠道菌群影响的研究[J]. 中国海洋大学学报(7):72 - 77.

陈效儒,张文兵,麦康森,等,2010. 饲料中添加甘草酸对刺参生长、免疫及抗病力的影响[J]. 水生生物学报,34(4):731 - 738.

程元恺,1993. 脂质过氧化与抗氧化酶[J]. 工业卫生与职业病,19(4):254 - 256.

邓君明,麦康森,艾庆辉,等,2007. 不同氨基酸包被方法对牙鲆生长及血浆生化指标的影响[J]. 动物营养学报. 19(6):706 - 713.

付雪艳,2004. 海参(*Stichopus japonicus*)消化蛋白酶的初步研究[D]. 青岛:中国海洋大学.

龚全,许国焕,伏天玺,等,2008. 云芝多糖对奥尼罗非鱼生长、血清溶菌酶活性和补体活性的影响[J]. 淡水渔业,38(1):16 - 19.

韩光明,王爱民,徐跑,等,2010. 饲料中脂肪水平对吉富罗非鱼幼鱼成活率、肌肉成分及消化酶活性的影响[J]. 上海海洋大学学报,19(4):469 - 474.

韩丽君,范晓,周天成,等,1995. 广西北部湾马尾藻脂肪酸组成的研究[J]. 海洋科学集刊,36:175 - 180.

韩伟,2011. 不同年龄刺参体壁营养成分分析及评价[J]. 海洋环境科学,30(3):404 - 408.

胡毅，谭北平，麦康森，等，2009. 不同碳水化合物水平饲料对凡纳滨对虾生长及部分生理生化指标的影响[J]. 水生生物学报，33(2)：289－295.

黄凯，吴宏玉，朱定贵，等，2011. 饲料脂肪水平对凡纳滨对虾生长，肌肉和肝胰腺脂肪酸组成的影响[J]. 水产科学，3(5)：249－255.

姜令绪，杨宁，李建，等，2007. 温度和 pH 对刺参(*Apostichopus japonicus*)消化酶活力的影响[J]. 海洋与湖沼，38(5)：476－480.

蒋广震，刘文斌，王煌衡，等，2010. 饲料中蛋白脂肪比对斑点叉尾鮰幼鱼生长、消化酶活性及肌肉成分的影响[J]. 水产学报，34(7)：1129－1135.

冷向军，罗运仙，李小勤，等，2010. 饲料中添加晶体或微囊氨基酸对鲤生长性能的影响[J]. 动物营养学报，22(06)：1599－1606.

黎惠，华颖，陆静，等，2014. 肉骨粉和大豆分离蛋白替代鱼粉对黑鲷幼鱼消化性能及血清指标的影响[J]. 扬州大学学报：农业与生命科学版，35(1)：43－48.

李彩燕，王伟，2008. DGGE 技术在动物胃肠道微生态研究中的应用[J]. 中国饲料(24)：14－17.

李丹彤，常亚青，昊振海，等，2009. 獐子岛夏秋季野生仿刺参体壁营养成分的分析[J]. 水产科学，28(7)：365－368.

李强，谢小军，罗毅平，等，2007. 饲料淀粉水平对南方鲶免疫的影响[J]. 水产学报，31(4)：557－561.

李小勤，胡斌，冷向军，等，2010. VC 对草鱼成鱼生长、肌肉品质及血清非特异性免疫的影响[J]. 上海海洋大学学报，(06)：787－791.

李旭，2013. 刺参幼参饲料原料选择与蛋白质营养需求的研究[D]. 扬州：扬州大学.

李亚杰，赵献军，2006. 益生菌对肠道黏膜免疫的影响[J]. 动物医学进展，27(7)：38－41.

刘晨光，刘成圣，刘万顺，等，2007. 海洋生物酶的研究和应用[J]. 海洋科学(7)：24－26.

刘敬盛，杨玉芝，王君荣，等，2010. 胆汁酸营养功能及作用机制的研究进展[J]. 中国饲料(6)：35－37，43.

刘扬，池磊，冯琳，等，2011. 不同来源和剂量维生素 C 对建鲤生长性能和消化功能影响的比较研究[J]. 动物营养学报，23(8)：1332－1341.

马晶晶，邵庆均，许梓荣，等，2009. *n*-3 高不饱和脂肪酸对黑鲷幼鱼生长及脂肪代谢的影响[J]. 水产学报，33(4)：639－649.

马俊霞，张盛鹏，黎卓健，等，2008. 含胆汁酸制剂对罗氏沼虾脂肪代谢的影响[C]. 北京：中国畜牧兽医学会.

美国科学院国家研究委员会，2015. 鱼类与甲壳类营养需要[M]. 麦康森，李鹏，赵建民，译. 北京：科学出版社.

邱宝生，林炜铁，杨继国，等，2004. 益生菌在水产养殖中的应用[J]. 水产科学，23(7)：39－41.

任泽林，李爱杰，1998. 饲料组成对中国对虾肌肉组织中胶原蛋白，肌原纤维和失水率的影响[J]. 中国水产科学，5(2)：40－44.

宋霖，蔡春芳，叶元土，等，2013. 4 种植物蛋白对黄颡鱼肠道形态结构的影响[J]. 淡水渔业，

42(6):54－60.

孙虎山，李光友，1999. 脂多糖对栉孔扇贝血清和血细胞中7种酶活力的影响[J]. 海洋科学(4):54－58.

孙奕，陈騳，1989. 刺参体内外微生物组成及其生理特征的研究[J]. 海洋与湖沼(4):300－307.

覃川杰，汪成竹，陈晓辉，等，2006. 云芝多糖对中华鳖非特异性免疫功能的免疫调节作用[J]. 淡水渔业，36(6):40－43.

唐黎，王吉桥，陈骏池，等，2007. 水产动物消化酶的研究[J]. 饲料工业(28):28－31.

唐黎，2006. 刺参不同季节和发育时期酶活力与消化道形态结构的研究[D]. 大连：大连水产学院.

汪开毓，苗常鸿，黄锦炉，等，2012. 投喂高脂饲料后草鱼主要生化指标和乙酰辅酶A羧化酶1mRNA表达的变化[J]. 动物营养学报，24(12):2375－2383.

王爱民，吕富，杨文平，等，2010. 饲料脂肪水平对异育银鲫生长性能、体脂沉积、肌肉成分及消化酶活性的影响[J]. 动物营养学报，22(3):625－633.

王朝明，罗莉，张桂众，等，2010. 饲料脂肪水平对胭脂鱼生长性能、肠道消化酶活性和脂肪代谢的影响[J]. 动物营养学报，22(4):969－976.

王吉桥，蒋湘辉，姜玉声，等，2009. 在饲料中添加包膜赖氨酸对仿刺参幼参生长、消化和体成分的影响[J]. 水产科学，28(5):241－245.

王吉桥，唐黎，许重，等，2007. 仿刺参消化道的组织学及其4种消化酶的周年变化[J]. 水产科学(9):481－484.

王吉桥，于红艳，姜玉声，等，2010. 饲料中用陆生植物淀粉替代鼠尾藻粉对刺参生长和消化的影响[J]. 大连海洋大学学报，25(6):535－541.

王际英，宋志东，王世信，等，2009. 刺参不同发育阶段对蛋白质需求量的研究[J]. 水产科技情报，36(5):229－233.

王开来，2009. 维生素C对刺参生长和非特异性免疫的影响[D]. 大连：大连理工大学.

王文辉，王吉桥，程鑫，等，2006. 不同剂型维生素C对黄颡鱼生长和几种免疫指标的影响[J]. 中国水产科学(06):951－958.

王秀英，2004. 饵料维生素C对黑鲷仔鱼生长和体组织生化指标的影响[D]. 大连：大连理工大学.

王印庚，方波，张春云，等，2006. 养殖刺参保苗期重大疾病“腐皮综合征”病原及其感染源分析[J]. 中国水产科学，13(4):610－616.

王重刚，陈品健，顾勇，等，1998. 不同饵料对真鲷稚鱼消化酶活性的影响[J]. 海洋学报，20(4):103－106.

魏炜，张洪渊，石安静，2001. 育珠蚌酸性磷酸酶活力与免疫反应关系的研究[J]. 水生生物学报，25(4):413－415.

吴凡，文华，蒋明，等，2011. 饲料碳水化合物水平对奥尼罗非鱼幼鱼生长、体成分和血清生化指标的影响[J]. 华南农业大学学报，32(4):91－95.

吴垠，孙建明，周遵春，等，2003. 饲料蛋白质对中国对虾生长和消化酶活性的影响[J]. 大连水产学院学报(4)：258－262.

吴永恒，王秋月，冯政夫，等，2012. 饲料粗蛋白含量对刺参消化酶及消化道结构的影响[J]. 海洋科学，36(1)：36－41.

夏苏东，2012. 刺参幼参摄食行为与蛋白质营养需要研究[D]. 青岛：中国科学院海洋研究所.

徐大伦，黄晓春，欧昌荣，等，2006. 浒苔多糖对华贵栉孔扇贝血淋巴中SOD酶和溶菌酶活性的影响[J]. 水产科学，25(2)：72－74.

徐维娜，刘文斌，邵仙萍，等，2012. 维生素C对异育银鲫原代肝脏细胞活性及抗敌百虫氧化胁迫的影响[J]. 水产学报，35(12)：1849－1856.

徐志斌，陈青，励建荣，2010. 水发条件对海参(*Acaudina molpadioidea*)质构特性及微观结构的影响研究[J]. 食品科学，31(07)：37－41.

薛敏，吴秀锋，郭利亚，等，2007. 脱酚棉籽蛋白在水产饲料中的应用[J]. 中国畜牧杂志，43(8)：55－58.

阳钢，2012. 几种微生态制剂对刺参养殖水体及刺参肠道菌群结构的影响[D]. 青岛：中国海洋大学.

曾本和，周兴华，任胜杰，等，2016. 高脂饲料中胆汁酸水平对齐口裂腹鱼肠道组织结构及脂肪代谢酶活性的影响[J]. 水产学报(9)：1340－1350.

张春云，王印庚，荣小军，2006. 养殖刺参腐皮综合征病原菌的分离与鉴定[J]. 水产学报，30(1)：118－123.

张海涛，王安利，李国立，等，2004. 营养素对鱼类脂肪肝病变的影响[J]. 海洋通报，23(1)：82－89.

张琴，2010. 刺参(*Apostichopus japonicus* Selenka)高效免疫增强剂的筛选与应用[D]. 青岛：中国海洋大学.

赵贵萍，2008. 不同豆粕水平的饲料中添加一种酵母培养物(益康XP)对大菱鲆生长、组织学结构以及肠道菌群的影响[D]. 青岛：中国海洋大学.

赵彦翠，2011. 刺参(*Apostichopus japonicus*)多糖类免疫增强剂及微生态制剂的研究与应用[D]. 青岛：中国海洋大学.

钟雷，吉红，夏耘，等，2014. 脱脂金蛹替代日粮中鱼粉对建鲤肠道菌群的影响[D]. 杨凌：西北农林科技大学.

周慧慧，2010. 刺参肠道益生菌的应用研究[D]. 青岛：中国海洋大学.

周歧存，刘永坚，麦康森，等，2005. 维生素C对点带石斑鱼(*Epinephelus coioides*)生长及组织中维生素C积累量的影响[J]. 海洋与湖沼，36(2)：152－157.

周玮，张慧君，李赞东，等，2010. 不同饲料蛋白水平对仿刺参生长的影响[J]. 大连海洋大学学报，25(4)：359－364.

朱伟，麦康森，张百刚，等，2005. 刺参稚参对蛋白质和脂肪需求量的初步研究[J]. 海洋科学，29(3)：54－58.

Bazaz M M, Keshavanath P, 1993. Effects of feeding different levels of sardine oil on growth, muscle composition and digestive enzyme activities of mahseer, Tor khudree [J]. Aquaculture, 115(1-2): 111-119.

Borlongan I G, Benitez L V, 1990. Quantitative lysine requirement of milkfish (*Chanos chanos*) juveniles[J]. Aquaculture, 87(90):341-347.

Bulgakov A A, Nazarenko E I, Petrova I Y, et al, 2000. Isolation and properties of a mannan-binding lectin from the coelomic fluid of the holothurian *Cucumaria japonica*[J]. Biochemistry (Mosc), 65(8): 933-939.

Canicatti C, Roch P H, 1989. Studies on *Holothuria polii* (Echinodermata) antibacterial proteins. I. Evidence for and activity of a coelomocyte lysozyme [J]. Cell Mol Life Sci, 45(8): 756-759.

Canicatti C, Seymour J, 1991. Evidence for phenoloxidase activity in holothuria tubulosa echinodermata brown bodies and cells [J]. Parasitol Res, 77(1): 50-53.

Canicatti C, 1990. Lysosomal enzyme pattern in *Holothuria polii* coelomocytes[J]. Invert Pathol, 56(90): 70-74.

Cheng T C, 1978. The role of lysosmal hydrolases in molluscan cellular response to immunologic challenge[J]. Comp Pathbiol(4): 59-71.

Cheng Z J, Hardy R W, Usry J L, 2003. Plant protein ingredients with lysine supplementation reduce dietary protein level in rainbow trout (*Oncorhynchus mykiss*) diets, and reduce ammonia nitrogen and soluble phosphorus excretion[J]. Aquaculture, 218(s 1-4):553-565.

Clarke S D, 1993. Regulation of fatty acid synthase gene expression: an approach for reducing fat accumulation [J]. Journal of Animal Science, 71(7): 1957-1965.

Coteur C, Warnan M, Jangoux M, 2002. Reactive oxygen species (ROS) production by amoebocytes of *Asterias rubens* (Echinodermata)[J]. Fish & Shellfish Immunology,12(3):187-200.

Dias J, Alvarez M J, Diez A, et al, 1998. Regulation of hepatic lipogenesis by dietary protein/energy in juvenile European seabass (*Dicentrarchus labrax*) [J]. Aquaculture, 161 (1-4): 169-186.

Dybas L, 1986. Frankboner P V. Holothurian survival strategies: mechanisms for the maintenance of bacteriostatic environment in the coelomic cavity of the sea cucumber, *Parastichopus californicus*[J]. Dev Comp Immunol, 10: 311-330.

Ellis R P, Parry H, Spicer J I, et al, 2011. Immunological function in marine invertebrates: Responses to environmental perturbation[J]. Fish & Shellfish Immunology,30(6):1209-1222.

Fountoulski E,Alexis M N,Nengas I,et al, 2005. Effect of diet composition on nutrient digestibility and digestive enzyme levels of gilthead sea bream[J]. Aquaculture Research,36(13): 1243-1250.

Furuita H, Tanaka H, Yamamoto Y, et al, 2002. Effects of high levels of *n*-3 HUFA in broodstock diet on egg quality and egg fatty acid composition of Japanese flounder, *Paralichthys olivaceus* [J]. Aquaculture, 210(1-4): 323-333.

Gangadhara B, Nandeesha M C, Varghese T J, et al, 1997. Effect of varying protein and lipid levels on the growth of Rohu, Labeo[J]. Asian Fisheries Science, 10(2): 139-147.

Glencross B B, Smith D M, Thomas, M R, et al, 2002. Optimising the essential fatty acids in the diet for weight gain of the prawn, *Penaeus monodon* [J]. Aquaculture, 204(1-2): 85-99.

Grill S R, Pop M, Deboy R T, et al, 2006. Metagenomic analysis of the human distal gut microbiome[J]. Science(312): 1355-1359.

Grisdale-Helland B, Helland S J, 1997. Replacement of protein by fat and carbohydrate in diet for Atlantic salmon (*Salmo salar*) at the end of the fresh water stage [J]. Aquaculture, 152: 167-180.

Hamre K, Waagbř R, Berge R K, et al, 1997. Vitamins C and E interact in juvenile Atlantic salmon (*Salmo salar* L.)[J]. Free Radical Biology and Medicine, 22(1-2): 137-149.

Hwang D F, Lin T K, 2002. Effect of temperature on dietary vitamin C requirement and lipid in common carp[J]. Comparative Biochemistry and Physiology Part B: Biochemistry and Molecular Biology, 131(1): 1-7.

Ibeas C, Cejas J R, Gomez T, et al, 1996. Influence of dietary *n*-3 highly unsaturated fatty acids levels on juvenile gilthead seabream (*Sparus aurata*) growth and tissue fatty acid composition [J]. Aquaculture, 142(3-4): 221-235.

Izquierdoa M S, Monteroa D, Robainaa L, et al, 2005. Alterations in fillet fatty acid profile and flesh quality in gilthead seabream (*Sparus aurata*) fed vegetable oils for a long term period. Recovery of fatty acid profiles by fish oil feeding[J]. Aquaculture, 250(1-2): 431-444.

Janeway C A, Medzhitov R Jr, 2002. Innate immune recognition[J]. Annual Review of Immunology, 20(1): 197-216.

Kudriavtsev I V, Polevshchikov A V, 2004. Comparative immunological analysis of echinoderm cellular and humoral defense factors[J]. Zhurnal Obshcheĭ Biologii, 65(3): 218-231.

Lee P G, Smithl L, Lawrence A L, 1984. Digestive protease of Penaeus vannamei Boone: relationship between enzyme activity, size and diet[J]. Aquaculture, 42: 225-239.

Lee S M, Lee J H, Kim K D, 2003. Effect of dietary essential fatty acids on growth, body composition and blood chemistry of juvenile starry flounder (*Platichthys stellatus*) [J]. Aquaculture, 225(1-4): 269-281.

Lee S M, 2001. Review of the lipid and essential fatty acid requirements of rockfish (*Sebastes schlegeli*) [J]. Aquaculture Research, 32 (Suppl. 1): 8-17.

Liao M, Ren T, He L, et al, 2014. Optimum dietary protein level for growth and coelomic fluid non-specific immune enzymes of sea cucumber *Apostichopus japonicus* juvenile [J]. Aqua-

culture Nutrition, 20: 443 - 450.

Lim C, Ako H, Brown C L, et al, 1997. Growth response and fatty acid composition of juvenile *Penaeus vannamei* fed different sources of dietary lipid [J]. Aquaculture, 151(1 - 4): 143 - 153.

Luo G, Xu J H, Teng Y J, et al, 2010. Effects of dietary lipid levels on the growth, digestive enzyme, feed utilization and fatty acid composition of Japanese sea bass (*Lateolabrax japonicas L.*) reared in freshwater [J]. Aquaculture Research, 41(2): 210 - 219.

Mai K, Mercer J P,Donlon J, 1995. Comparative studies on the nutrition of two species of abalone, *Haliotis tuberculata* L. and *Haliotis discus hannai* Ino. III. response of abalone to various levels of dietary lipid[J]. Aquaculture, 134(1):65 - 80.

Mohamta K N, Mohanty S N, Jena J K, et al, 2008. Protein requirement of silver barb, *Puntius gonionotus* fingerlings[J]. Aquaculture Nutrition,14:143 - 152.

Mohanta K N, Mohanty S N, Jena J K, et al, 2008. Optimal dietary lipid level of silver barb, Puntius gonionotus fingerlings in relation to growth, nutrient retention and digestibility, muscle nucleic acid content and digestive enzyme activity [J]. Aquaculture Nutrition, 14(4): 350 - 359.

Mohanta K N, Mohanty S N, Jena J K, et al, 2008. Optimal dietary lipid level of silver barb,*Puntius gonionotus* fingerlings in relation to growth, nutrient retention and digestibility, muscle nucleic acid content and digestive enzyme activity[J]. Aquaculture Nutrition,14(4):350 - 359.

Mohanty S N, Kaushik S J, 1991. Whole body amino acid composition of Indian major carps and its significance[J]. Aquatic Living Resources, 4(1):61 - 64.

Morais S, Cahu C, Zambonino-Infante J L, et al, 2004. Dietary TAG source and level affect performance and lipase expression in larval seabass (*Dicentrarchus labrax*) [J]. Lipids, 39(5): 449 - 458.

Morais S, Conceiçãoa L, Rønnestadb I, et al, 2007. Dietary neutral lipid level and source in marine fish larvae: Effects on digestive physiology and food intake [J]. Aquaculture, 268(1 - 4): 106 - 122.

Okorie E O, Su H K, Sugeun G, et al, 2008. Preliminary study of the optimum dietary ascorbic acid level in sea cucumber, *Apostichopus japonicus* (Selenka)[J]. Journal of the World Aquaculture Society, 39(6):758 - 765.

Peres H, Oliva-Teles A, 2005. The effect of dietary protein replacement by crystalline amino acid on growth and nitrogen utilization of turbot *Scophthalmus maximus* juveniles[J]. Aquaculture, 250(s 3 - 4):755 - 764.

Peres H, Oliva-Teles A, 2007. Effect of the dietary essential amino acid pattern on growth, feed utilization and nitrogen metabolism of European sea bass (*Dicentrarchus labrax*)[J]. Aquaculture,267(1 - 4):119 - 128.

Refstie S, Storebakken T, Baeverfiord G, et al, 2001. Long-term protein and lipid growth of atlantic salmon fed diets with partial replacement of fish meal by soy products at medium or high lipid level[J]. Aquaculture Research, 193(1):91-106.

Robertsen B, 1999. Modulation of the non-specific defence of fish by structurally conserved microbial polymers[J]. Fish Shellfish Immunol(9):269-290.

Salminen M K, Tynkkynen S, Rantelin H, et al, 2002. Lactobacillus bacteremia during a rapid increase in probiotic use of lactobacillus rhamnosus GG in Finland[J]. Clinical Infection Diseases, 35(10):1155-1120.

Sargent J R, Bell J G, McEvoy L A, et al, 1999. Recent developments in the essential fatty acid nutrition of fish [J]. Aquaculture, 177(1-4): 191-199.

Savage D C, 1977. Microbial ecology of the gastrointestinal tract [J]. Annual Review of Microbiology, 31:107-133.

Seo J, Lee S, 2011. Optimum dietary protein and lipid levels for growth of juvenile sea cucumber Apostichopus japonicus [J]. Aquaculture Nutrition, 17(2): 56-61.

Shearer K D, 1994. Factors affecting the proximate composition of cultured fishes with emphasis on salmonids[J]. Aquaculture, 119(1):63-88.

Skallia A, Robin J H, 2004. Requirement of *n*-3 long chain polyunsaturated fatty acids for European sea bass (*Dicentrarchus labrax*) juveniles: growth and fatty acid composition[J]. Aquaculture, 240(1-4): 399-415.

Smith V, Brown J, Hauton C, 2003. Immunostimulation in crustaceans:Does it really protect against infection[J]. Fish Shellfish Immunol(15):71-90.

Stickney R, Andrews J, 1971. Combined effects of dietary lipids and environmental temperature on growth metabolism and body composition of channel catfish (*Ictalurus punctatus*) [J]. The Journal of Nutrition, 101(12): 1703-1710.

Tacon A G J, Cowey C B, 1985. Protein and amino acid requirements[M]// Tytler P, Colow P. Fish Energetics. Dordrecht: Springer.

Takeuchi T W, Atanabe T, 1976. Nutritive value of w3 highly unsaturated fatty acids in pollock liver oil for rainbow trout [J]. Bull. Soc. Sc. Fish, 42: 907-919.

Walton M J, Coloso R M, Cowey C B, et al, 1984. The effects of dietary tryptophan levels on growth and metabolism of rainbow trout (*Salmo gairdneri*)[J]. British Journal of Nutrition, 51(2):279-287.

Wang J Q, Jiang X H, Jiang Y S, et al, 2009a. Effects of Diets Containing Coated Lysine on Growth, Digestion and Proximate Composition in Juvenile Sea Cucumber(*Apostichopus japonicus*)[J]. Fisheries Science, 5.

Wang T T, Sun Y Q, Jin L J, et al, 2009b. Enhancement of non-specific immune response in sea cucumber by *Astragalus membranaceus* and its polysaccharides[J]. Fish Shellfish Immunol

(27):757 - 762.

Wang W N, Wang Y, Wang A L, 2006. Effect of supplemental l-ascorbyl - 2 - polyphosphate (APP) in enriched live food on the immune response of *Penaeus vannamei* exposed to ammonia-N[J]. Aquaculture, 256(1):552 - 557.

Watanabe T, Takeuchi T, Arakawa T, et al, 1989. Requirement of juvenile striped jack *Longirostris delicatissimus* for *n*-3 highly unsaturated fatty acids [J]. Nippon Suisan Gakkaishi, 55: 1111 - 1117.

Wong S, Waldrop T, Summerfelt S, et al, 2013. Aquacultured rainbow trout (*Oncorh ynchusmykiss*) posses a large core intestinal microbiota that is resistant to variation in diet and rearing density[J]. Applied and Environmental Microbiology, 79(16):4974 - 4984.

Xie F, Ai Q, Mai K, et al, 2012. Dietary lysine requirement of large yellow croaker (*Pseudosciaena crocea*, Richardson 1846) larvae[J]. Aquaculture Research, 43(6):917 - 928.

# 第三章　刺参健康养殖中的营养调控

## 3.1　营养调控在水产动物健康养殖中的意义

随着水产养殖业的迅速发展和养殖规模的不断扩大，养殖集约化程度不断提高。在大规模和高密度人工养殖环境下，水产动物面临着大量的应激条件，营养、环境和代谢等激烈的变化容易诱导其产生疾病，甚至死亡。化学药物治疗是目前最主要的水产动物疾病控制方法，但是经常使用药物防治疾病则会使病原体对某些药物产生抗药性，使得宿主动物的细胞免疫和体液免疫功能下降。而且药物在水中的积累极易污染水体，造成水体生态平衡被破坏，更重要的是药物在水产动物体内的残留会直接威胁到人体的健康和安全。接种疫苗（如草鱼出血病疫苗等）是水产养殖中预防疾病的有效措施。在影响机体免疫功能的各因素之中，营养是最重要和最易调控的因素。利用营养学方法提高水产动物的免疫力和抗病力，是实现健康养殖、生产绿色水产品和保证水产养殖业可持续发展的重要途径。近年来，较多学者将目光投向营养免疫学这一新的研究领域。研究表明，饲料的营养水平影响着水产动物的健康状况，水产动物的健康程度又反过来影响营养需求量。不含抗生素的优质饵料可以全面保证水产动物的营养供给，满足水产动物生长发育代谢对能量的需要，又不会造成任何药物残留；同时，还可增强水产动物的免疫力，提高其抗病力，促进其健康生长。可见，营养素与免疫的关系显著影响水产动物的生产过程和水产品的质量。从营养免疫学角度对水产动物的免疫功能与营养素的关系进行深入研究，无疑具有重要的理论意义和广阔的应用前景。

### 3.1.1　水产动物免疫增强剂的种类

20 世纪 20 年代，免疫增强剂的研究与生物制品开发几乎同步崛起。1923 年，Ramon 和 Glenny 制成白喉类毒素。1925 年，Ramon 又证明配制疫苗时加入的成

分也会引起免疫应答，他发现向抗原溶液加入金属盐类，机体内油脂、淀粉、维生素等均能增强机体对白喉类毒素的应答。目前，国内外已经报道多种免疫增强剂具有增强水产动物免疫功能、提高水产动物抗病力的作用。免疫增强剂大体可分为多糖类、抗菌肽类、益生菌类、中草药类的非营养素类免疫增强剂和维生素与微量元素组成的营养素类免疫增强剂。

## 3.1.2 免疫增强剂在水产动物健康养殖中的应用

### (1) 非营养素类免疫增强剂的应用

多糖类

β-葡聚糖是葡萄糖的聚合体，是一种天然提取的多糖，分子量大约在 6 500 以上，通常存在于特殊种类的细菌、酵母菌、真菌的细胞壁中，也存在于高等植物种子的包被中。从真菌和某些高等植物中提取的葡聚糖的免疫增强效果已得到广泛证实。Chang 等(2000)以含 β-葡聚糖比例为 0.2%的饲料投喂斑节对虾亲虾，在 40 d 的时间内数次取样测定免疫指标，结果各项指标在第 24 d 达到顶峰，之后一直下降，至第 40 d 时回落到投喂前的水平。研究发现，β-葡聚糖浸泡中国对虾幼体 3 小时后，能提高副溶血弧菌攻毒后的成活率。饲料中添加 0.1%～0.2% β-葡聚糖能促进凡纳滨对虾生长、增强其免疫力和抗病力(抗白斑病毒)。Ai 等(2007)在大黄鱼饲料中添加 β-葡聚糖，研究发现，饲喂含 0.09% β-葡聚糖的饲料可以提高大黄鱼的体增重率以及非特异性免疫力。

肽聚糖是细菌细胞壁的组成部分。研究证实，部分革兰氏阳性菌的灭活菌体具有激活动物免疫功能的作用，产生作用的主要成分就是菌壁中的肽聚糖，且只有特定的菌种具有这种免疫激活功能。用从嗜热双歧杆菌细胞壁中提取的肽聚糖投喂鱼类，在提高鱼体巨噬细胞和嗜中性白细胞的吞噬能力与过氧化物酶活性的同时，还能增强溶菌酶的活性；用其投喂养殖虾类，可以提高其粒细胞的吞噬活性并增加细胞中超氧化物歧化酶的生成量，同时提高酚氧化酶的活性。由于这类免疫刺激剂激活了水产动物的免疫功能，在进一步的致病菌攻毒试验中发现，使用菌体肽聚糖可以提高虹鳟对弧菌病、五条鰤对链球菌病和日本囊对虾对弧菌病与病毒性血症的抵抗力。

脂多糖(LPS)为革兰氏阴性菌细胞壁的组成成分，它是细胞的内毒素，是调节哺乳动物免疫力最有效的多糖之一。日本对虾口服脂多糖后血细胞吞噬指数和酚氧化物酶活性显著提高，且对对虾急性毒血症(*Penaeid acute viraemia*)的抵抗力增强(Takahashi et al,2000)。用 LPS 投喂鱼类可以增强鱼类血液中白细胞的数量和提高其吞噬活性；增强日本鳗鲡对爱德华菌病的抵抗力。但是LPS具有较高毒性。中国对虾(体重10 g)体内注射10 μg/g剂量LPS后，在8小时之内全部死亡。Lorenzon等(2002)发现，对于*E. coli*的LPS，长臂虾(*Palaemon elegans*)、比利时褐虾(*Cragnon cragnon*)和螳螂虾(*Squilla mantis*)的24小时半致死浓度分别为5 650 mg/kg，117 mg/kg，15.5 mg/kg。研究发现，同种动物对不同来源的LPS反应也不同。因此，在使用LPS前都必须检测其毒性。

壳聚糖又称几丁聚糖，是甲壳素经脱乙酰作用得到的一种氨基多糖，是自然界中唯一的碱性多糖。壳聚糖能抑制气单胞菌的生长繁殖，提高罗氏沼虾幼苗的成活率、增强其免疫功能，促进虾苗生长。河蟹饲料中添加稀土甲壳素不仅能防治河蟹蜕壳障碍症、减少河蟹疾病、降低家禽死亡率，而且能促进河蟹生长，显著提高河蟹的产量和规格。在尼罗罗非鱼饲料中添加0.5%壳聚糖可显著降低饲料转化率。凡纳滨对虾注射2 μg/g和4 μg/g壳聚糖，其呼吸爆发活性、酚氧化酶活性及血细胞数量较对照组显著升高，且抗溶藻弧菌(*Vibrio alginolyticus*)感染能力显著升高(Wang et al，2005)。

真菌多糖是从真菌子实体、菌丝体、发酵液中分离出的、能够控制细胞分裂分化、调节细胞生长衰老的一类活性多糖，是被专家誉为可真正可替代抗生素成为“人类健康卫士”的生物制剂。研究证实，给中国对虾、日本对虾成体注射虫草多糖可以明显提高其血细胞吞噬率、血清溶菌酶活力、血清溶血素水平、血清红细胞凝集性能、磷酸酶活力；日本沼虾连续投喂含0.1%虫草多糖的饲料后，其血细胞吞噬活力及抗菌活力、溶菌活力、酚氧化物酶活力均显著提高。日本沼虾体内注射云脂多糖，其体内酚氧化物酶活力、超氧化物酶活力、过氧化氢酶活力均显著提高，日本沼虾口服赤芝多糖，其体内免疫相关酶和对疾病的抵抗力显著提高。将从蘑菇中提取的β-1，3-葡聚糖投喂鱼类后，可以增强供试鱼白细胞吞噬活力，提高补体和溶菌酶的活力，促进特异性抗体的生成。将这种β-1，3-葡聚糖投喂对虾，也可以增强其血细胞的吞噬活力和提高酚氧化物酶的活力。免疫功能的激活也能有效预防鲤的气单胞菌病、五条鰤的链球菌病和日本囊对虾的弧菌病与病毒性血症。

海藻多糖是一类多组分混合物，由不同的单糖基通过糖苷键相连而成，一般为水溶性，多含有硫酸基，多具有抗肿瘤、抗病毒、抗氧化和增强免疫力的药理作用。研究证实，海藻多糖能显著提高中国明对虾血细胞的吞噬活力、吞噬率、血清超氧化物酶活力和酚氧化物酶活力；匍枝马尾藻(*Sargassum polycystum*)中提取的Fucoidan(岩藻依聚糖或墨藻多糖)拌饲投喂不同大小的斑节对虾(5～8 g、12～15 g)4天，后浸没在WSSV病毒液中2.5小时，10天累计死亡率表明Fucoidan可以显著提高对虾对病毒的抵抗力(Wllalwan et al，2004)。Huang等(2006)研究表明，

中国明对虾摄食含有0.5%和1.0%羊栖菜多糖的饲料14天，其酚氧化物酶活力、溶菌酶活力以及血细胞数量均显著高于对照组，同时，哈维氏弧菌(*Vibrio harveyi*)注射攻毒后的累计死亡率得到显著降低。

### 抗菌肽类

抗菌肽是机体抵抗外来微生物入侵而产生的一类具有抗菌活性的碱性多肽物质，是机体先天免疫的重要组成部分。在自然界中，抗菌肽广泛存在于细菌、植物、病毒、动物(包括人)体内。天然抗菌肽具有抗菌谱广、抑菌效率高、无残留、不易产生耐药性等优点，被称为传统抗生素的最佳替代品。在南美白对虾的饲料中添加抗菌肽发现，抗菌肽对南美白对虾的生长产生了显著影响，平均终末体质量、日生长速度、相对增重率、成活率均有一定程度的提高，而且降低了饲料转化率。在河蟹基础饲料中添加抗菌肽发现，抗菌肽能显著提高河蟹肌肉组织及肝脏中超氧化物歧化酶活力并增强其总抗氧化能力。在草鱼饲料中添加100～150 mg/kg的抗菌肽，能够显著提高草鱼的生长速度和相对增重率，若添加过量则抗菌效果不明显。Chiou等(2009)将重组抗菌肽(Chelonianin)注射至罗非鱼体内，发现其能够有效控制感染哈氏弧菌的罗非鱼的炎症反应，从而大大降低了其死亡率。此外，有研究者探索运用转基因技术使抗菌肽基因直接在水产动物体内表达，以期培育出优势抗病水产生物新品种。在天然抗菌肽饲料添加剂用于水产养殖动物的研究中，辽宁省农业科学院大连生物技术研究所在刺参、南美白对虾、红鳍东方鲀幼体培育阶段进行了系统的应用性研究，证实抗菌肽饲料添加剂在增重、抗病力方面具有显著效果，并进一步确定了其使用剂量和周期。

### 益生菌类

Kozasa于1986年首次将益生菌应用于水产养殖，此后，益生菌在水产养殖中应用的研究迅速发展。益生菌可以作为饲料添加剂饲喂养殖动物，具有促进动物生长、提高免疫功能作用；又不会出现耐药性菌株，更没有残留或污染等副作用。从食品安全、人类健康和环境保护的角度来讲，益生菌作为饲料添加剂符合可持续发展的要求，也是饲料业发展的必然方向。此外，益生菌还可以作为水质改良剂，有效改善养殖水质，抑制有害微生物繁殖，减少养殖动物发生病害的概率。目前应用的益生菌主要有乳酸菌(*Lactobacillus* spp.)、芽孢杆菌(*Bacillus* spp.)、酵母菌(*Saccharomyces* spp.)、光合细菌、硝化细菌和反硝化细菌等。国内外对益生菌在虾养殖中作用的研究比较多，表3-1列出了目前研究的简要现状。

表 3-1 国内外虾类相关研究简表

| 研究对象 | 益生菌种类 | 效果 |
|---|---|---|
| 南美白对虾(*Litopenaeus vannamei*) | 坚强芽孢杆菌(*Bacillus firmus*)、溶藻弧菌(*Vibrio alginolyticus*) | 提高免疫相关酶基因表达量,增强抗白斑综合征病毒能力;两种菌配合效果好 |
| | 芽孢杆菌(*Bacillus* spp.) | 降低了虾体和水体中的弧菌数量 |
| | 芽孢乳酸杆菌(*B. coagulans*)SC8168 | 一定浓度下能显著提高幼虾的存活率以及蛋白酶和淀粉酶等消化酶的活力 |
| | 枯草芽孢杆菌(*Bacillus subtilis*)E20 | 促进了幼虾的发育,显著增强了抗盐度胁迫能力,提高了酚氧化酶Ⅰ、Ⅱ和溶菌酶的基因表达量 |
| 罗氏沼虾(*Macrobrachiumrosenbergii*) | 地衣芽孢杆菌(*Bacillus licheniformis*) | 改善肠道菌群,增强免疫力 |
| | 酿酒酵母(*Saccharomyces cerevisiae*) | 增加血细胞总数,增强免疫力和对白肌病的抗性 |
| 斑节对虾(*Penaeus monodon*) | 芽孢杆菌(*Bacillus* spp.) | 增加了肝胰腺、肠道中芽孢杆菌数,减少了肝胰腺、肠道和水体中弧菌数,提高了特定生长率和饲料转化率 |
| | 芽孢杆菌(*Bacillus* spp.)S11 | 促进生长,保证正常发育,增强免疫力,提高了存活率和对致病菌的抵抗力 |
| 南美蓝对虾(*Litopenaeus stylirostris*) | 乳酸片球菌(*Pediococcus acidilactici*)MA18/5M | 提高了存活率、肝指数、消化酶活力和对致病弧菌的抵抗力,提高了总抗氧化能力和谷胱甘肽过氧化物酶活力 |

姚东瑞等(2010)用3种微生态制剂对河蟹池塘养殖水体进行原位净化研究,单独和组合处理的池塘养殖排放水水质均优于未经微生态制剂处理的对照组,与对照相比达到极显著水平($P<0.01$);化学需氧量降低51.97%～54.26%、氨态氮含量下降41.77%～44.94%、总磷含量下降40.00%～43.33%、悬浮物含量减少78.81%～80.01%,具有良好的原位净化效果。在北极红点鲑饲料中添加农杆菌、葡萄球菌、假单胞菌均能起到营养性效果,这些菌在鱼体内能产生更多的脂肪酸、氨基酸和维生素,改善饲料营养结构,促进鱼类生长(Ringo et al,1995)。在鳕鱼苗饲料中添加乳酸菌,3周后,用强致病性的鳗弧菌进行攻毒试验,之后再投喂含有乳酸菌的饲料3周可以提高仔鱼对弧菌的抵抗力。灭活的弧菌也能激活机体免疫系统,Alabi等(1999)研究证实,福尔马林灭活的弧菌可以明显提高对虾对弧菌的抗性。将灭活菌冷冻,使用时再解冻,不会影响使用效果。目前益生菌研究还处于初期,仅停留在研究其是否有免疫增强作用,其使用剂量和使用频率还有待于深入

研究和探讨。

中草药类

中草药具有广泛的生物学功能，因此在水产养殖中也得以应用，主要作用如下：

a. 增强免疫，提高抗病力

其中补养类中药可以对水产动物起到提高抗病力、增强免疫功能的作用。有学者研究了多种中药对鲤鱼非特异性免疫功能的影响，发现花粉、大黄、黄连具有增强免疫的作用。将中药制剂添加到饲料中饲喂中国对虾，会激发虾的免疫系统功能，诱导血凝素活力，使溶菌酶活力升高，非特异性体液免疫功能增强。研究报道，在鲤鱼的饲养中投喂含1%大蒜添加剂的饵料，对鲆鱼的厌食症和肝病很有效果，且减少了鱼的死亡，并有增重效果。

b. 增加产量，促进增殖

中药饲料添加剂能促进水产生长发育，增加产量。研究表明，彭泽鲫的基础日粮中添加不同配比的复方中药，可提高饲料效率约10%。将中药添加到饲料中投喂鲫鱼，使鲫鱼摄食量、活力和重量明显提高。在牙鲆养殖中，添加山楂、麦芽等中草药于饲料中，可以取得良好养殖效果。研究表明，在鲤鱼、草鱼的饲料中添加黄连、大黄、地榆各0.5%，松针、石菖草、辣蓼各1.0%，可以将成活率由原先的30%～50%提高至70%～80%，产量提高为原先的3倍。此外，中药饲料添加剂具有催情促孕作用，由淫羊藿、杜仲、菟丝子等中药制成的添加剂可提高草鱼产仔率和鱼苗成活率。

c. 提高质量

中药含有有益成分，可改善水产品的风味和色泽。例如在鳗鱼饲料中添加杜仲叶，可使鳗鱼肉变细嫩，高级不饱和脂肪酸含量提高。在鱼饵料中添加栀子，可加深鱼体的色泽，提高鱼肉鲜味。研究发现，中药对欧鳗不但有很好的增重效果，还能改善欧鳗肉质的营养成分。

d. 改善饲料品质

中药中含有多种营养成分，如糖、维生素、氨基酸、蛋白质、矿物质、微量元素、常量元素等，作为添加剂饲喂水产动物，可以促进其生长发育。此外，中药还可以改善饲料的适口性，矫正水产饲料的味道，如大蒜、香芹、薄荷、洋葱等为鲫鱼、泥鳅喜食，对其具有促进摄食和诱食作用。利用水丝蚓对鳗鲡的诱食作用，可以将水丝蚓应用于鳗苗的驯化中，诱导其上食台摄食。

(2) **营养素类免疫增强剂的应用**

营养素与水产动物的免疫密切相关，从营养的角度来提高免疫力不仅可防止疾病,而且能克服传统方法的缺陷,达到标本兼治的目的。目前研究较多的营养素类免疫增强剂主要是维生素类和微量元素类等。

### 维生素类

对于鱼类等大部分水产动物来说,维生素C和维生素E等营养因子不仅对其生长和一些生理机能是必需的,而且大量摄食可增加其机体抗病能力。其主要功能为抗氧化,保护脂溶性细胞膜和不饱和脂肪酸不被氧化,可以作为免疫增强剂添加在饲料中使用。

维生素C(VC),又名抗坏血酸,具有酸性和强还原性。VC也是一种重要的抗氧化剂,常与维生素E协同产生抗氧化作用。已有研究表明,VC对水产动物体液免疫和非特异性细胞免疫具有一定影响,因而在水产动物饲料中添加VC能够增强其免疫功能,提高抗病能力和存活率。研究表明,当饲料添加或注射较高含量VC时,鱼类的淋巴细胞增值率、溶菌酶活力、补体活力、吞噬指数、呼吸爆发和抗感染力均显著上升。Bagni等(2000)也发现,饲料VC可显著提高鲈鱼补体溶血活性及溶菌酶活力。有研究报道,在中国对虾饲料中添加VC,能明显降低其受副溶血弧菌感染的死亡率,并提高其耐缺氧能力。Ortuno等(1999)对金头鲷进行试验发现,饲料中添加高含量的VC(3 000 mg/kg)能够提高其白细胞的呼吸爆发活性和吞噬活性。在体外用VC培育从鱼体分离的白细胞时,发现VC可提高金头鲷头肾白细胞的迁移率。此外,VC还能增强水产动物对各种环境应激适应能力。据报道,投喂不同VC含量的饲料的金头鲷(*Sparus aurata*)在低氧环境胁迫(hypoxic stress)试验中,VC添加组的血浆葡萄糖和可的松水平较对照组显著降低。高水平的VC能提高日本鹦鹉鱼对间歇性低氧的耐受力。研究表明,在中国对虾饲料中添加VC,能明显降低其副溶血性弧菌感染的死亡率,并提高其缺氧耐受力及存活率,延长其存活时间。通过以上研究可以看出,VC是水产动物生长和维持正常生理机能所必需的营养成分,在水产饲料中添加补充VC可起到以下几方面作用:维持动物正常生长和骨骼形成;促进伤口愈合;降低或中和水中污染物的毒性,提高免疫系统抵抗细菌感染的能力;防止环境应激带来的消极影响。

维生素E(VE)是具有α-生育酚生物活性的所有分子的统称,为一种脂溶性生物组织抗氧化剂。它能促进动物体生长,抑制脂类和脂肪酸的自动氧化,清除自由基,改善水生动物的抗病能力。此外,脂溶性的VE与磷脂的多不饱和脂肪酸存在于机体组织的细胞膜中,在保护细胞免受氧化损伤、保护生物膜免受自由基攻击、保持细胞膜完整性等方面起主要作用。对于VE调节免疫作用的机理,虽无权威论断,但观点逐渐趋于一致:VE的抗氧化作用使吞噬细胞的细胞质免受氧化损伤,当细菌接近吞噬细胞后即被质膜的一部分吞入细胞内,在胞内形成吞噬体,在

吞噬杀菌过程中由 NADPH 氧化酶产生的超氧化物能对吞噬细胞造成危害;而在一般情况下,VE 与超氧化物歧化酶、过氧化氢酶、谷胱甘肽还原酶共同保护吞噬细胞,以维持细胞膜的完整性。近年来发现,当 VE 处于临界水平和轻度缺乏时,动物不表现临床症状,但免疫功能受损,对疾病易感性增加。摄食高 VE 含量饲料的大西洋鲑对杀鲑气单胞菌的抵抗力显著提高。如果 VE 缺乏,则会导致动物机体对环境压力变动的敏感性增加,抗病力下降。在对幼建鲤的研究中发现,幼建鲤摄食 VE 缺乏的饲料后,其白细胞吞噬率与正常组相比极显著降低;而当其摄食 VE 含量高的饲料时,其白细胞吞噬率则显著增加。在河蟹饲料中添加 VE,组织中的 SOD 活力随着 VE 添加量的升高而降低,原因主要是 VE 自身发挥了抗氧化作用,使自由基在发挥作用前被清除,从而导致诱导性酶 SOD 活力降低。

### 微量元素类

微量元素对水产动物的免疫系统具有非常重要的作用,这些微量元素主要包括硒、铁、锌和铬等,其中以硒和铁比较常见。

硒是维持机体正常生命活动所必需的微量元素,在体内以多种生物活性形式参与机体多种生理功能的调节,其中一个重要功能就是增强机体的免疫力。硒以无机硒和有机硒的形式存在,无机硒包括亚硒酸钠、硒酸钠、硒化钠、亚硒酸钙;有机硒包括硒酵母、硒代蛋氨酸、硒代胱氨酸等。无机硒中的亚硒酸钠是最常用的硒补充剂,在水产畜牧业中应用更是广泛。在基础饲料中添加不同含量的硒分别饲喂鲈鱼 10 周,结果表明,饲料中硒的含量为 0.4 mg/kg 时,鲈鱼的生长性能达到最大,肝脏及血液中谷胱甘肽过氧化物酶、肝脏谷胱甘肽还原酶、肝脏谷胱甘肽转移酶的活力较高。在皱纹盘鲍饲料中添加硒对血清中 5 种抗氧化酶活力均有显著影响。有学者探讨了亚硒酸钠、蛋氨酸硒和硒酵母对斑点叉尾鮰的免疫力影响,结果发现无论是对非特异性免疫学指标还是对病菌的抗感染能力,有机硒的效果都显著高于无机硒。

铁在机体内具有非常重要的生理功能。铁主要参与血红蛋白的构成,参与氧气的运输,并在氧化还原反应中起到传递氢的作用。同时,铁通过影响免疫细胞的结构以及与铁相关的酶活力来影响水产动物免疫力,是影响免疫系统功能和增强宿主抗病力的重要微量元素。水产动物如鱼类可以通过鳃黏膜从水中吸收可溶性铁。当铁缺乏时,鱼类的血细胞数量、血液比容、转铁蛋白以及其他一些和免疫相关的酶活力都下降,因此鱼类的抗病力也显著下降。但水体中可溶性铁浓度很低,因此饲料仍然是鱼类获取铁的主要来源。已有研究表明,饲料中缺乏铁会抑制斑点叉尾鮰腹腔巨噬细胞对爱德华氏菌的趋化反应(Lim et al,2000),但投喂含铁饲料的鱼在 4 周后可以修复这种异常反应。关于不同形式的铁的作用效果,已有研究表明，硫酸亚铁和蛋氨酸铁并未对鱼类的免疫力和抗病力产生影响。

### 3.1.3 小结

水产动物免疫增强剂种类众多，功能各异，随着现代养殖技术和方式的不断发展改进，单一的某种或某几种免疫增强剂已经难以满足养殖健康水产动物的需要，用免疫增强剂在实际应用中真正替代抗生素，还有很多工作要做。目前，鉴于养殖环境的复杂化以及免疫增强剂功能的特异化，在养殖过程中因地制宜，多种免疫增强剂联合使用才能真正做到安全、高效、健康养殖，这都需要科研工作者和生产工作者的共同努力。

## 3.2 饲料中添加黄芪和黄芪多糖对刺参的影响

### 3.2.1 引言

随着刺参养殖规模的不断扩大，病害问题日益严重，其原因较为复杂，但从目前来看，由灿烂弧菌(*Vibrio splendidus*)引起的细菌性传染病危害最大。为了避免疾病发生，在养殖过程中大量使用抗生素和化学药物进行预防，虽然效果较好，但副作用非常明显，主要是使细菌产生耐药性、造成环境污染和刺参机体中的药物残留。虽然很多研究表明，注射疫苗或者浸泡处理能够有效提高水产动物的免疫力，但并不适用于大规模生产。控制刺参养殖中疾病发生的最佳方法是将药效物质作为饲料添加剂进行投喂。

研究证实，饲料中添加药用植物后能显著提高鱼、虾的杀菌活力和白细胞功能等非特异性指标。黄芪具有高效的免疫促进作用，研究表明，黄芪能够显著提高鱼的非特异性免疫力。黄芪多糖(APS)是黄芪的主要活性成分，它在提高机体的特异性和非特异性免疫力方面具有重要作用，能激活鼠淋巴B细胞和巨噬细胞。尽管黄芪和APS已被证实能够提高水产动物和其他动物的非特异性免疫力，但其对刺参免疫力的影响还未见报道。

笔者所在课题组在前期试验中已经证实，经体腔注射APS后，刺参体腔细胞中溶菌酶mRNA基因表达量显著提高。此外，APS能够剂量依赖性促进刺参体腔阿米巴吞噬细胞的吞噬活性，诱导细胞超氧阴离子的产生，并且能够使刺参细胞在其生理高温下的免疫功能得到提高。尽管以上试验都证明了APS的免疫促进作用，但只停留在体外试验水平，还需要在具体的养殖试验中进行验证。本试验中将APS添加到刺参饲料中，同时用不同工艺处理的黄芪作为参比，进行60 d养殖试验考察其对刺参非特异性免疫和对致病菌抗病力的影响，并且比较了不同处理

方式的黄芪与 APS 对刺参的作用效果。在黄芪制备工艺中，采用了具有自主知识产权的微切变-助剂互作技术提取药用植物活性成分，在超微粉碎过程中添加了化学试剂进行固体化学反应，使植物中脂溶性物质转变成水溶性物质，从而大大提高植物中有效成分的溶出率。

### 3.2.2　试验方法

（1）**试验动物**

刺参购于大连某海参养殖场，平均体重为 49.3±5.65 g，试验于 2007 年 5～7 月在大连水产学院农业部海水增养殖开放实验室中进行。

（2）**饲料制备**

采用 3 种制备工艺对黄芪进行加工，即采用普通粉碎机粉碎后过 60 目(250 μm)筛绢网制备成黄芪粗粉；粗粉经振动磨进行超微粉碎后，过 300 目筛绢网制备成黄芪超微粉(直径为 39～125 μm)；在超微粉制备过程中添加化学助剂制备成黄芪化微粉(直径为 39～125 μm)。将黄芪粗粉、超微粉和化微粉分别按基础饲料质量的 3.0%进行添加，分别制备成饲料 1、饲料 2 和饲料 3。APS 的添加量按多糖在黄芪干燥根中的平均含量(约 20%)(曹建军 等，2006)，按 0.5%比例添加到基础饲料中制备成饲料 4。基础饲料作为对照。试验中免疫增强剂添加剂量参考无脊椎动物水产养殖中常用量。各试验组饲料基础成分见表 3-2。

**表 3-2　各组饲料基础成分含量**　　(单位：g/kg)

| 基础成分 | 对照 | 饲料 1 | 饲料 2 | 饲料 3 | 饲料 4 |
|---|---|---|---|---|---|
| 粗蛋白 | 126 | 152 | 165 | 134 | 138 |
| 粗脂肪 | 29 | 33 | 29 | 24 | 40 |
| 总糖 | 31 | 34 | 31 | 38 | 35 |
| 灰分 | 535 | 520 | 530 | 481 | 515 |

（3）**试验设计**

刺参饲养在 0.1 $m^3$ 水槽中，每个槽中放置 15 头刺参，每种饲料设 3 个重复组。正式试验前首先对刺参进行暂养驯化，其间水温升温幅度≤1 ℃/d，升至15 ℃稳定 3 d，然后用不同饲料对各组刺参进行投喂，待其摄食趋于正常，对刺参进行正式喂养试验。养殖时间共 60 d，分别于试验的后的 20 d、40 d 和 60 d 取样检测各指标。养殖期间循环水流量为 500～800 mL/min，每天更换 1/3 总体积的水以保证水质。试验采用避光养殖，水温控制在15～19 ℃（视自然水温而定）。每天投喂量约占个体体重的3%。用无菌注射器采集刺参体腔液用于细胞实验。用于血清酶指标检测的体腔液可在3 000×g 冷冻离心10 min后取上清，分装到无菌Eppendorf离心管中，冻存于−70 ℃冰箱中备用。

(4) 指标测定

细胞吞噬率测定

试验步骤如下：将酿酒酵母（*Saccharomyces cerevisiae*）细胞用无菌海水清洗2次后，于3 000×g 离心5 min，收集细胞用无菌海水重悬制备酵母细胞液，使酵母细胞浓度与刺参个体体腔细胞浓度比约为10∶1。取0.1 mL刺参体腔液，立即加入0.1 mL备好的酵母细胞液，充分混匀后取0.15 mL滴加于玻片后立即置于湿盒中，于室温孵育1 h。吞噬反应完成后，将玻片用无菌海水轻轻冲洗2次，用甲醇固定3 min后于显微镜下观察。

采用Silva和Peck方法计算吞噬率：

$$PC=\frac{\text{吞噬酵母细胞的 PA 数}}{\text{被计数的 PA 总数}}\times 100\% \tag{3.1}$$

其中：PC为吞噬率，PA为吞噬阿米巴细胞。

超氧阴离子测定

细胞超氧阴离子（$O^{2-}$）采用如下方法测定：首先将分离得到的体腔细胞用细胞培养液（含有5%胎牛血清和0.5%抗生素的海水经0.22 μm滤膜过滤）调至$5\times10^6$个/mL，取0.5 mL稀释后体细胞液与等体积的氮蓝四唑（NBT）溶液（含有0.2% NBT的细胞培养液），11 μL佛波酯溶液（PMA，1 μmol/L）和89 μL细胞培养液于1.5 mL无菌Eppendorf离心管中置室温下孵育1 h，于常温离心（540×g，10 min），弃上清，余下细胞加入1 mL 70%的乙醇重复清洗2次后离心弃上清，所得物质用600 μL KOH（2 mol/L）和700 μL二甲基亚砜（DMSO）溶解，于625 nm波长处测定吸光度。

血清酚氧化酶活力测定

血清酚氧化酶活力使用96孔酶标仪测定。取80 μL磷酸缓冲液（0.1 mol/L，pH=6.0）、110 μL的左旋多巴胺（L-DOPA，0.01 mol/L）和50 μL无细胞体腔液加到96孔酶标板中，对照组中用50 μL无菌海水替代体腔液。震荡4次后于490 nm波长处进行吸光度测定，每1 min测定1次吸光度，连续测定10次，酶活力单位定义为每分钟1 mL血清吸光度增加0.001为一个酶活力单位。

✓ 血清溶菌酶活力测定

溶菌酶活力利用血清溶菌酶裂解溶壁微球菌(*Micrococcus lysodeikitcus*)的性质采用分光光度计方法进行测定。底物为含有 0.02% (w/v)溶壁微球菌的磷酸缓冲液(0.05 mol/L, pH 6.2),取 0.2 mL 血清与 2 mL 溶壁微球菌缓冲液混合后置于室温下反应,分别于 530 nm 下测定 0.5 min 和 4.5 min 时的吸光度,酶活力单位定义为每分钟吸光度减少 0.001 为一个酶活力单位。

✓ 血清酸性磷酸酶(ACP)和碱性磷酸酶(AKP)活力测定

采用南京建成生物工程公司生产的试剂盒测定血清 ACP 和 AKP 活力。酶活力单位定义为 37 ℃时,100 mL 血清 30 min 内产生 1 mg 硝基酚为 1 个酶活力单位。

✓ 血清凝集素效价测定

刺参凝集素效价测定方法如下:取兔血,用 0.85%生理盐水洗涤离心 4 次(4 000 r/min,10 min)后用生理盐水配成 2%的红细胞悬液。在 96 孔 V 型血凝板上用 25 μL 凝集素溶液与等量生理盐水系列倍比稀释后,加入 2%红细胞悬液 25 μL,均匀混合,室温静置 1 h 后,肉眼观察,无凝集现象时红细胞沉积在 V 型孔底部呈大红点状,有凝集现象时呈网状不下沉。血凝活性以产生凝集现象时的最小凝集素的量或凝集素最大稀释倍数表示。用生理盐水作为阴性对照。

(5) 攻毒试验

在 60 d 养殖试验结束后,每个重复组随机抽取 6 头刺参置于 20 L、致病菌(灿烂弧菌)浓度为 $10^7$ cells/mL 的封闭水槽中进行充气养殖,持续时间为 60 h。水温控制在 18 ℃,其间不进行饲料投喂。最后统计发病率和死亡率。

(6) 数据分析

每组测定 6 头刺参(每个重复各取 2 头)。各试验组数据均以均值±标准误(Mean±S. E. M.)表示。数据采用单因素方差分析和利用 SPSS 软件 Duncan 多重比较,$P<0.05$ 认为差异显著。

### 3.2.3　结果

(1) 黄芪和 APS 对刺参吞噬细胞吞噬率的影响

不同工艺处理的黄芪和 APS 对刺参吞噬细胞吞噬率的影响如图 3-2 所示,饲料 3 组在试验的第 20 d 时显著提高细胞吞噬率($P<0.05$),饲料 4 组则在第 20 d 和 40 d 都能显著提高吞噬率($P<0.05$),而饲料 1 组和饲料 2 组在整个试验中与对照组相比吞噬率未见显著性差异。

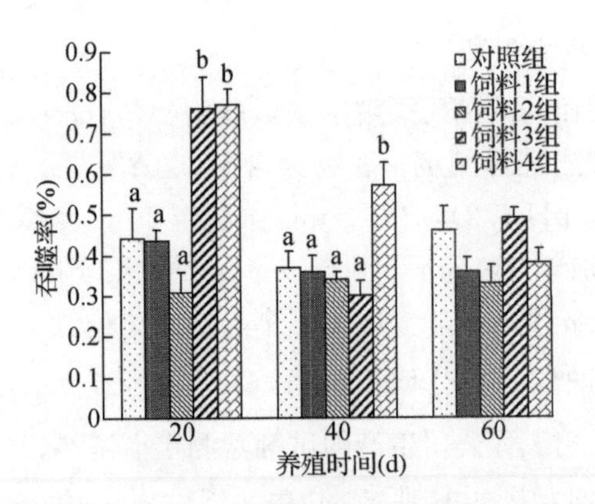


**图 3-1　黄芪和 APS 对刺参细胞吞噬率的影响**

注：不同上标表示的是同一取样时间点中不同组间差异显著。图 3-2 至图 3-8 同样适用此条注释，不再逐一标注。

(2) 黄芪和 APS 对刺参 $O^{2-}$ 产生的影响

图 3-2 表明，在试验的第 20 d，饲料 2、饲料 3 和饲料 4 组的 $O^{2-}$ 产量显著提高（$P<0.05$），其中饲料 4 组最高，与饲料 2 组相比也具有显著差异。在试验的第 40 d，各试验组 $O^{2-}$ 均低于对照组，但差异不显著，其中饲料 2 组最低。在试验的第 60 d，最大值出现在饲料 3 和饲料 4 组中，但与对照组相比差异不显著，饲料 1 和饲料 2 组比对照组低，方差分析表明，饲料 2 组 $O^{2-}$ 产量显著低于饲料 3 和饲料 4 组（$P<0.05$）。

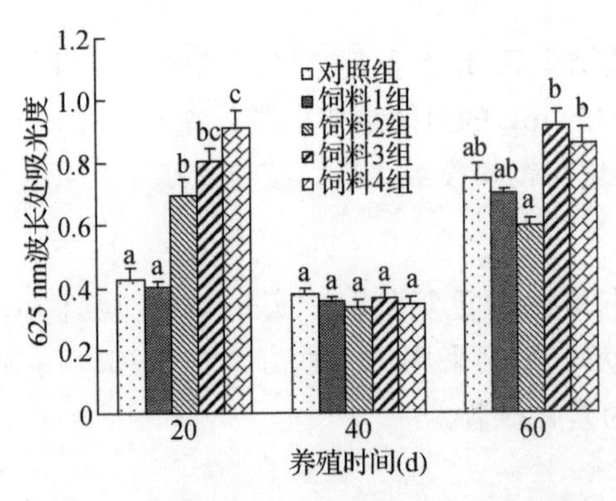


**图 3-2　黄芪和 APS 对刺参 $O^{2-}$ 产生的影响**

(3) 黄芪和 APS 对刺参血清酚氧化酶活力的影响

在整个试验期内，饲喂不同饲料的各组刺参酚氧化酶活力并没有出现显著差异，只在试验的第 20 d 可见饲料 1 组和饲料 2 组酶活力略高于对照组，在试验的第 60 d，饲料 4 组酶活力高于对照组，但都没有达到统计学上的显著差异，结果见图 3-3。

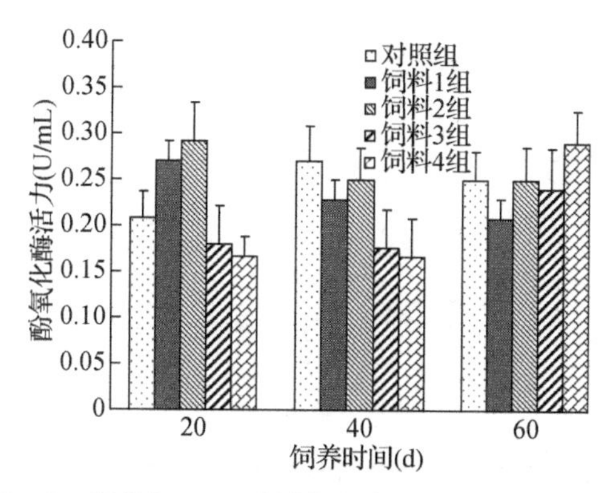


**图 3-3 黄芪和 APS 对刺参血清酚氧化酶活力的影响**

(4) 黄芪和 APS 对刺参血清溶菌酶活力的影响

黄芪和 APS 对刺参血清溶菌酶活力的影响如图 3-4 所示,饲料 4 组刺参在经过 20 d 和 40 d 喂养试验后其溶菌酶活力发生显著提高($P<0.05$);饲料 3 组刺参经过 40 d 后溶菌酶活力显著升高($P<0.05$);饲料 1 组和饲料 2 组刺参在实验的第 60 d 时溶菌酶活力显著性高于对照组刺参($P<0.05$)。

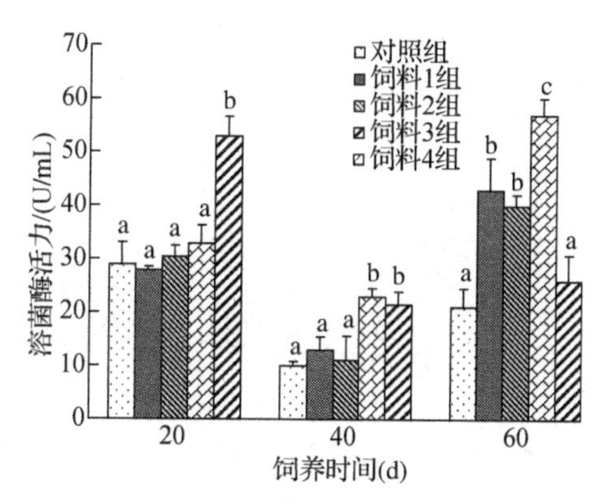


**图 3-4 黄芪和 APS 对刺参血清溶菌酶活力的影响**

(5) 黄芪和 APS 对刺参血清酸性磷酸酶(ACP)活力的影响

在经过 20 d 饲喂试验后,各试验组刺参血清 ACP 活力均有显著提高($P<0.05$),其中饲料 2 组活力最高。在第 40 d,饲料 3 组刺参血清 ACP 活力出现显著提高,其他各试验组与对照组相比无明显变化。在第 60 d,饲料 1 组、2 组和 3 组刺参血清 ACP 活力均较对照组显著提高($P<0.05$)。结果见图 3-5。

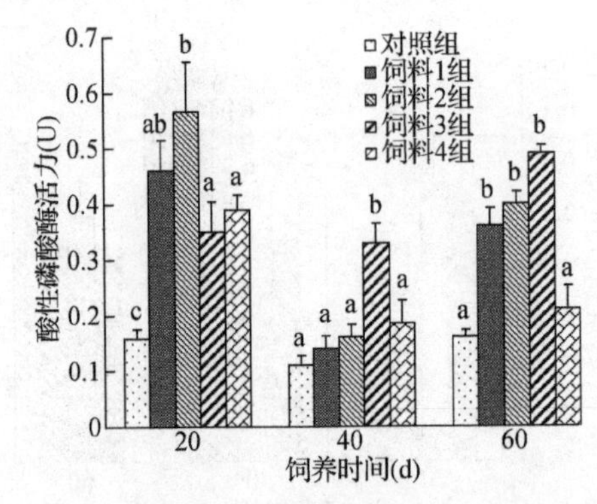


图 3-5 黄芪和 APS 对刺参血清酸性磷酸酶活力的影响

(6) 黄芪和 APS 对刺参血清碱性磷酸酶(AKP)活力的影响

饲料中添加黄芪和 APS 对刺参血清 AKP 活力的影响效果不明显(图 3-6)，只在试验的第 40 d 表现出来。在试验的第 40 d，饲料 4 组刺参血清 AKP 活力出现显著提高($P<0.05$)。其他各组组刺参血清 AKP 活力虽然有提高的趋势，但都没有统计学上的差异。

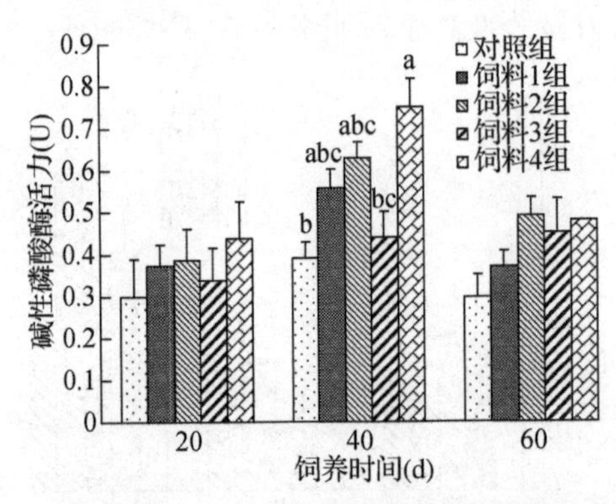


图 3-6 黄芪和 APS 对刺参血清碱性磷酸酶活力的影响

(7) 黄芪和 APS 对刺参血清凝集素效价的影响

图 3-7 显示，各免疫增强剂对刺参血清凝集素效价的提高作用见于饲料 3 和饲料 4 组。其中饲料 4 组在整个试验周期中凝集素效价均显著升高($P<0.05$)，饲料 3 组在试验的第 60 d 凝集素效价发生显著升高($P<0.05$)。

(8) 黄芪和 APS 对刺参抗病力的影响

暴露于病原菌中的刺参发病率见表 3-3，经过 60 d 的养殖试验后，各试验组刺参发病率均有所下降，其中饲料 3 和饲料 4 组刺参发病率最低，分别为 16.67% 和 25%。

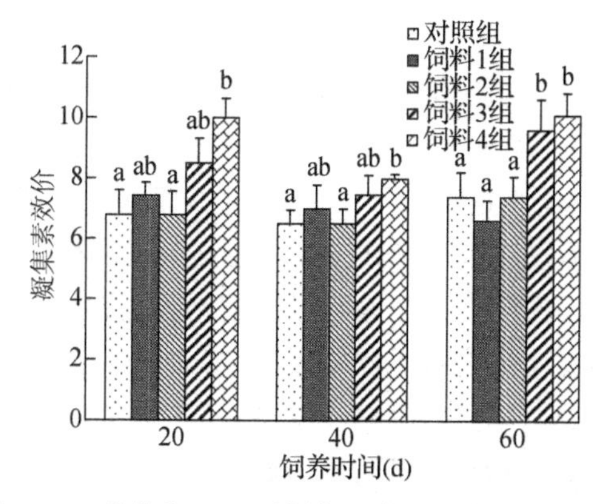


**图 3-7　黄芪和 APS 对刺参血清凝集素效价的影响**

**表 3-3　刺参抗病力试验**　($n$=6)

| 组别 | 发病率(%) |
|---|---|
| 未攻毒 | 0 |
| 对照组 | 66.67 |
| 饲料 1 组 | 50.00 |
| 饲料 2 组 | 66.67 |
| 饲料 3 组 | 16.67* |
| 饲料 4 组 | 25.00* |

注：* 表示差异显著($P<0.05$)。

## 3.2.4　讨论

天然植物和植物多糖已在水产养殖中得到了较为广泛的应用，并且很多研究也报道了其对水产动物吞噬细胞吞噬力、$O^{2-}$、溶菌酶活力、酚氧化酶活力等非特异性免疫因子的影响。但目前关于刺参免疫方面的研究报道很少。随着刺参养殖业的不断发展，刺参免疫机制的研究正逐渐引起重视。已有文献表明，细胞吞噬作用和呼吸氧爆发(Coteur et al，2002)在棘皮动物免疫体系中起重要作用。此外，在其他海参种类中已检测出酚氧化酶、溶菌酶、碱性磷酸酶、酸性磷酸酶以及凝集素等非特异性免疫因子。在本试验中，将黄芪和 APS 作为饲料添加剂对刺参进行养殖试验，考察其对刺参 7 种免疫因子及抗病力的影响。

(1) 黄芪和 APS 对刺参吞噬细胞吞噬率的影响

在海参免疫系统中，外源性物质的捕获通常是由花瓣型吞噬阿米巴细胞承担，大部分免疫效应也都是由阿米巴细胞介导(Bulgakov et al，2000)。由于吞噬细胞在抵御外源物质中起到重要作用，因此提高细胞吞噬活性是提高机体抗病力最为有效的途径。对鱼类进行试验，结果表明，在饲料中添加酵母提取物、几丁质、生姜等可以明显提高血细胞吞噬率。作为黄芪的主要活性物质，APS已被证实能够提高机体的特异性和非特异性免疫力。在本试验中，黄芪化微粉组和APS组分别在前20 d以及前40 d细胞吞噬率显著提高，这与黄芪提高软壳龟(*Pelodiscus sinensis*)血细胞吞噬率以及APS促进小鼠巨噬细胞增殖、提高巨噬细胞吞噬和氮氧化物活性的结果一致，而对于无脊椎动物来说，吞噬细胞无论在形态上还是功能上就相当于脊椎动物巨噬细胞。另外，在棘皮动物中，脂多糖已被证实能够提高紫海胆(*Strongylocentrotus purpuratus*)肌动蛋白抑制蛋白的基因表达量，这种蛋白在细胞吞噬作用中起着核心作用。但长期使用黄芪对细胞吞噬率的影响不大。有研究表明，用含有0.1%、0.5%和1.0%黄芪的饲料喂养罗非鱼(*Oreochromis niloticus*)3周后，罗非鱼白细胞吞噬活性显著提高，但到了第4周，0.5%和1.0%饲料组罗非鱼白细胞吞噬活性则与对照组无显著性差异。这可能是因为天然植物中的活性成分诱导机体内cAMP水平升高，而cAMP水平过度升高反而抑制吞噬率。此外，本试验黄芪粗粉和超微粉对细胞吞噬作用影响不明显可能是因为其中有效成分含量太低以至于未达到刺激阈所致。

(2) 黄芪和APS对刺参$O^{2-}$产生的影响

呼吸氧爆发产生的活性氧是软体动物先天免疫中的重要成员之一，在抵御外来物质中起到重要作用，对吞噬阿米巴细胞进行刺激能促使细胞消耗大量氧气产生超氧阴离子($O^{2-}$)，进而又产生其他一系列强氧化物(如过氧化氢、氢氧根、氧离子、次氯酸根等)，这些强氧化物对病原微生物具有强大的杀伤功能并具有强烈的细胞毒作用。由于$O^{2-}$是呼吸氧爆发过程中最先产生的物质，衡量呼吸氧爆发程度最准确的方法就是测定$O^{2-}$产量。本研究发现，经过20 d饲喂试验，饲料2组，饲料3组和饲料4组$O^{2-}$产量显著提高，其中APS组产量最高，这与用含葡聚糖的饲料饲喂虹鳟后，其细胞$O^{2-}$产量极高的结果一致。当本试验进行到第40 d和第60 d时，各试验组$O^{2-}$产量与对照组相比差异不显著，对免疫增强剂不敏感。该结果与酵母多糖诱导中国对虾(*Penaeus chinensis*)以及β-1，3-葡聚糖诱导斑节对虾(*Penaeus monodon*)血细胞产生$O^{2-}$结果类似。众所周知，高浓度的$O^{2-}$对于机体细胞和组织来说危害巨大，甚至是致命的，在本试验中APS组$O^{2-}$产量在经过了第20 d时的高峰后，$O^{2-}$产量在第40 d和第60 d出现下降可能就是机体自我保护机制所致。而黄芪化微粉组$O^{2-}$产量在整个试验中一直维持在一个较高的水平，这与黄芪提取物按0.1%比例投喂罗非鱼所得结果类似，这很可能是黄芪中其他具有抗氧化功能物质(如黄酮类)对机体产生了保护作用的结果。至于粗粉和超

微粉对 $O^{2-}$ 产量影响很小，可能是由于黄芪中某些脂溶性物质所产生的抑制作用，而这些物质在化微粉和多糖中则不存在。已有研究证实，饲料中添加荨麻和槲寄生提取物对虹鳟细胞 $O^{2-}$ 产量无显著影响，维生素 E、C、A 作为饲料添加剂对鲑鳟鱼类巨噬细胞呼吸氧爆发产生的影响很小，而前列腺素则体外抑制虹鳟巨噬细胞呼吸氧爆发活性。

(3) 黄芪和 APS 对刺参血清酚氧化酶活力的影响

酚氧化酶在某些种类的无脊椎动物免疫体系中具有重要作用。它在血淋巴中以酚氧化酶原的形式存在，能够被蛋白酶、有机溶剂、微生物多糖、环境因子和金属离子等因素激活。在甲壳动物中，活性多糖进入机体后首先与其受体蛋白结合，成为复合物，此复合物通过与颗粒细胞膜上的复合物受体蛋白结合，使颗粒细胞脱颗粒并趋向入侵部位进行吞噬。在脱颗粒过程中，血细胞中的酚氧化酶原及其辅助因子蛋白被释放，酚氧化酶原系统被激活成有活性的酚氧化酶，该酶黏附到异物表面起到识别和调理作用，具有活性的酚氧化酶使体内酚类物质氧化成黑色素，黑色素及其中间产物醌可抑制病原体胞外蛋白和几丁质酶的活力从而杀死微生物和寄生虫。此外，在酶原被激活过程中伴随产生大量活性物质参与宿主防御反应，包括提供调理素、促进血细胞吞噬、包囊作用和结节形成等。目前已在海星(*Asterias rubens*)，海胆(*Diadema antillarum*)等棘皮动物体腔液和体腔细胞中检测出酚氧化酶活性，在 *Holothuria tubulosa* 和玉足海参体腔细胞和包囊体中也检测到该酶活性，并发现这种酶在体细胞吞噬外源物质后形成黑色素沉淀的过程中发挥作用。试验表明，LPS 可显著提高栉孔扇贝(*Chlamys farreri*)血清中酚氧化酶活力。本试验在刺参血清中检测出酚氧化酶活力，但饲喂不同饲料的刺参血清酚氧化酶活力差异不显著，且酶活力远低于已有研究测定的中国对虾血清酚氧化酶活力。因此酚氧化酶在海参的非特异性免疫系统中起到的作用可能并不像其在甲壳动物或昆虫中那么重要。此外，多糖对酶原系统的激活作用现仅见于微生物多糖，而本试验使用的 APS 可能因体腔细胞无相应受体而无法激活酚氧化酶原系统，也是造成酶活力未表现出显著差异的原因。

(4) 黄芪和 APS 对刺参血清溶菌酶活力的影响

棘皮动物吞噬细胞的另一个重要功能是在吞噬完成后能够对外源性物质进行降解。海参吞噬细胞中具有溶酶体酶，它由溶菌酶、酸性磷酸酶和碱性磷酸酶等组成，参与对外源性物质的降解。其中溶菌酶是非特异性免疫系统的重要成员，是动物免疫系统攻击异物的一种重要机制。溶菌酶是一种碱性蛋白，其作用机制主要在于它能够破坏、溶解细菌细胞壁中的肽聚糖成分，从而使细菌的细胞壁破损，细胞崩解，其作用位点为 N－乙酰葡萄糖胺和 N-乙酰胞壁酸之间的 β-1，4 糖苷键。

在海洋无脊椎动物中，溶菌酶除了防御病害外，还有消化、滤食海洋细菌的作用。现已从刺参体壁组织中克隆出全长为 713 bp 的溶菌酶 cDNA，并从氨基酸序列中推断其具有裂解细菌细胞壁和水解纤维蛋白的双重功能。但是，有关免疫增强剂对海参溶菌酶活力进行调控的报道非常少。研究表明，以黄芪为主的复合型药用植物或单味黄芪能够刺激鱼非特异性免疫，提高鱼血清溶菌酶活力。本试验结果证实，APS 能够在试验的前 40 d 显著提高刺参血清溶菌酶活力，黄芪化微粉在试验的后 40 d 使刺参血清溶菌酶活力显著升高，黄芪粗粉和超微粉组到第 60 d 时，溶菌酶活力才明显提高。这可能是由于黄芪中多糖等有效成分所产生的效果，当这些活性成分在生物体内累积到一定剂量后才使溶菌酶基因得到高表达。我们前期试验结果表明，刺参体内注射 5 mg/kg 剂量的 APS 能够显著提高刺参体腔细胞中溶菌酶 mRNA 的表达量，并对免疫抑制的机理进行了一定探讨。鉴于刺参血清溶菌酶是由体腔细胞中释放而发挥防御作用，因此 APS 可以有效诱导刺参溶菌酶从体腔细胞中释放。

(5) **黄芪和 APS 对刺参血清 ACP 和 AKP 活力的影响**

在缺乏特异性免疫球蛋白的软体动物体内，ACP 被认为是溶酶体的标志酶。在酸性环境下，ACP 能够通过水解作用将表面带有磷酸酯的异物破坏掉，从而达到预防感染的目的，并可修饰或改变外来异物的表面分子组成，从而增强血细胞对异物的识别，起到调理的作用，加快吞噬细胞对异物的吞噬和降解速度。ACP 作为一种重要的水解酶，不仅可以在血细胞内直接起作用，而且可通过脱颗粒的方式分布于血清中，从而形成一个水解酶体系。有学者认为 ACP 对细菌等异物在溶酶体内的消化降解起重要作用，血清中的 ACP 可改变细菌等的表面结构，增强其异己性，从而加快免疫系统对异物的识别、吞噬和清除。AKP 几乎存在于高等动物的各个组织中，在肠上皮、肝脏、白细胞、成骨细胞中尤其丰富，血清中的 AKP 主要来源于肝脏和骨骼。AKP 能够调节膜运输，参与转磷酸作用，促进体内的钙磷代谢，维持体内适宜的钙磷比例，而且还与角蛋白等蛋白质的分泌相关，对软体动物贝壳的形成有重要的作用。软体动物的肝脏、血细胞和血清中也含有 AKP，同 ACP 一样，AKP 也作为软体动物溶酶体酶的重要组成部分，在免疫反应中发挥作用。研究证实，栉孔扇贝注射 1.0% 的虫草多糖和海藻多糖后，血清中 ACP 和 AKP 活力显著提高。在海参免疫系统中，ACP 被证实起着调理作用，能诱导阿米巴细胞对外来物质进行吞噬和包囊。本试验结果表明，刺参血清 ACP 对于添加黄芪的反应较为灵敏，在第 20 d 时，各试验组 ACP 活力都得到了显著提高。在第 40 d 时，除黄芪化微粉组，其他组酶活力下降可能与温度有关，该阶段水温为 19 ℃，临近刺参夏眠点，造成其免疫力有所下降。在第三阶段(第 40～60 d)，当水

温下降后，除 APS 组，其他各试验组酶活力升高，达到显著水平。与 ACP 相比，各免疫促进剂对 AKP 活力的提高作用只见于第 40 d 时的 APS 组，比较趋势图可见，黄芪及 APS 对刺参 ACP 作用结果与对溶菌酶活力的作用效果相似，而 AKP 与上述两者没有太多关系。这表明，ACP 具有与溶菌酶相似的调控机制。

(6) 黄芪和 APS 对刺参血清凝集素效价的影响

凝集素是海洋无脊椎动物体内的一种重要体液免疫因子，从化学本质上说是一种蛋白或糖蛋白，其作用相当于脊椎动物的免疫球蛋白。研究表明，凝集素通过与外源物质结合而激活细胞吞噬功能，从而起到调理作用，而机体经外源物质注射后，体腔液中凝集素浓度会提高。现已从刺参、棘参(*Cucumaria echinata*)和瓜参(*C. japonica*)体腔液中分离出凝集素。在刺参和瓜参的体腔细胞中发现的凝集素经证实为 C 型甘露糖结合植物凝集素(MBL)，它与脊椎动物 MBL 具有高度同源性，由糖基识别区(CRD)和类胶原质区(CLD)构成。试验表明它能够对多种海洋细菌细胞膜上的受体进行识别。凝集素效价则是检测凝集素凝集活力的方法之一。在本试验中，黄芪化微粉和 APS 能够显著提高凝集素效价，且 APS 表现出长效性。可能是 APS 中某些成分诱导机体产生更多的凝集素，从而使得凝集素与更多的血细胞糖基结合，进而使效价提高，其产生机制可能与溶菌酶等免疫因子产生机制不同，是一条不依赖于 NF-κB 的信号通路。有学者认为，在活性多糖激活软体动物免疫机能的过程中，起着关键作用的可能是凝集素和酚氧化酶原系统。

从以上测定的非特异性免疫指标来看，APS 和黄芪化微粉在提高刺参非特异性免疫力上具有明显效果。同鱼类相关试验结果一样，刺参体液免疫和细胞免疫对免疫增强剂刺激所做出的反应也是不相一致的。因此，本试验中各种指标的峰值并非同时出现，而呈现出此消彼长的现象。

(7) 黄芪和 APS 对刺参抗病力的影响

已有文献报道，将刺参浸泡于灿烂弧菌浓度为 $10^6$ cells/$mL^{-1}$ 的海水中能够导致刺参发病。在本试验中采用浸泡方式对刺参进行攻毒，从而通过测定抗病力考察免疫增强剂对动物免疫力的影响。曾有报道，动物处于应激状态时，动物的免疫系统受到抑制。此时机体极易受到养殖水体中机会病原体的侵染，但是活性多糖可降低由此造成免疫抑制带来的危害。试验表明，在运输前给虹鳟(*Oncorhynchus mykiss*)投喂含 β-1，3-葡聚糖的饵料，连续投喂 28 d 后测吞噬细胞吞噬率，除空白对照组没有变化外，其余各组均有提高。饵料中添加 0.1%β-1，3-葡聚糖的试验组在运输后各种非特异性免疫指标降幅最小，未被病菌感染，而其他各组均自发感染屈挠杆菌(*Flexibacter columnaris*)。给南亚野鲮注射黄曲霉毒素(*Labeo rohita*)使其免疫力降低后投喂含 0.1% β-1，3-葡聚糖的饵料，结果试验组比对照组死亡率明显降低。而对虾口服β-葡聚糖能提高其存活率和对病原微生物的抵抗力。在本试验中，刺参经过60 d APS饲喂后进行攻毒实验，其发病率为25%，效果较为明显，但相对于黄芪化微粉组的16.67%仍较高。据报道，以黄芪为主的复合型药用植物作为免疫增强剂按1.0%和1.5%剂量投喂鲤鱼在攻毒试验中的存活率均高于90%，对照组累计死亡率达到75%。在本试验中APS组的发病率相对化微粉组较高，这与长期使用免疫刺激剂所导致的免疫抑制有关，因此，阶段性使用免疫促进剂可能会产生较好的效果。Itami等(1998)研究发现，给斑节对虾(*Penaeus monodon*)间歇投喂肽聚糖能够显著增强其抗对虾弧菌(*Vibrio penaeicida*)的能力。

(8) **不同处理方式的黄芪应用效果**

在本研究中黄芪免疫增强作用与黄芪中所含多种成分有关。有研究报道，植物中某些成分能够直接与动物体内相关受体结合从而激活先天性免疫机制，进而产生具有杀伤微生物作用的免疫分子。黄芪中含有多糖、单糖、黄酮类、生物碱、B族维生素、甜菜碱、泛酸、多种氨基酸、黏多糖、树脂、纤维素以硒、锌、铁等14种微量元素，都是人类和动物机体中必需的营养物质。尽管这些物质含量不高，但能够在很大程度上完善饲料营养元素的配比，提高饲料利用率，增强刺参机体生理功能，从而提高刺参的免疫力。

### 3.2.5 小结

在考察不同处理方法制备的黄芪对刺参免疫力的影响中发现，黄芪粗粉除在试验的第60 d显著提高溶菌酶活力以及第20 d和60 d显著提高酸性磷酸酶活力之外，在其他免疫指标上没有明显作用。相比之下，超微粉颗粒细度虽然只有粗粉的1/5，但除呼吸氧爆发在第20 d显著增强以外，其他指标与粗粉无异，而黄芪化微粉则表现出很好的免疫促进作用，可能是黄芪化微粉中活性物质溶解性改变甚至是产生新的化合物所导致。试验中APS的添加量是按照黄芪中总多糖含量(约20%)折算而成，但由于总多糖并不都具有生物活性作用，因此相对于粗粉和超微粉，0.5%APS的添加量显然过量，但对于本试验来说，该剂量效果较好。

## 3.3 饲料中添加果寡糖和枯草芽孢杆菌促进刺参生长和增强抗病力的研究

### 3.3.1 引言

全球水产养殖业所追求的目标就是产量最大化带来的利润，但大量养殖造成

水质恶化，使养殖动物对疾病的易感性增加，在环境条件不利时，养殖动物免疫力受抑制，极易被病菌感染。治疗细菌性疾病最为常用的方法是使用抗生素。抗生素的大量使用会导致许多不良后果，因此已被各国严格限用。

在抗生素替代物的研究中，益生菌和寡糖因为能作用于动物肠道微生态菌群而促进动物生长、提高动物免疫力，但由于益生菌和寡糖间有协同增效作用，因此在实际应用中多采用二者合剂，即“合生元”(synbiotics)。果寡糖(FOS)和枯草芽孢杆菌(*Bacillus subtilis*)已被证实都能提高水产养殖动物免疫力和生长速率，二者联合使用能更好地改善家禽肠道菌群、降低家禽腹泻率，提高饲料利用率，促进生长。虽然寡糖和益生菌已在多种水生动物中应用，但在刺参养殖中研究较少。本试验在刺参饲料中分别添加 FOS、枯草芽孢杆菌以及二者的合剂，考察对刺参生长和抗致病菌的影响。

## 3.3.2　材料与方法

### (1) 包被型枯草芽孢杆菌和果寡糖

✔ 包被型枯草芽孢杆菌

包被型枯草芽孢杆菌购自沧州华雨药业有限公司。

✔ 包被型果寡糖(FOS)

FOS 购自烟台罗西亚保健品有限公司，自行制备包被型 FOS。具体做法：FOS 和玉米淀粉按 1∶3 比例混合，搅拌均匀，加水继续搅拌至糊状，置 90 ℃水浴继续搅拌 30 min，冷冻干燥后经流水式粉碎机制备 200 目超微粉，4 ℃保存备用。

### (2) 试验刺参

试验用刺参(体重为 3.72±0.16 g)由大连瓦房店某养殖场提供，于水槽(体积为 45 L)中充气暂养，每天更换 1/3 体积的水，于傍晚投喂商品饲料，水温保持在 17～19 ℃。经过 2 周适应期，进行正式养殖试验。

### (3) 试验饲料制备

将包被型枯草芽孢杆菌和 FOS 单独或联合添加到基础饲料中制备试验饲料，具体试验饲料如下：① 基础饲料(对照组)；② 基础饲料＋0.2%芽孢杆菌(J0.2)；③ 基础饲料＋0.4%芽孢杆菌(J0.4)；④ 基础饲料＋0.8%芽孢杆菌(J0.8)；⑤ 基础饲料＋0.4%FOS(T0.4)；⑥ 基础饲料＋0.8%FOS(T0.8)；⑦ 基础饲料＋1.6%FOS(T1.6)；⑧ 基础饲料＋0.2%芽孢杆菌＋0.4%FOS(JT1)；⑨ 基础饲料＋0.2%芽孢杆菌＋0.8%FOS(JT2)。各组饲料基础成分见表 3-4。

表 3-4 饲料基础成分及营养水平

| 成分 | 对照组 | J0.2 | J0.4 | J0.8 | T0.4 | T0.8 | T1.6 | JT1 | JT2 |
|---|---|---|---|---|---|---|---|---|---|
| 鼠尾藻(g/kg) | 25 | 25 | 25 | 25 | 25 | 25 | 25 | 25 | 25 |
| 鱼粉(g/kg) | 20 | 20 | 20 | 20 | 20 | 20 | 20 | 20 | 20 |
| 豆粕(g/kg) | 10 | 10 | 10 | 10 | 10 | 10 | 10 | 10 | 10 |
| 海泥(g/kg) | 13 | 12.8 | 12.6 | 12.2 | 12.6 | 12.2 | 11.4 | 12.4 | 12 |
| 酒糟(g/kg) | 8 | 8 | 8 | 8 | 8 | 8 | 8 | 8 | 8 |
| 虾糠(g/kg) | 5 | 5 | 5 | 5 | 5 | 5 | 5 | 5 | 5 |
| 酵母(g/kg) | 5 | 5 | 5 | 5 | 5 | 5 | 5 | 5 | 5 |
| 麸皮(g/kg) | 2 | 2 | 2 | 2 | 2 | 2 | 2 | 2 | 2 |
| 面粉(g/kg) | 5 | 5 | 5 | 5 | 3.8 | 2.6 | 0.2 | 3.8 | 2.6 |
| 壳粉(g/kg) | 5 | 5 | 5 | 5 | 5 | 5 | 5 | 5 | 5 |
| 复合维生素(g/kg) | 2 | 2 | 2 | 2 | 2 | 2 | 2 | 2 | 2 |
| 淀粉(g/kg) | — | — | — | — | 1.2 | 2.4 | 4.8 | 1.2 | 2.4 |
| 菌(g/kg) | — | 0.2 | 0.4 | 0.8 | — | — | — | — | — |
| 糖(g/kg) | — | — | — | — | 0.4 | 0.8 | 1.6 | — | — |
| 菌+糖(g/kg) | — | — | — | — | — | — | — | 0.2+0.4 | 0.2+0.8 |
| 粗蛋白(g/kg) | 250 | 248 | 251 | 249 | 247 | 252 | 244 | 245 | 247 |
| 粗脂肪(g/kg) | 42 | 41 | 41 | 40 | 42 | 39 | 43 | 42 | 43 |
| 能量(kj/g) | 11.68 | 10.79 | 11.31 | 10.97 | 11.57 | 11.14 | 11.82 | 10.46 | 11.56 |

(4) 试验设计

采用静态养殖系统，每个养殖单位为 45 L 水箱，每个水箱中放置 30 头刺参，每种饲料设 3 个重复组，共使用 27 个水箱。养殖时间共 50 d，于试验结束后取样检测各指标。在养殖期间每天更换 1/2 总体积的水以保证水质。试验采用自然水温避光养殖。每天投喂量约占个体体重 1%～2%(视当天残饵量而定)。

(5) 测定指标与方法

生长指标的测定

在实验的第 0 d 和 50 d 取全池刺参,分析天平称重。

血清的制备

从刺参的腹面口后 1/3 处穿刺抽取体腔液,每头抽取 0.2 mL,每槽 2 头,合并体腔液。于 4 ℃,3 000 r/min 离心 10 min,取上清液,置于冰盒中保存。

溶菌酶活力测定

刺参血清溶菌酶活力测定采用溶壁微球菌(菌种编号:1.634)作为指示菌,方法具体如下:将斜面培养基上的菌苔用预冷的 0.1 mol/L,pH6.4 的磷酸钾盐缓冲液配成底物悬液,利用 722 s 分光光度计测得 OD570≈0.3。取该悬液 3 mL 置于 5 mL 的离心管中,加 100 μL 的血清于其中混匀,测其 $A_0$ 值,然后将试液移入 37 ℃水浴中保温 30 min,取出后立刻置于冰浴中 10 min 以终止反应,测其 $A$ 值。溶菌活力 $U_L$ 按下式计算:

$$U_L=(A_0-A)/A_0$$

式中:$U_L$ 为溶菌活力;$A_0$ 为反应前光密度值;$A$ 为反应后光密度值。

(6) 攻毒试验

用刺参主要病原菌——灿烂弧菌对刺参进行攻毒试验。采用增菌培养基培养弧菌 24 h 后,离心浓缩 1 000 倍,将弧菌浓度调整至 $10^{11}$ cell/mL,皮下多点注射,每头注射 0.1 mL,观察刺参发病情况和死亡率。

(7) 数据的统计分析

每组测定 6 头刺参,各试验组数据均以均值±标准误(mean±S. E. M.,$n=3$)表示。用 SPSS 13.0 进行单因素方差分析,采用邓肯多重差距检验法进行多重比较,$P<0.05$ 为差异显著,$P<0.01$ 为差异极显著。

## 3.3.3 结果

(1) 饲喂不同饲料对刺参体重的影响

经 50 d 饲喂试验,各组刺参体重出现不同程度增长(表 3-5)。与对照组相刺参比,J0.2、J0.4、J0.8、JT1 和 JT2 组刺参体重分别提高了 16.25%、19.25%、16.04%、10%和 11.75%,均显著高于对照组,其中 J0.2、J0.4 和 JT2 组刺参体重提高极显著($P<0.01$)。

表 3-5 不同饲料对刺参生长的影响

| 饲料组 | 0 d 体重(g) | 50 d 体重(g) | 平均日增重(%) |
|---|---|---|---|
| 对照组(CK) | 3.74±0.10 | 4.01±0.18 | 0.005 |
| J0.2 | 3.70±0.23 | 4.65±0.13** | 0.019 |
| J0.4 | 3.65±0.25 | 4.77±0.25** | 0.022 |
| J0.8 | 3.74±0.10 | 4.34±0.26* | 0.012 |
| T0.4 | 3.71±0.11 | 4.21±0.11 | 0.010 |
| T0.8 | 3.73±0.17 | 4.06±0.05 | 0.007 |
| T1.6 | 3.75±0.05 | 4.15±0.18 | 0.008 |
| JT1 | 3.70±0.12 | 4.42±0.17* | 0.014 |
| JT2 | 3.68±0.32 | 4.47±0.25** | 0.016 |

* 表示差异显著($P<0.05$),** 表示差异极显著($P<0.01$)。

(2) 饲喂不同饲料对刺参溶菌酶活力的影响

经 50 d 养殖,J0.2、T0.8、JT1 组溶菌酶活力最高,分别比对照组高 31.7%、20.7%和 14.8%,但与对照组相比,差异均不显著(图 3-8)。

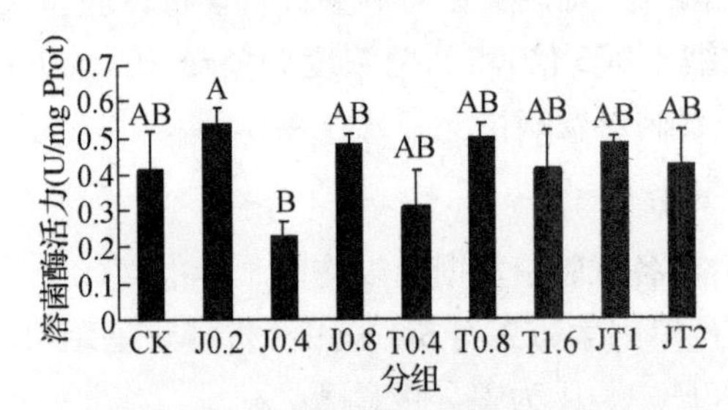


图 3-8 饲喂不同饲料对刺参溶菌酶活力的影响

(3) 攻毒试验

饲养试验结束后,每组随机取 8 头刺参,进行攻毒试验(表 3-6)。攻毒后 1 d,各组均出现吐肠,发病个体首先出现皮肤发白症状,随后开始溃烂,最后身体僵硬,管足失去吸附功能,有的表皮大面积溶化。经过 14 d 观察,存活率最高组为 J0.8 和 JT2 组,均为 87.5%,对照组存活率最低,仅为 50%。

表 3-6　致病菌攻毒试验

| 组别 | 投放数 | 死亡数 | 剩余 | 存活率% |
|---|---|---|---|---|
| 对照组 | 8 | 4 | 4 | 50 |
| J0.2 | 8 | 2 | 6 | 75 |
| J0.4 | 8 | 2 | 6 | 75 |
| J0.8 | 8 | 1 | 7 | 87.5 |
| T0.4 | 8 | 3 | 5 | 62.5 |
| T0.8 | 8 | 3 | 5 | 62.5 |
| T1.6 | 8 | 2 | 6 | 75 |
| JT1 | 8 | 2 | 6 | 75 |
| JT2 | 8 | 1 | 7 | 87.5 |

注：试验 23 d，水温 15～17 ℃。

### 3.3.4　讨论

本研究证实，海参饲料中添加不同比例的枯草芽孢杆菌均能显著提高刺参生长率，并能提高各组刺参血清溶菌酶活力和抗病力。枯草芽孢杆菌已被证实能提高罗非鱼和对虾增重率。体外试验表明，枯草芽孢杆菌能产生淀粉酶、蛋白酶和脂酶等消化酶；在对虾饲料中添加 1.5%～7.5%的枯草芽孢杆菌能明显提高其肠道消化酶活力。此外，在一些观赏鱼饲料中添加枯草芽孢杆菌，除了提高其肠道消化酶活力外，还能合成维生素 $B_1$ 和维生素 $B_2$。因此，本研究的各个菌剂组刺参体增重率的提高可能与枯草芽孢杆菌提高刺参肠道消化酶活力提高和促进维生素的分泌合成有关。

枯草芽孢杆菌除了能为宿主提供消化酶，还被证实能提高多种鱼类的红细胞、颗粒细胞、巨噬细胞和淋巴细胞总数，并有效促进鱼类 B 淋巴细胞分化。Torsten (2005)证实，枯草芽孢杆菌能产生的抗生素多达几十种。在对虾饲料中添加芽孢杆菌替代抗生素，其产量与饲料中添加抗生素组相当(Decamp et al，2006)。在本研究中，饲喂含枯草芽孢杆菌的刺参对灿烂弧菌的抗病力提高，这可能由于摄入体内的菌体分泌抗生素类物质，从而提高刺参的抗感染能力。此外，枯草芽孢杆菌还能消耗动物肠道中氧气，造成厌氧环境，这有助于胃肠道其他厌氧益生菌繁殖。在动物胃肠道内，厌氧菌是抵抗病原菌定植和感染的天然生物屏障。这也是本试验中饲喂含枯草芽孢杆菌的刺参免疫力及攻毒后存活率提高的原因之一。

益生元作为非消化性营养物质，通过选择性促进结肠内固有有益菌群生长或提高有益菌群活性，达到促进宿主健康的目的。报道证实，益生元能通过改善家禽、家畜、伴侣动物以及人等宿主的肠道微生物，提高宿主机体生长、消化、免疫能力和抗病力。与益生菌相比，益生元属非生物物质，因此不易受环境影响。在各种益生元中，FOS、半乳寡糖(TOS)和菊糖(inulin)是被研究最多的益生元。在饲料中添加0.12%的FOS能显著提高奥里亚罗非鱼(*Oreochromis aureus*)的生长性能，并有效改善其肠道菌群。但Grisdale-Helland等(2008)报道，在大西洋鲑饲料中添加10 g/kg的FOS对其生长和消化率没有影响，这与本试验中各添加FOS试验组没有表现出显著的促生长作用结果一致。考察溶菌酶活力发现，只有添加0.8%FOS组(T0.8组)的溶菌酶活力较高，但差异并没有达到显著水平。在试验中，添加枯草芽孢杆菌和FOS的合剂组(JT1和JT2)，刺参的特定生长率明显提高，并且攻毒后刺参存活率也高于FOS组和对照组。

然而，统计结果表明，单独使用菌剂组在促生长和提高攻毒存活率的指标上与合剂组相比无显著差异，也表明在本试验中没有必要联合使用枯草芽孢杆菌和FOS作为饲料添加剂。分析结果认为，刺参肠道菌群或摄入的枯草芽孢杆菌不能有效利用FOS。饲料中的FOS是通过"喂养益生菌"竞争性排斥肠道内定植的病原菌，进而提高宿主健康和生长性能。FOS能选择性促进奥尼罗非鱼肠道内两种革兰氏阳性好氧菌——乳酸菌(*Lactobacillus* spp.)和粪链球菌(*Streptococcus faecalis*)的生长；在南美白对虾(*Litopenaeus vannamei*)消化道中，FOS能选择性促进另外两种革兰氏好氧菌的生长。海参肠道内存在大量的微生物，其中弧菌和假单胞菌为优势菌，而二者均为革兰氏阴性好氧菌(Rainey，1996)。如果能更深入了解刺参肠道中有益菌和水体环境中的微生物区系，将能更有效地发挥FOS及其他寡糖的作用。

### 3.3.5 小结

枯草芽孢杆菌作为刺参饲料添加剂，可提高其生长率和免疫力。其中，0.2%和0.4%剂量组促生长作用显著，而攻毒存活率最高的则为0.4%和0.8%剂量添加组，但与对照组相比差异不显著。因此，刺参饲料中添加枯草芽孢杆菌的最适剂量是0.4%。但是，在饲料中添加FOS则对刺参生长和抗病力没有明显效果。饲料中联合使用枯草芽孢杆菌和FOS没有表现出协同增效作用，益生元应用于刺参养殖还需要深入研究。

# 3.4 饲喂蛹虫草促进刺参抗灿烂弧菌感染的研究

## 3.4.1 引言

刺参为我国传统的高营养价值和药用价值食品。随着人工育苗技术成功，刺参已经成为我国主要水产养殖种类。然而，随着养殖面积不断扩大，刺参感染性疾病也随之愈发严重。近10年来，灿烂弧菌引起的刺参细菌性疾病在我国影响最为广泛，给刺参养殖业造成极大冲击和损失。在水产养殖中，一些常规的防控细菌性疾病的抗生素和化学药物往往会造成耐药菌产生、环境污染、药物残留等实际问题，因此，控制养殖刺参传染性疾病最为有效的方式就是通过给动物口服安全且经济的免疫增强剂而提高动物体的免疫力。

蛹虫草是中国传统的名贵中草药，属子囊菌门，肉座菌目，麦角菌科。近年来，随着其保健和药用价值不断开发，其市场需求日益扩大。目前已证实，蛹虫草含有虫草素、虫草酸、多糖、超氧化物歧化酶、抗菌活性物质、硬脂酸、氨基酸、维生素、微量元素及其他天然活性物质。现代医学研究表明，蛹虫草具有抗肿瘤、降血糖、降血脂、抗炎症、免疫调节和抗癌等活性。随着规模化人工栽培技术的成功运用，蛹虫草的成本随之降低，这为其在动物养殖中的广泛应用奠定了基础。已有研究证实，蛹虫草饲料添加剂能提高动物增重率，降低饲料转化率并提高动物肉质。

就目前所知，蛹虫草只在家禽类和虾中有应用性研究报告，在刺参养殖中的应用还未见报道。笔者以蛹虫草作为饲料添加剂饲喂刺参28天后，用灿烂弧菌对海参进行体内攻毒，考察刺参免疫指标变化和存活率，从而探讨饲喂蛹虫草在促进海参抗灿烂弧菌感染中的作用。同时也考察刺参摄食蛹虫草后的生长性能和体壁组织的化学成分含量变化。

## 3.4.2 材料与方法

### (1) 饲料制备

蛹虫草由笔者所在研究所人工栽培，其中虫草素和多糖含量分别为0.25%和1.41%(数据由中国科学院沈阳生态应用研究所提供)。收集的虫草经过清洗、60 ℃干燥和粉碎，再过75 μm筛网后按照基础饲料重量的1%、2%和3%比例添加，制备成4种饲料，无虫草添加的基础饲料为空白对照组，基础饲料的组分及营养成分含量如表3-7所示。饲料中所有单料经粉碎，过149 μm筛网。各组饲料粉末混合均匀后兑入凉水成面团，用造粒机制成直径2 mm、长5 mm的颗粒，50 ℃烘干，于−20 ℃保存备用。

表 3-7　饲料基础成分及营养比例

| 饲料成分 | 营养比例 |
| --- | --- |
| 藻粉(%干重) | 30 |
| 鱼粉(%干重) | 5 |
| 豆粕粉(%干重) | 5 |
| 海泥(%干重) | 50 |
| 虾糠粉(%干重) | 5 |
| 小麦粉(%干重) | 4 |
| 复合维生素*(%干重) | 1 |
| 粗蛋白(%干重) | 25 |
| 粗脂肪(%干重) | 8.5 |
| 总能 (kJ/g) | 11.29 |

*复合维生素 (mg/g)：维生素 $B_1$ 6.7；维生素 $B_2$ 10.0；维生素 B6 8.0；维生素 $B_2$ 42.0；维生素 $D_3$ 35.0；泛酸钙 25.0；肌醇 80.0；维生素 H，0.335；叶酸，3.3；维生素 $B_{12}$，13.5；维生素 $K_3$，3.5；L 抗坏血酸，100.0；α-生育酚，67.0；维生素 A，0.20。

(2) 饲养试验

刺参(均重：1.06±0.17 g)来自大连某养殖场，于 45 L 塑料水槽(50 cm×30 cm×30 cm)中饲养，水温保持在 17～19 ℃。其间每天更换 1/3～1/2 总体积海水以保持水质，pH 和盐度分别保持在 7.8～8.2 和 31～33，正式饲养试验在暂养 1 周后进行。将 360 头刺参随机分成 4 组，每组 3 个水槽，每槽放置 30 头刺参。每组饲喂一种饲料，共饲养 28 d。根据刺参消耗量调整每天饲喂量，大约为其体重的 2%～3%，以略有残饵为宜。

(3) 攻毒试验

经过 28 d 饲养试验后，给所有刺参体内注射灿烂弧菌，观察 15 d。首先，每组刺参分成 2 组，置于 2 个水槽中，分别记为 A 组和 B 组。每头刺参体内注射 0.1 mL ($1.0\times10^9$ cfu) 灿烂弧菌活菌悬浊液。B 组刺参用于在攻毒后的 0、1、3、5、7 d 后测定免疫指标，A 组刺参用于记录刺参存活率，记录时长为 15 d。

(4) 样本采集

在试验当天(0,1,3,5,7 d)，从每组中随机取出 9 头刺参(每槽 3 头)，断尾法收集刺参体腔液。将收集的体腔液在 4 ℃，3 000 r/min 转速下离心 10 min，上清液用于溶菌酶(LSZ)活力、超氧化物歧化酶(SOD)活力、碱性磷酸酶(AKP)活力和酸性磷酸酶(ACP)活力的分析(12 h 内分析完毕)，沉淀用抗凝剂(0.02 mol/L

EGTA，0.48 mol/L NaCl，0.019 mol/L KCl 和 0.068 mol/L Tris-HCl，pH 7.6）重悬，制成 $1.0\times10^6$ cells/mL 浓度的体腔细胞悬浮液用于吞噬率（PC）测定。

(5) **指标测定**

✓ 血清溶菌酶活力

刺参血清溶菌酶活力采用溶壁微球菌（菌种编号：1.634）作为指示菌，方法依据 Sun 等（2012）。1 个单位的酶活力定义为每分钟每毫升血清降低 0.001 吸光度的酶量。

✓ 血清超氧化物歧化酶活力

血清总 SOD 活性采用试剂盒测定。1 个单位酶活力定义为每毫升血清抑制 50%反应生成率的酶量。

✓ 血清碱性磷酸酶和酸性磷酸酶力

采用南京建成试剂盒测定血清 AKP 和 ACP 活性。1 个单位碱性磷酸酶活力定义为每 100 mL 血清 37 ℃时 15 min 内释放 1 mg 苯酚所需的酶量。1 个单位酸性磷酸酶活力定义为每 100 mL 血清 37 ℃时 30 min 内释放 1 mg 苯酚所需的酶量。

✓ 生长指标和刺参体壁生化成分分析

在试验的开始和结束时对每头刺参称重，称重前将刺参暴露于空气中至少 5 min。

刺参的特定生长率（SGR）计算公式如下：

$$SGR=(\ln W_t-\ln W_0)\times100/T$$

其中：$W_t$ 和 $W_0$ 代表刺参的终末体重和初始体重；$T$ 代表试验时间。

刺参体壁组织成分分析重复 3 次。生化成分含量以每百克含量%表示，粗蛋白含量用凯氏定氮法测定，粗脂肪含量用乙醚抽提法测定，灰分含量用马弗炉加热法测定，样本于 550 ℃下烘烤 4 h 后称重。氨基酸组成测定采用氨基酸自动分析仪测定。

(6) **数据统计分析**

数据用单因素方差分析（one-way ANOVA）中 Duncan 多重比较法对各数据进行均值比较，所用分析软件为 SPSS 13.0，$P<0.05$ 为差异显著。累计死亡率采用列联表 $\chi^2$ 检测。

### 3.4.3 结果

(1) 攻毒试验

细菌攻毒试验表明，在饲料中添加蛹虫草能提高海参对灿烂弧菌的抗病力（表 3－8）。刺参摄食含 2%和 3%蛹虫草的饲料后，累计死亡率相同（20%），均显著低于基础饲料组(50%)($P<0.05$)。而1%添加组刺参死亡率与对照组相比无显著性差异。在整个攻毒期中,直到第10 d才出现刺参死亡现象。最高累计死亡率出现在第13 d,之后没有观察到死亡。

**表3-8 刺参饲喂28 d蛹虫草后体内注射灿烂弧菌在15 d内累计死亡率**

| 饲料蛹虫草添加量(%) | 试验刺参头数 | 死亡刺参头数 | 死亡率(%) |
|---|---|---|---|
| 0 | 10 | 5 | 50 |
| 1% | 10 | 4 | 40 |
| 2% | 10 | 2 | 20* |
| 3% | 10 | 2 | 20* |

注:“*”代表差异显著($P<0.05$)。

(2) 免疫指标

细胞吞噬率

饲料添加蛹虫草对刺参细胞吞噬率影响如图3-9所示。经过28 d饲喂(攻毒第0天),2%和3%蛹虫草添加组的细胞吞噬率显著高于对照组($P<0.05$)。刺参体内注射灿烂弧菌后第1 d,对照组、1%蛹虫草添加组和2%蛹虫草添加组的细胞吞噬率都显著下降($P<0.05$),尽管如此,2%和3%蛹虫草添加组细胞吞噬率仍显著高于对照组和1%蛹虫草添加组($P<0.05$)。在攻毒后的3~7 d内,摄食蛹虫草的刺参体腔细胞吞噬率与对照组相比无显著性差异。

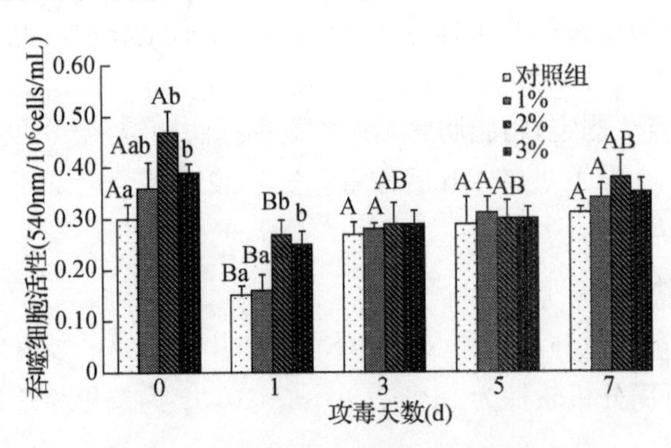


**图3-9 蛹虫草对刺参吞噬细胞活性的影响**

注:数据为平均值±标准误($n=9$)。$a,b$:不同组间差异显著($P<0.05$)。$A,B$:同一组内差异显著($P<0.05$)。

血清溶菌酶

经过28 d喂养试验,饲喂含2%蛹虫草的饲料的刺参血清溶菌酶活力显著高于其他组($P<0.05$)(图3-10)。注射灿烂弧菌后,各组刺参溶菌酶活力都降低,

其中对照组和1%添加组表现显著($P<0.05$)。各组刺参溶菌酶活性在攻毒后第3 d都显著低于第1 d,并在第5 d恢复到攻毒前的水平。在攻毒后第1 d,饲喂含2%蛹虫草的饲料的刺参溶菌酶活性显著高于对照组($P<0.05$),到了第5 d,1%和3%蛹虫草添加组刺参溶菌酶活性都显著高于对照组($P<0.05$)。

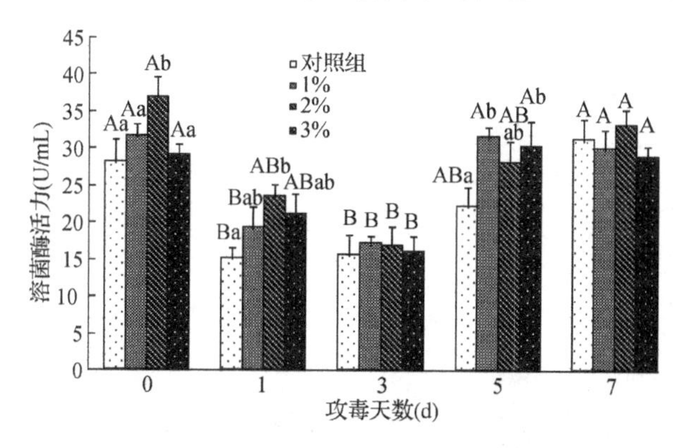


**图3-10　蛹虫草对刺参血清溶菌酶活力的影响**

注:数据为平均值±标准误($n=9$)。$a$,$b$:不同组间差异显著($P<0.05$)。$A$,$B$:同一组内差异显著($P<0.05$)。图3-11至图3-13同样适用此条注释,不再逐一标注。

## 血清超氧化物歧化酶

考察刺参血清SOD活力发现,饲喂含3%蛹虫草的饲料的刺参血清SOD活力在攻毒前和攻毒后第1 d显著高于对照组($P<0.05$)(图3-11)。攻毒后第3 d,所有饲喂含蛹虫草饲料的刺参的血清SOD活力都下降并在第3 d升高,并维持到第7 d。对照组的血清SOD活力在攻毒后的第5 d和第7 d出现升高现象,但各组在这段时间内都没有出现显著变化。

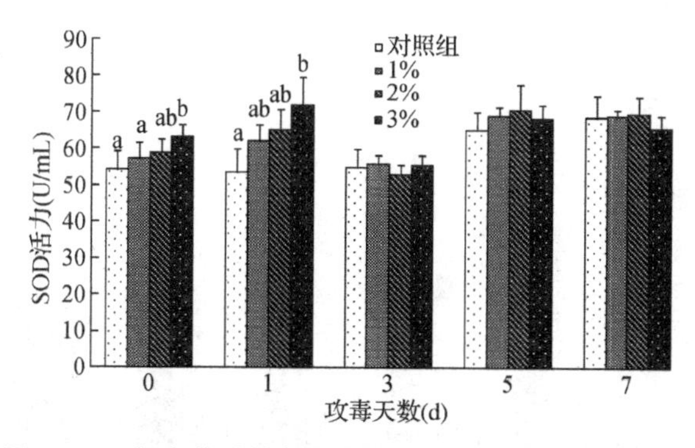


**图3-11　蛹虫草对刺参血清超氧化物歧化酶活力的影响**

血清碱性磷酸酶

刺参体腔液的 AKP 活力在经过 28 d 喂养试验后，其中的 2%和 3%蛹虫草添加组比对照组显著升高（$P<0.05$；图 3－12）。攻毒后第 1 d，所有饲喂含蛹虫草饲料的刺参血清 AKP 活力都显著高于对照组（$P<0.05$），但在第 3 d 或第 5 d 均下降，与对照组活力相当。在攻毒后第 7 d，各组的 AKP 活力都出现升高现象，最低值出现在对照组。对比各组组内发现，2% 和 3% 蛹虫草添加组在攻毒后第 3 d 和第 5 d，其酶活力都显著低于第 0 d 和第 1 d 的数值（$P<0.05$），其后，在第 7 d 开始升高，其中，2%添加组显著高于其在第 5 d 时测定的活力（$P<0.05$）。

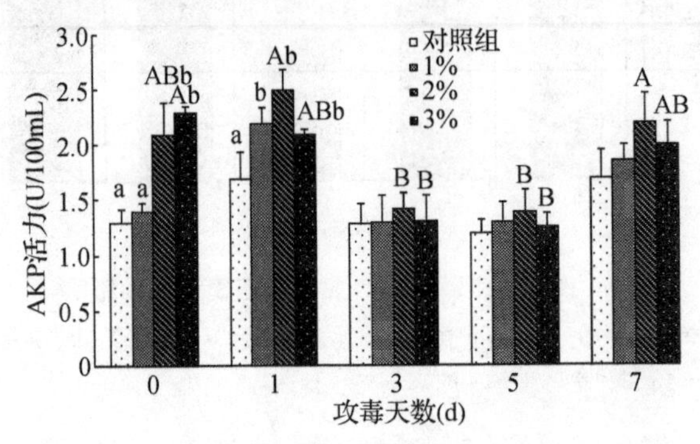


**图 3－12 蛹虫草对刺参血清碱性磷酸酶活力的影响**

血清酸性磷酸酶

对于 ACP 活力，研究发现在整个攻毒期间，2%或 3%蛹虫草添加组都显著高于对照组（$P<0.05$），其中 2%蛹虫草添加组自始至终都显著高于对照组。组内研究表明，只有 1%蛹虫草添加组在第 3 d 时显著高于第 0 d 时活力（$P<0.05$）。但是，以上免疫指标都表现出来的在攻毒后第 1，3，或 5 d 后下降的现象在 ACP 中并未出现（图 3－13）。

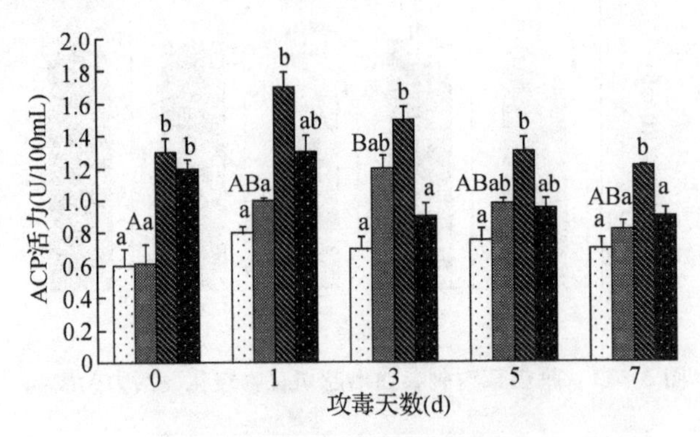


**图 3 13 蛹虫草对刺参血清酸性磷酸酶活力的影响**

(3) 生长性能和体壁成分

特定生长率(SGR)表明,经过28 d喂养后4组刺参的体重并没有出现显著差异(表3-9),但3%蛹虫草添加组刺参表现出更好的生长趋势。

表3-9 饲喂不同饲料的刺参特定生长率(SGR) (*n*=9)

| 饲料组 | 初始体重(g) | 终末体重(g) | SGR(%) |
|---|---|---|---|
| 对照组 | 1.06±0.17 | 1.78±0.19 | 1.85±0.25 |
| 1% | 1.05±0.16 | 1.83±0.24 | 1.98±0.29 |
| 2% | 1.06±0.17 | 2.10±0.50 | 2.44±0.53 |
| 3% | 1.06±0.18 | 2.18±0.39 | 2.58±0.43 |

经过28 d喂养试验,刺参体壁成分见表3-10。数据表明,各组刺参体壁水分含量、粗蛋白含量、粗脂肪含量和灰分含量无显著差异($P>0.05$),各组刺参体壁中氨基酸组成也没有明显差异($P>0.05$)。

表3-10 饲喂不同饲料的刺参体壁生化成分和氨基酸组成分析 (*n*=3)

| | 对照组 | 1%组 | 2%组 | 3%组 |
|---|---|---|---|---|
| 化学成分(%) | | | | |
| 粗蛋白 | 44.91±0.25 | 44.63±0.03 | 44.63±0.24 | 45.13±0.28 |
| 粗脂肪 | 9.27±0.77 | 9.28±0.46 | 9.77±1.07 | 8.06±3.61 |
| 灰分 | 27.90±0.75 | 29.73±0.30 | 29.29±0.03 | 29.01±0.35 |
| 水分 | 90.64±0.76 | 87.75±0.55 | 88.66±1.08 | 90.74±0.51 |
| 氨基酸组成(mg/100 g 干重) | | | | |
| Ala | 2.17±0.18 | 2.17±0.19 | 2.29±0.19 | 2.32±0.33 |
| Arg | 2.09±0.23 | 2.07±0.19 | 2.16±0.22 | 2.23±0.31 |
| Asp | 3.98±0.29 | 3.89±0.17 | 4.01±0.20 | 4.03±0.19 |
| Glu | 5.11±0.38 | 5.10±0.31 | 5.14±0.34 | 5.13±0.29 |
| Gly | 4.10±0.19 | 4.16±0.09 | 4.17±0.28 | 4.25±0.17 |
| His | 0.51±0.09 | 0.51±0.06 | 0.52±0.10 | 0.52±0.11 |
| Ile | 1.17±0.15 | 1.19±0.17 | 1.18±0.12 | 1.22±0.18 |
| Leu | 1.99±0.15 | 2.01±0.21 | 2.06±0.19 | 2.07±0.28 |
| Lys | 1.69±0.12 | 1.72±0.18 | 1.74±0.11 | 1.75±0.15 |
| Met | 0.83±0.09 | 0.85±0.12 | 0.87±0.15 | 0.87±0.15 |
| Phe | 1.54±0.18 | 1.56±0.19 | 1.56±0.11 | 1.59±0.14 |

续表 3-10

| | 对照组 | 1%组 | 2%组 | 3%组 |
|---|---|---|---|---|
| 氨基酸组成（mg/100 g 干重） | | | | |
| Pro | 2.42±0.19 | 2.48±0.28 | 2.53±0.20 | 2.52±0.28 |
| Ser | 1.62±0.11 | 1.63±0.14 | 1.70±0.15 | 1.72±0.20 |
| Thr | 1.88±0.17 | 1.89±0.13 | 2.01±0.28 | 2.10±0.20 |
| Tyr | 1.10±0.12 | 1.10±0.09 | 1.12±0.11 | 1.14±0.15 |
| Val | 1.49±0.13 | 1.52±0.21 | 1.63±0.21 | 1.66±0.19 |
| 总氨基酸含量 | 33.69±0.75 | 33.85±0.73 | 34.69±0.79 | ±0.87 |

### 3.4.4 讨论

蛹虫草被证实能激活动物体免疫系统，本试验研究了刺参饲喂含蛹虫草饲料后对感染性灿烂弧菌的抵抗力和免疫力产生的变化。从总体上看，刺参经过28 d含蛹虫草饲料喂养后，其免疫力和抗病力都比对照组明显升高，在罗氏沼虾喂养蛹虫草和虫草多糖研究中也得到类似结论。这种免疫提高作用可能来自蛹虫草中的天然活性成分，如虫草素、虫草酸、多糖、氨基酸、维生素和微量元素，其中多糖被证实能有效激活刺参免疫系统。我们认为，上述活性物质在免疫系统激活中可能有协同作用。

无脊椎动物缺少获得性免疫反应，体腔细胞担负着抵抗感染和组织伤愈的重要职责，这些体腔细胞具有吞噬、捕捉和包裹侵染性有机微生物的功能。吞噬过程一经完成，降解过程随即启动。降解过程是一个酶解过程，依靠包括溶菌酶、酸性磷酸酶、碱性磷酸酶、酯酶等的溶酶体参与降解。溶菌酶通常也被释放到血清中参与免疫反应。其间，吞噬细胞的激活会引起氧气消耗量增加，伴随产生超氧阴离子（$O^{2-}$）和其他强氧化物（如：过氧化氢、氢氧根离子、单体氧、次氯酸盐等）。这些活性氧化物不仅能有效杀死侵入病原菌，也对宿主自身细胞产生伤害。SOD 酶催化超氧阴离子生成氧分子和过氧化氢消除氧化性，从而在宿主机体抗氧化体系中发挥重要作用。

刺参经灿烂弧菌诱导后，细胞吞噬率，溶菌酶活力和碱性磷酸酶活力都呈现降低再升高现象，同样结果在刺参饲喂β-葡聚糖和甘草素后测定细胞吞噬率、溶菌酶活性和SOD 酶活性中也被观察到（Chang et al，2010）。灿烂弧菌能分泌一系列细胞外产物，包括蛋白酶和溶血素，这类物质对鱼类具有毒性。作为病原性弧菌的主要毒性物质，溶血素不仅能引起红血细胞破膜，也能破坏其他血细胞膜，其中包括

肥大细胞、中性粒细胞等，从而导致宿主机体损伤。因此，近年来该病原菌导致了中国刺参养殖业的巨大经济损失。刺参体腔在短时间注射大量这种病原细菌会对体腔吞噬细胞产生毒性，从而严重降低吞噬细胞功能；但是随着时间推移，刺参免疫系统逐渐适应并调整，从而使吞噬细胞恢复正常功能。从本研究看，不同的免疫指标在攻毒后的第7天均恢复到攻毒前的水平，这可能因为7天是细菌被完全杀死并排出体外的时间，Jans 等(1996)在另一种海参中得到这一结论。SOD、溶菌酶和碱性磷酸酶都由吞噬细胞诱导后产生，本研究也证实，它们的变化趋势与细胞吞噬率一致。

本研究一个有趣的发现是各组刺参酸性磷酸酶(ACP)在攻毒后都没有出现其他四种免疫指标所出现的活力下降的现象。ACP 被认为是溶酶体酶的标志酶，在体内外源物质清除中起到重要作用。在刺参体内，ACP 存在于不同器官中，如存在于触手、呼吸树、体壁和肠道中，因此它们可能会在机体的免疫力受到抑制时及时补充到血清中，提供最为重要的基础免疫，这可能也是动物进化的一种自我保护功能。因此，本研究认为 ACP 在刺参的免疫体系中起到极为重要和特殊的作用。

在3种蛹虫草饲料中，添加2%蛹虫草的饲料免疫促进效果最佳。从攻毒后的累计死亡率也可以看出，2%和3%蛹虫草添加组死亡率从攻毒后第10天开始显著低于对照组($P<0.05$)，在刺参饲喂β-葡聚糖、甘草素和活性酵母菌研究中也得到同样结论。在罗氏沼虾(*Macrobrachium rosenbergii*)研究中，在饲料中添加1%～3%蛹虫草能显著降低($P<0.05$)动物感染嗜水气单胞菌(*Aeromonas hydrophilaby*)后的死亡率，并提高免疫力(陈俐彤 等，2009)。在本研究中，刺参机体抗灿烂弧菌感染能力与免疫指标的变化相一致，表明要提高刺参抗病力至少得提高机体自身免疫力。但是我们发现，第一头刺参死亡出现在攻毒后的第10天，这要晚于免疫相关酶出现下降的时间，说明灿烂弧菌在被动物体清除体外后，细胞毒素依然会对海参机体组织产生毒害作用。

最后考察饲喂蛹虫草对刺参品质、生长性能的影响，表明饲料添加此浓度蛹虫草对动物生长无显著影响，并且对刺参体壁组织组成和氨基酸含量也无明显影响。这些结果表明，短期饲喂刺参蛹虫草不会影响刺参的生长性能和品质。

### 3.4.5 结论

本研究结果证实，短期饲喂刺参蛹虫草能提高其机体免疫力，从而增强其对感染性灿烂弧菌的抗病力，但对刺参生长和体成分没有明显影响。据我们所知，这是首次研究饲料添加蛹虫草增强刺参免疫力和抗病力的研究，蛹虫草添加剂量为2%的效果最佳。

## 3.5 柞蚕免疫活性物质对刺参的生长、免疫力、抗灿烂弧菌感染能力的影响

### 3.5.1 引言

刺参，海参的一种，隶属棘皮动物门，海参纲。一直以来，刺参在中国、俄罗斯、日本、韩国等地都有养殖。刺参含有丰富的蛋白质、维生素、微量元素、类胡萝卜素、脂肪酸、游离甾醇、岩藻聚糖硫酸酯硫酸软骨素和糖苷。在中国，无论在美食还是传统医学方面，刺参都备受推崇。然而，随着刺参养殖业的迅速扩张，各种疾病频发，给刺参养殖造成了严重的经济损失。目前抗生素作为传统抗病害手段依然被用于刺参幼苗养殖。抗生素的过度使用导致了抗药性病原体的传播、环境污染和刺参水产养殖水体中的药物残留。这些因素也对人类健康构成巨大威胁。因此，控制养殖刺参传染性疾病最为有效的方式就是通过口服安全且经济的免疫增强剂而提高动物体的免疫机制。

近年来，抗菌肽因其对病原体抗病能力被研究人员广泛关注。自从 20 世纪 80 年代初，首次从人工诱导的天蚕免疫血淋巴中分离了第一种抗菌肽——天蚕素(cecropin)以来，抗菌肽逐渐成为昆虫免疫学及分子生物学的研究热点。当柞蚕在受到病原微生物、化学物质、物理因子或创伤等刺激后，其体内能合成一系列生物活性物质，包括柞蚕抗菌肽、溶菌酶、凝集素、防御素等。这些抗菌活性物质具备广谱抗菌活力，无污染、无毒副作用，不易产生耐药性，是新一代绿色饲料添加剂。据我们所知，抗菌肽对动物的影响已有文献报道，但柞蚕免疫活性物质(TIS)用于水产养殖，尤其是用于刺参养殖，还未见报道。本文以柞蚕免疫活性物质作为饲料添加剂饲喂刺参，经过 30 d 后用灿烂弧菌对刺参攻毒，考察刺参攻毒前后免疫指标变化和存活率的变化，从而探讨柞蚕免疫活性物质在促进刺参抗灿烂弧菌感染中的作用。

### 3.5.2 材料与方法

(1) 饲料制备

TIS 为笔者实验室自制，诱导柞蚕蛹后喷干得到粉末状固体。

TIS 按照基础饲料重量的 0.5%，1.0%和 2.0%添加，制备成 4 种饲料，无 TIS 添加的基础饲料为空白对照组，基础饲料的组分及含量如表 3－11 所示。TIS 的营养成分和氨基酸组成如表 3－12 和 3－13 所示。

表 3－11　饲料基础成分及营养水平

| 成分 | 对照组 | 0.5%组 | 1.0%组 | 2.0%组 |
|---|---|---|---|---|
| 粗蛋白(%干重) | 20.7 | 21.0 | 21.0 | 211 |
| 粗脂肪(%干重) | 1.18 | 1.19 | 1.26 | 1.73 |
| 灰分(%干重) | 43.1 | 44.9 | 44.7 | 46.0 |
| 总能(kJ/100 g 干重) | 855 | 873 | 876 | 918 |

表 3－12　TIS 中营养成分和元素含量

| 成分 | 含量 |
|---|---|
| 粗蛋白(g/100 g 干物质) | 54.6 |
| 粗脂肪(g/100 g 干物质) | 21.2 |
| 粗纤维(g/100 g 干物质) | 0.6 |
| 灰分(g/100 g 干物质) | 5.7 |
| Ca(mg/100 g 干物质) | 108 |
| P(mg/100 g 干物质) | 423 |
| Hg(mg/100 g 干物质) | 0.015 |
| As(mg/100 g 干物质) | 0.72 |
| Pb(mg/100 g 干物质) | 0.054 |

表 3－13　TIS 氨基酸组成分析

| 氨基酸 | 含量(g/100 g 干物质) |
|---|---|
| 天冬氨酸 | 2.34 |
| 苏氨酸* | 4.54 |
| 丝氨酸 | 1.51 |
| 谷氨酸 | 5.42 |
| 脯氨酸 | 2.39 |
| 甘氨酸 | 3.09 |
| 丙氨酸 | 2.25 |
| 胱氨酸 | 0.71 |
| 缬氨酸* | 2.98 |
| 蛋氨酸* | 1.51 |
| 异亮氨酸 | 2.17 |

续表 3-13

| 氨基酸 | 含量(g/100 g 干物质) |
| --- | --- |
| 亮氨酸* | 3.40 |
| 酪氨酸 | 2.43 |
| 苯丙氨酸* | 2.85 |
| 赖氨酸* | 3.33 |
| 组氨酸 | 1.52 |
| 色氨酸* | 0.48 |
| 精氨酸 | 2.18 |

注:"*"代表必需氨基酸。

(2) 饲养试验

刺参来自大连某养殖场,于 250 L 塑料水槽中饲养 30 d,水温保持在 17~19 ℃、pH 7.8~8.2。其间每天更换 30%~50%总体积海水以保持水质。将 165 头刺参随机分成 5 组,2 组饲喂基础饲料(BD),其中 1 组作为抗生素组,每周在诺氟沙星体积分数为 $2\times10^{-4}$%的海水中浸泡 20 min;其余 3 组分别饲喂含有 0.5%、1.0%、2.0% TIS 的饲料,每天饲喂量根据刺参消耗量调整,大约为体重的 2%~3%,以略有残饵为宜。

(3) 攻毒试验

经过 30 d 喂养试验后,每个水槽中取出 20 头刺参体内注射灿烂弧菌观察 15 d。每头刺参体内注射 0.2 mL($1.0\times10^9$ cfu) 灿烂弧菌活菌悬浊液。

(4) 样本采集

试验前刺参空腹 24 h,从每组中随机取出 5 头刺参,用断尾法收集刺参体腔液。将收集的体腔液在 4 ℃,3 000 r/min 下离心 10 min,上清液用于吞噬率(PC)、溶菌酶(LSZ)活力、超氧化物歧化酶(SOD)活力、碱性磷酸酶(AKP)活力和酸性磷酸酶(ACP)活力、过氧化氢酶(CAT)活力的分析,这些指标在灿烂弧菌攻毒前后都进行测定,被吞噬细胞诱导的 C3 浓度指标仅在攻毒前测定,所有指标在 12 h 内分析完毕。同时取出的肠道内容物,于-20 ℃冰箱内保存。

(5) 指标测定

✔ 细胞吞噬率

细胞吞噬率的测定采用中性红法,可见分光光度计 540 nm 波长处测定吸光度。

溶解酶(LSZ)活力

溶解酶活力用溶解酶检测试剂盒测定，1个单位的酶活力定义为每分钟每毫升血清降低0.001吸光度的酶量。

血清超氧化物歧化酶活力

血清总SOD活力测定根据黄嘌呤氧化酶法，采用试剂盒测定，在550 nm波长处检测，1个单位SOD活力定义为每毫升血清抑制50%反应生成率的酶量。

血清碱性磷酸酶和酸性磷酸酶活力

采用南京建成试剂盒测定血清AKP和ACP活力。1个单位碱性磷酸酶活力定义为每100 mL血清在37 ℃下作用15 min释放1 mg的苯酚所需的酶量；1个单位酸性磷酸酶活力定义为每100 mL血清在37 ℃下作用30 min释放1 mg的苯酚所需的酶量。

过氧化氢酶(CAT)活力

CAT活力采用CAT检测试剂盒吸光光度法测定，每毫升血清37 ℃下每秒钟分解1 μmol $H_2O_2$ 的量为一个活力单位。

C3含量的测定

C3含量的测定用刺参补体C3 ELISA检测试剂盒检测，样品的C3浓度按标准品曲线方程计算得到，单位为pg/mL。

(6) **生长指标分析**

在试验的开始和结束时对每头刺参称重，称重前将刺参暴露在空气中至少5 min。

刺参的特定生长率(SGR)计算公式如下：

$$SGR=(\ln W_t-\ln W_0)\times 100/T$$

其中：$W_t$ 和 $W_0$ 代表刺参的终末体重和初始体重；$T$ 代表试验时间。

(7) **统计分析**

所有数据均以平均值±标准差表示。组间差异采用SPSS 21.0进行单因素方差分析(ANOVA)测试。显著水平为 $P<0.05$。

### 3.5.3 结果

(1) **免疫反应**

细胞吞噬率

添加TIS的饲料对刺参细胞吞噬率的影响见图3－14。30 d喂养后(攻毒前)，添加 2.0%TIS 组海参细胞吞噬率相比其他组显著升高($P$<0.05)。组内来看，攻毒后细胞吞噬率明显下降($P$<0.05)。

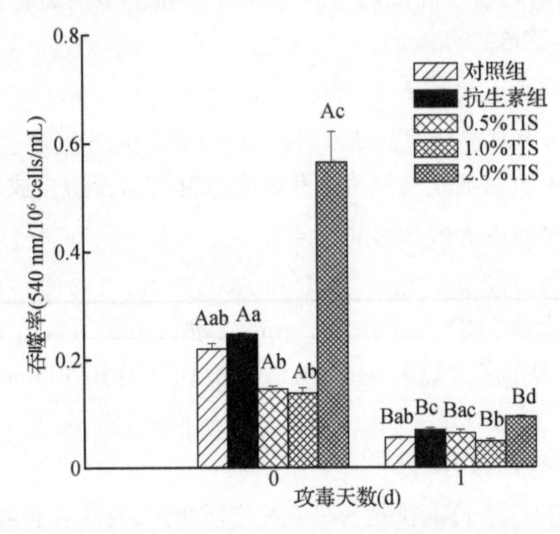


**图 3-14 摄食不同剂量柞蚕免疫蛹粉刺参在攻毒前后细胞吞噬率变化**

注：大写字母不同代表同一组刺参在攻毒前后差异显著($P$<0.05)；小写字母不同代表攻毒前(0 d)或攻毒后(1 d)各组间差异显著($P$<0.05)。图 3-15 至图 3-20 同样适用于此条注释，不再逐一标注。

### 血清溶菌酶

经过 30 d 饲养试验，2% TIS 组的刺参血清溶菌酶活力显著高于其他组($P$<0.05)(图 3-15)。注射灿烂弧菌后，0.5%、2.0%添加组与抗生素组溶菌酶活力显著高于对照组($P$<0.05)。从组间来看，各组 LSZ 活性显著增加($P$<0.05)。

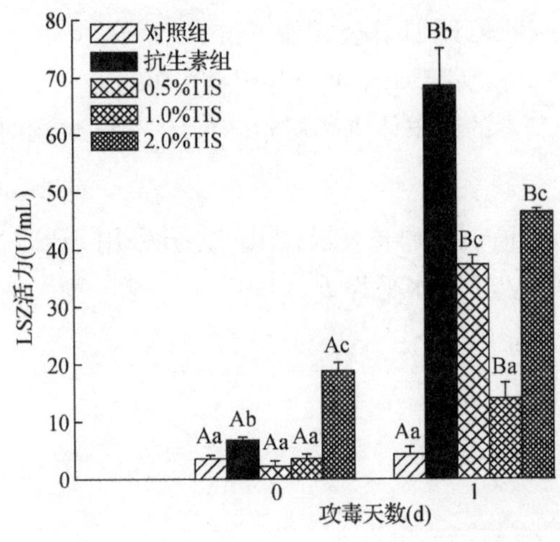


**图 3-15 摄食不同剂量柞蚕免疫蛹粉刺参在攻毒前后血清溶菌酶(LSZ)活力变化**

### 血清超氧化物歧化酶

与对照组相比，饲喂 TIS 饲料的刺参 SOD 活力得到显著提升($P<0.05$)，攻毒 1 d 后其活力显著降低，但是 2.0%添加组的刺参 SOD 活力依然比其他组高(图 3-16)。

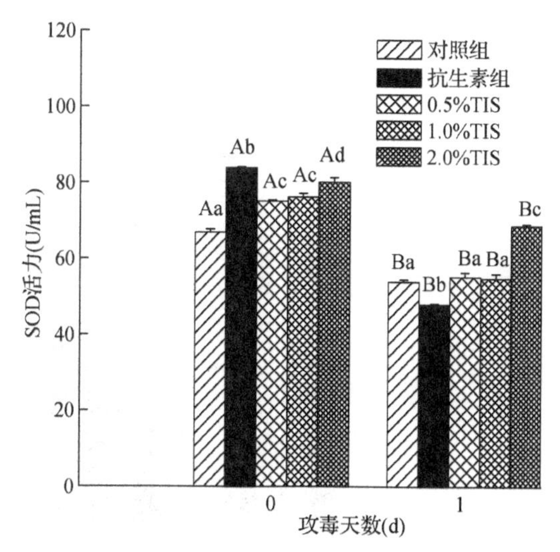


**图 3-16　摄食不同剂量柞蚕免疫蛹粉刺参在攻毒前后血清超氧化物歧化酶(SOD)活力变化**

### 血清酸性磷酸酶

TIS 添加组的刺参 ACP 活力比对照组有一定的提高(图 3-17)。注射灿烂弧菌 1 d 后，ACP 活力明显降低，对照组为活力最低的一组，0.5%、1.0%添加组和抗生素组的 ACP 活力显著高于对照组。

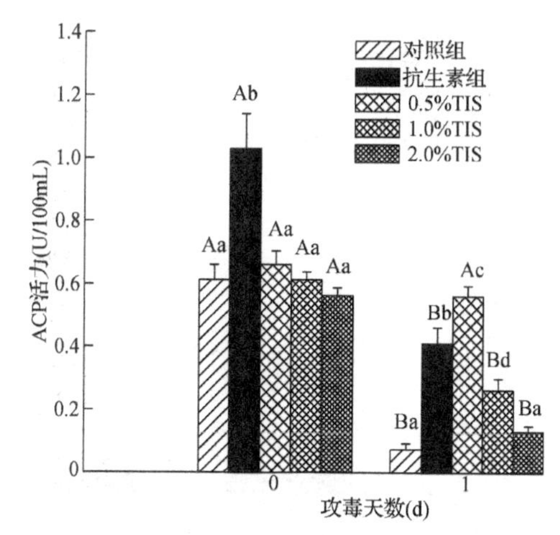


**图 3-17　摄食不同剂量柞蚕免疫蛹粉刺参在攻毒前后血清酸性磷酸酶(ACP)活力变化**

血清碱性磷酸酶

攻毒前 0.5%TIS 添加组活力最高，显著高于其他组（$P<0.05$）。攻毒后第 1 d，对照组、1.0%组和 2.0%组活性显著上升（$P<0.05$），抗生素组和 0.5%组反而出现显著下降现象（$P<0.05$）。攻毒后所有 TIS 添加组 AKP 酶活性都显著高于对照组（$P<0.05$）（图 3-18）。

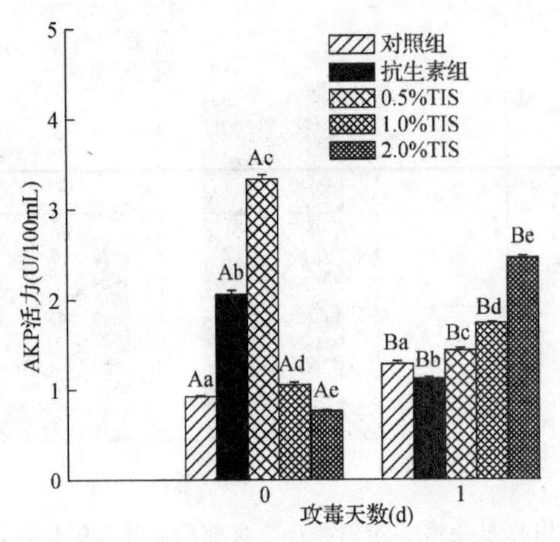


**图 3-18　摄食不同剂量柞蚕免疫蛹粉刺参在攻毒前后血清碱性磷酸酶(AKP)活力变化**

血清过氧化氢酶

经过 30 d 饲喂试验，各组 CAT 活力相差不大（图 3-19）。然而，攻毒后，1.0%组活力得到显著提高，并且远远高于其他组。

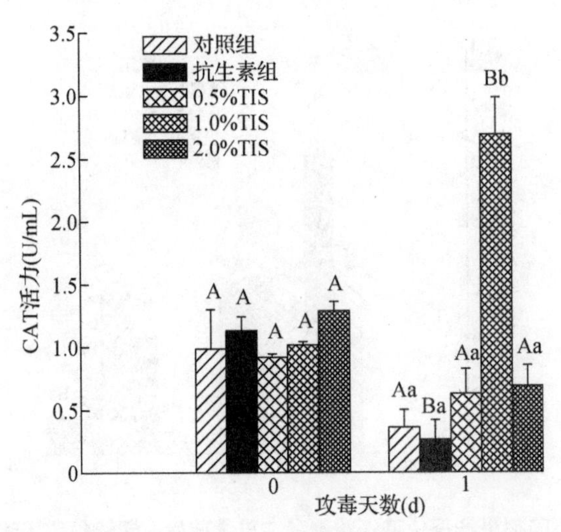


**图 3-19　摄食不同剂量柞蚕免疫蛹粉刺参在攻毒前后血清过氧化氢酶(CAT)活力变化**

血清补体 C3

0.5%、2.0%添加组和抗生素组的刺参血清补体 C3 浓度显著高于对照组（图 3-20）。2.0%添加组的刺参血清补体 C3 浓度显著高于抗生素组。

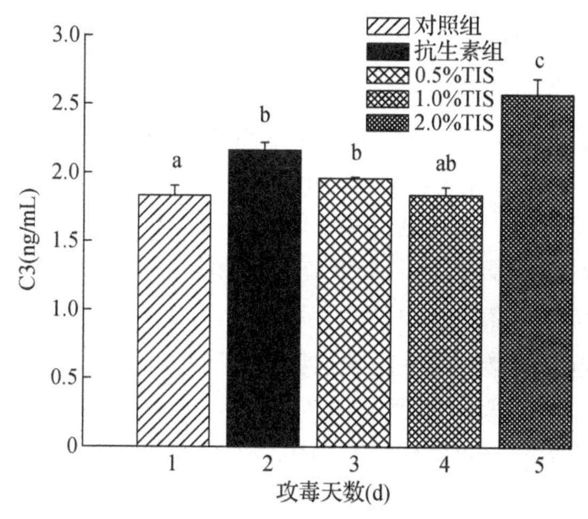


**图 3-20 摄食不同剂量柞蚕免疫蛹粉刺参在攻毒前后血清补体 C3 含量变化**

(2) **生长性能**

经过 30 天喂养后，对各组刺参进行了特定生长率(SGR)测定，结果表明，添加 TIS 的饲料喂养的刺参比基础饲料喂养的刺参 SGR 得到明显提升($P<0.05$)，结果见表 3-14，但是抗生素浸泡的刺参和空白组刺参比较并未有太大提升。

**表 3-14 饲喂 4 种不同饲料的刺参特定生长率(SGR)**

| | 初始体重(g) | 终末体重(g) | SGR |
|---|---|---|---|
| 对照组 | 3.76±0.18 | 4.15±0.15 | 0.34±0.13 |
| 抗生素组 | 3.77±0.19 | 4.26±0.13 | 0.41±0.19 |
| 0.5% TIS | 3.78±0.18 | 4.78±0.15 | 0.78±0.19* |
| 1.0% TIS | 3.79±0.13 | 4.87±0.14 | 0.84±0.14* |
| 2.0% TIS | 3.77±0.14 | 4.94±0.13 | 0.90±0.16* |

注：数据为平均值±标准差；“*”代表 SGR 指标中具有显著性($P<0.05$)。

## 3.5.4 讨论

近年来，非抗生素类药物在解决抗生素耐药、食品安全问题上广泛被关注。TIS 因具有广谱抗菌性已被应用于仔猪饲喂，研究表明其可提高仔猪免疫力及仔猪重量。

细胞吞噬率、LSZ、ACP、AKP与机体免疫能力息息相关，因此经常被用来作为机体免疫功能的指标。SOD和CAT在细胞抗氧化反应中起着重要的作用。补体C3也是海参替代途径中的关键酶。随着动物的免疫指标增加，抗病性可以得到有效提高(Zhao et al,2014)。

灿烂弧菌攻毒后，吞噬率、SOD和ACP活力显著下降，碱性磷酸酶和溶菌酶活力显著升高并超出正常水平。类似的结果也出现在饲喂蛹虫草后的刺参中(Sun et al,2015)。我们的研究结果表明，在灿烂弧菌攻毒前后，TIS饲料添加剂均可导致刺参体内吞噬率、LYZ、ACP、AKP、SOD和CAT的活力显著增强。

大量研究表明，肠道菌群与宿主健康密切相关。肠道菌群是一个复杂的生态系统，与宿主存在共生关系，影响宿主机能(包括生理、免疫、营养)与宿主代谢状态，因此其对宿主起着重要的作用。饲喂添加TIS饲料的刺参肠道菌群存在一定的变化，结果表明优势菌群为变形菌门(*Proteobacteria*)、厚壁菌门(*Firmicutes*)、放线菌门(*Actinobacteria*)和浮霉菌门(*Planctomycetes*)，这与相关研究结果一致。厚壁菌门作为益生菌，在饲喂添加TIS饲料的刺参肠道菌群中，其数量显著增加，此外，变形菌门作为刺参肠道致病菌，在饲喂添加TIS饲料的刺参肠道菌群中，其占比显著增强。

在属的水平上，芽孢杆菌的丰度在饲喂添加TIS饲料的刺参肠道菌群中得到提高。芽孢杆菌可以通过模式受体分子(包括鞭毛蛋白、脂多糖、肽聚糖和细胞因子的模式识别受体)被肠黏膜细胞表面受体识别进而调节基因表达，发挥其益生作用，最终刺激刺参肠道的非特异性免疫。Sun等(2012)报道添加0.2%～0.8%枯草芽孢杆菌到刺参饲料中，可提高海参的生长率和抗病能力。在本试验中，饲喂添加TIS的饲料后，刺参肠道内枯草芽孢杆菌和乳酸杆菌的数量比对照组显著增加。此外，还降低了刺参主要病原菌——弧菌的占比，这一结果与平板稀释法结果相同。因此，可以认为TIS可以提高刺参肠道益生菌数量，可以减少病原菌数量。

此外，抗生素的使用对细菌的耐药性和动物的免疫反应的改变构成了潜在的威胁。大量研究表明，抗生素使用可能对鱼和虾产生负面作用，包括毒性、免疫抑制、影响肠道的正常结构等。我们的研究表明，抗生素的使用对肠道菌群的比例有很大的影响，会导致枯草芽孢杆菌、乳酸杆菌和其他益生菌的减少，这可能对刺参的健康产生负面影响。

### 3.5.5 结论

柞蚕免疫活性物质作为饲料添加剂可以显著提高刺参免疫力和肠道益生菌数量，并提高其抗病力。由于其来自天然昆虫蛋白，因此，柞蚕免疫活性物质具有替

代抗生素开发成天然活性蛋白的潜力，这在实际应用中具有重要意义。

# 3.6　桑蚕粉在饲料中替代鱼粉对刺参生长和免疫的影响

## 3.6.1　引言

刺参为我国北方重要的水产养殖经济种类。近年来，刺参养殖业在我国北方沿海地区快速发展，年产量达到 90 000 吨鲜重，是我国水产养殖业的重要组成部分。

鱼粉是水产养殖饲料的主要蛋白源，其蛋白质含量高，脂肪、矿物质含量丰富。鱼粉蛋白中富含必需氨基酸，尤其是富含赖氨酸和含硫氨基酸，生物利用率高。但是，生产鱼粉用鱼的种类不同、所用部位不同，或者处理工艺不同会导致鱼粉的质量差异很大。此外，鱼粉在生产中经常被泥沙、木屑和鱼骨污染，而产品中添加的化学防腐剂也会对养殖对象产生毒害作用。这些因素以及近年来鱼粉价格的不断攀升促使寻找价格低廉的鱼粉蛋白替代物。

在最近的一些报道中，豆粉、螺旋藻粉和虾糠粉等都被证实替代饲料中的鱼粉后，既能降低饲料成本又不影响刺参的正常生长。我国是桑蚕粉生产大国，年产量达到 10 500 吨，桑蚕粉中氨基酸含量与鸡蛋相当，仅色氨酸含量略低，蛋白质含量接近于酪蛋白。在应用于印度野鲮(*Labeo rohita*)的研究中，桑蚕粉较之鱼粉，脂肪营养成分更为全面，真蛋白含量更高，表观蛋白消化率更大。如果能在刺参饲料中使用价格较低的桑蚕粉替代鱼粉，不仅能降低养殖成本，还能不影响刺参的营养需求，而且将在很大程度上提高刺参养殖的效益。本试验拟使用桑蚕粉替代鱼粉作为饲料蛋白源，考察其对刺参生长和免疫的影响。

## 3.6.2　材料与方法

### (1) 饲料制备

鱼粉购自台州大江鱼粉有限公司，颗粒直径约 0.25 mm，商品价为 8 000 元/t。鱼粉中粗蛋白和粗脂肪含量分别为 48.6%和 14.9%。桑蚕粉颗粒直径约 0.25 mm，商品价为 7 000 元/t，由西南大学生物技术学院向仲怀院士友情提供，粗蛋白和粗脂肪含量分别为 46.6%和 17.7%。4 种等氮等能配合饲料的配方组成以及鱼粉和桑蚕粉添加量如表 3 - 15 所示。所用原料全部粉碎过 100 目筛网，混合均匀后加水成面团，用制粒机做成长 5 mm，直径 2 mm 左右的颗粒，于 50 ℃烘干、−20 ℃储存备用。

表 3-15 饲料基础成分及营养水平

| 饲料成分 | 饲料组别(鱼粉：桑蚕粉) | | | |
|---|---|---|---|---|
| | 1(100：0) | 2(75：25) | 3(50：50) | 4(0：100) |
| 海藻粉(g/kg) | 300 | 300 | 300 | 300 |
| 鱼粉(g/kg) | 50 | 37.5 | 25 | 0 |
| 桑蚕粉(g/kg) | | 12.5 | 25 | 50 |
| 豆粕粉(g/kg) | 50 | 50 | 50 | 50 |
| 海泥(g/kg) | 500 | 500 | 500 | 500 |
| 虾糠(g/kg) | 50 | 50 | 50 | 50 |
| 小麦粉(g/kg) | 40 | 40 | 40 | 40 |
| 维生素复合物(g/kg) | 10 | 10 | 10 | 10 |
| 粗蛋白(g/kg) | 274 | 265 | 263 | 260 |
| 粗脂肪(g/kg) | 90 | 92 | 97 | 101 |
| 总能 (kJ/g) | 11.29 | 12.12 | 11.95 | 11.91 |

(2) 饲养试验

刺参(均重：12.8±0.16 g)来自大连瓦房店某养殖场，于 45 L 塑料水槽(50 cm×30 cm×30 cm)中饲养，水温保持在 17～19 ℃。其间每天更换 1/3～1/2 总体积海水以保持水质，pH 和盐度分别保持在 7.8～8.2 和 31～33，正式养殖试验在暂养 1 周后进行。将 360 头刺参随机分成 4 组，每组 3 个水槽，每槽 30 头刺参。每组饲喂一种饲料，共喂养 56 d。每天饲喂量根据刺参消耗量调整，大约为体重的 1%～2%，以略有残饵为宜。

(3) 指标测定

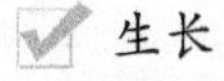

生长

在试验的开始和结束时对每头刺参称重，称重前将刺参暴露在空气中至少 5 min。

刺参的特定生长率(SGR)计算公式如下：

$$SGR=(\ln W_t-\ln W_0)\times 100/T$$

其中：$W_t$ 和 $W_0$ 代表海参的终末体重和初始体重；$T$ 代表试验时间。

饲料和刺参体壁中化学成分分析

生化成分含量以每 100 g 干重组织的含量表示，水分含量以每 100 g 湿重组织的含量表示。粗蛋白含量用凯氏定氮法测定，灰分含量采用马弗炉加热法测定，样

本于 550 ℃下烘烤 4 h 后称重。氨基酸含量测定采用全自动氨基酸分析仪分析，粗脂肪采用乙醚抽提法测定。

✔ 样本采集

试验结束对刺参称重后，从每组中随机取出 9 头刺参(每槽 3 头)，用断尾法收集刺参体腔液。将收集的体腔液在 4 ℃，3 000 r/min 下离心 10 min，上清液用于溶菌酶活性和碱性磷酸酶活性分析(12 h 内分析完毕)，沉淀用 0.85%无菌生理盐水重悬，制成 $1.0\times10^6$ cells/mL 浓度的体腔细胞悬浮液用于吞噬率测定。

✔ 中性红法测定细胞吞噬率

细胞吞噬率的测定采用中性红法，于可见分光光度计 540 nm 下测定吸光度。

✔ 血清溶菌酶活力

刺参血清溶菌酶活力采用溶壁微球菌作为指示菌，溶菌活力 $U_L$ 按下式计算：

$$U_L=(A_0-A)/A_0$$

式中：$U_L$ 为溶菌活力；$A_0$ 为反应前光密度值；$A$ 为反应后光密度值。

✔ 血清碱性磷酸酶(AKP)活力

采用南京建成试剂盒测定血清 AKP 活力，1 个金氏单位碱性磷酸酶活力定义为每 100 mL 血清与底物作用 15 min 释放 1 mg 苯酚所需的酶量。

(3) 数据统计分析

数据用单因素方差分析(One-way ANOVA)中 LSD 检验分析生长性能和免疫指标，所用分析软件为 SPSS 13.0，$P<0.05$ 为差异显著。

## 3.6.3　结果

(1) 饲料中氨基酸含量组成

4 种饲料的氨基酸含量组成见表 3-16，表中可见，饲料 2、3 和 4 组中亮氨酸、赖氨酸、苯丙氨酸和苏氨酸这四种必需氨基酸含量比对照组略低，但精氨酸和酪氨酸等非必需氨基酸含量要高于对照组。此外，随着桑蚕粉在饲料中含量的增加，总氨基酸含量有所降低。

**表 3-16　饲料的氨基酸组成**　(g/100 g 干重)

| 氨基酸 | 试验饲料 | | | |
|---|---|---|---|---|
| | 饲料 1 | 饲料 2 | 饲料 3 | 饲料 4 |
| Ala | 1.39 | 1.37 | 1.38 | 1.39 |
| Arg | 1.09 | 1.16 | 1.18 | 1.11 |

续表 3-16

| 氨基酸 | 试验饲料 | | | |
|---|---|---|---|---|
| | 饲料 1 | 饲料 2 | 饲料 3 | 饲料 4 |
| Asp | 2.37 | 2.30 | 2.28 | 2.26 |
| Glu | 3.60 | 3.54 | 3.52 | 3.44 |
| Gly | 1.27 | 1.29 | 1.26 | 1.28 |
| His | 0.44 | 0.44 | 0.45 | 0.41 |
| Ile | 0.88 | 0.91 | 0.88 | 0.84 |
| Leu | 1.78 | 1.67 | 1.74 | 1.69 |
| Lys | 1.27 | 1.23 | 1.23 | 1.16 |
| Met | 0.55 | 0.56 | 0.48 | 0.51 |
| Phe | 1.16 | 1.11 | 1.12 | 1.14 |
| Pro | 1.25 | 1.21 | 1.30 | 1.27 |
| Ser | 1.09 | 1.09 | 1.06 | 1.09 |
| Thr | 1.01 | 0.97 | 0.98 | 0.97 |
| Tyr | 0.61 | 0.69 | 0.64 | 0.65 |
| Val | 1.17 | 1.18 | 1.13 | 1.12 |
| 总氨基酸 | 20.93 | 20.72 | 20.63 | 20.33 |

(2) **生长性能**

在试验期间，刺参对四种饲料没有表现出不适，四组间摄食量没有明显差异。考察刺参的体增重率发现，各组体增重率差别不大，尽管饲料 2 组(3.75%鱼粉+1.25%桑蚕粉)表现出更好的增重效果，但各组间 SGR 没有显著性差异，只是随着饲料中桑蚕粉含量的增加，SGR 有下降趋势，即饲料 2 组体增重率最大，饲料 4 组(只添加桑蚕粉)体增重率最低(表 3-17)。饲喂各组饲料的刺参均未患病和死亡。

**表 3-17　饲喂不同饲料的刺参特定生长率(SGR)**　($n$=9)

| 饲料组 | 初始体重(g) | 终末体重(g) | SGR(%/d) |
|---|---|---|---|
| 饲料 1 | 12.8±0.07 | 28.10±1.05 | 1.41±0.09 |
| 饲料 2 | 13.03±0.16 | 30.86±1.31 | 1.54±0.40 |
| 饲料 3 | 12.82±0.19 | 28.28±1.39 | 1.41±0.42 |
| 饲料 4 | 12.97±0.13 | 27.86±1.15 | 1.38±0.26 |

(3) 刺参体壁生化成分分析

刺参体壁生化成分和氨基酸组成分析如表 3-18 所示。结果表明，饲喂不同饲料的刺参体壁中水分、粗蛋白、总糖和灰分含量没有显著差异。此外，各组刺参体壁中的氨基酸含量也没有明显差异。

**表 3-18　饲喂不同饲料的刺参体壁生化成分和氨基酸组成分析**　($n$=3)

| | 饲料 1 | 饲料 2 | 饲料 3 | 饲料 4 |
|---|---|---|---|---|
| 生化组成(%) | | | | |
| 粗蛋白 | 45±0.24 | 44±0.19 | 44±0.28 | 42±0.39 |
| 总糖 | 5±0.35 | 7±0.58 | 6±0.58 | 6±0.47 |
| 灰分 | 30±0.36 | 29±0.29 | 31±0.41 | 31±0.59 |
| 水分含量 | 90±0.76 | 92±0.55 | 91±1.01 | 90±51 |
| 氨基酸组成 (g/100 g 干重) | | | | |
| Ala | 2.47±0.28 | 2.52±0.33 | 2.49±0.19 | 2.47±0.21 |
| Arg | 2.69±0.13 | 2.73±0.21 | 2.66±0.32 | 2.67±0.09 |
| Asp | 4.08±0.07 | 4.13±0.13 | 4.10±0.19 | 4.02±0.27 |
| Glu | 5.32±0.38 | 5.34±0.34 | 5.30±0.27 | 5.33±0.15 |
| Gly | 4.55±0.17 | 4.57±0.28 | 4.56±0.09 | 4.50±0.19 |
| His | 0.62±0.12 | 0.63±0.11 | 0.61±0.09 | 0.61±0.06 |
| Ile | 1.27±0.15 | 1.32±0.17 | 1.29±0.03 | 1.28±0.12 |
| Leu | 2.01±0.25 | 2.08±0.19 | 2.07±0.28 | 2.06±0.11 |
| Lys | 1.78±0.08 | 1.83±0.13 | 1.83±0.15 | 1.82±0.08 |
| Met | 0.93±0.09 | 0.94±0.05 | 0.90±0.06 | 0.89±0.11 |
| Phe | 1.77±0.08 | 1.79±0.14 | 1.76±0.19 | 1.76±0.07 |
| Pro | 2.72±0.19 | 2.68±0.28 | 2.71±0.20 | 2.72±0.08 |
| Ser | 1.85±0.17 | 1.92±0.13 | 1.86±0.20 | 1.83±0.14 |
| Thr | 2.09±0.13 | 2.15±0.20 | 2.08±0.17 | 2.10±0.28 |
| Tyr | 1.19±0.17 | 1.23±0.09 | 1.23±0.15 | 1.21±0.11 |
| Val | 1.83±0.16 | 1.83±0.11 | 1.82±0.21 | 1.80±0.13 |
| 总氨基酸 | 37.17±4.35 | 37.69±3.37 | 37.27±3.10 | 36.07±2.89 |

(4) 免疫指标

与对照组(饲料 1 组)相比，饲喂含不同比例桑蚕粉饲料的刺参细胞吞噬率和血清 AKP 活力没有显著差异(图 3-21、3-23)。但桑蚕粉完全替代鱼粉组(饲料 4 组)溶菌酶活力显著高于对照组($P$<0.05)(图 3-22)。

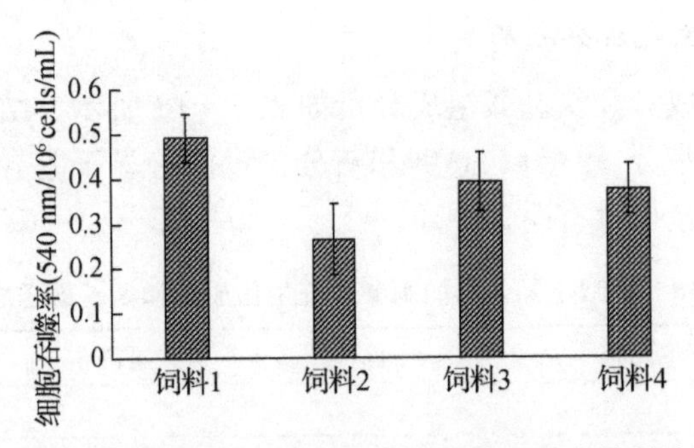


**图 3-21　饲喂不同饲料对刺参细胞吞噬率的影响**

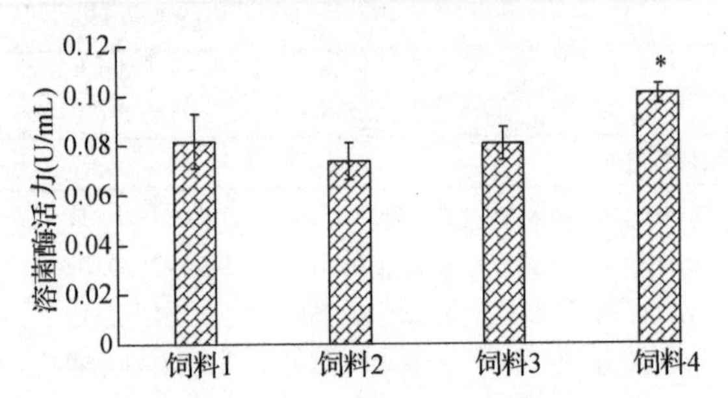


**图 3-22　饲喂不同饲料对刺参血清溶菌酶活力的影响**

“*”代表差异显著($P<0.05$)。

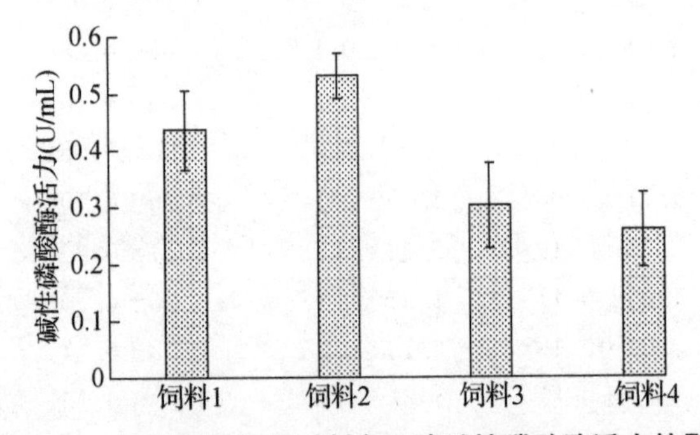


**图 3-23　饲喂不同饲料对刺参血清碱性磷酸酶活力的影响**

## 3.6.4　讨论

饲料中桑蚕粉替代鱼粉饲喂刺参不仅降低生产成本，同时能充分利用缫丝厂中剩余的桑蚕蛋白。本试验结果证实，在四种饲料中，3.75%的鱼粉和 1.25%的桑蚕粉混合组饲喂刺参表现出最佳效果。尽管饲料 2 组 SGR 最高，饲料 4 组 SGR 最低，但各组间差异不显著，说明饲料中用桑蚕粉替代鱼粉对刺参生长没有负面影

响，这也从另一方面反映了作为刺参饲料，鱼粉与桑蚕粉相比并没有表现出优势。试验所用的桑蚕粉与 Ijaiya 等(2009)报道的桑蚕粉相比，蛋白质含量较低(46.6%：50.3%)，脂肪含量较高(17.7%：16.4%)，这种差异可能由桑蚕种质来源、采收时期、处理方法或者储存方法等因素造成。尽管桑蚕粉中的粗蛋白含量比鱼粉低，但大部分必需氨基酸含量却更高，从而弥补了总蛋白质含量较低的不足。而且，本试验还证实了刺参摄食含有桑蚕粉的饲料后，体壁组成和氨基酸含量都没有产生变化，这说明桑蚕粉能为刺参提供和鱼粉相同的营养物质。

在棘皮动物中，吞噬阿米巴细胞受到外界刺激后会提供氧气消耗量产生超氧阴离子($O^{2-}$)，进而产生一系列的高活性氧化物(如过氧化氢、羟自由基、单态氧等)，这些物质具有强大的杀菌和细胞毒功能。因此，体腔细胞吞噬是检验刺参饲喂饲料添加剂后免疫诱导效果的重要检测指标。在本试验中，饲料中鱼粉被桑蚕粉部分或全部替代后，刺参细胞吞噬率有所下降，但与对照组相比差异不显著。此外，桑蚕粉替代鱼粉后对刺参血清 AKP 活力也没有显著性影响，碱性磷酸酶在玉足海参(*Holothuria polii*)中被证实是参与酶解被体腔细胞吞噬的外源物质。此外，AKP 还被证实在刺参(*A. japonicus*)中发挥抗病、免疫和细胞修复的作用。考察溶菌酶活力，饲喂饲料 4 组的海参溶菌酶活力显著高于饲料 1 组($P<0.05$)，可能是由于桑蚕粉中含有几丁质成分。几丁质是昆虫外骨骼的主要成分，是造成桑蚕粉中粗纤维含量增加的重要原因。几丁质被证实能诱导鱼类和贝类免疫活性，鲤鱼(*Cyprinus carpio*)摄食了含 1%几丁质的饲料后，溶菌酶活力和吞噬细胞 NBT 阴性率极显著低于对照组($P<0.01$) (Gopalakannan et al,2006)。因此，在本试验中饲料 4 组中高含量的几丁质可能对刺参免疫系统起到免疫诱导作用，提高其血清溶菌酶活力。但桑蚕粉对溶菌酶活力的影响与细胞吞噬率和 AKP 活力不一致，说明溶菌酶的激活机制与其他两者并不相同。

### 3.6.5　结论

本试验结果表明，饲料中用桑蚕粉替代鱼粉能有效降低饲料成本，而并不影响刺参生长和免疫。

## 3.7　饲料添加剂对刺参肠道菌群的影响

### 3.7.1　饲料添加柞蚕免疫活性物质对刺参肠道菌群的影响

柞蚕免疫活性物质作为柞蚕体内的重要活性蛋白，主要承担抵抗和杀灭体内致病菌的作用，因其主要包含抗菌肽、溶菌酶、凝集素等活性成分，因此具有广谱杀菌效果,并能诱导体内免疫系统的活化。为了进一步研究其提高刺参免疫作用机理,本研究将其作为饲料添加剂饲喂刺参,考察其对刺参肠道菌群影响,从肠道菌群结构方面阐述柞蚕免疫活性物质促进刺参免疫作用的机制。

(1) **材料与方法**

✔ 饲料制备

柞蚕免疫活性物质 TIS 为笔者实验室自制,诱导柞蚕蛹后喷干得到粉末状固体。TIS 按照基础饲料重量的 0.5%,1.0%和 2.0%添加,制备成 4 种饲料,无 TIS 添加的基础饲料为空白对照组。

✔ 饲养试验

刺参来自大连某养殖场,在实验室随机分成 5 组,2 组饲喂基础饲料,其中 1 组作为抗生素组,1 组作为空白对照组。每周在诺氟沙星体积分数为 $2\times10^{-4}$ mL/100 mL的海水中浸泡 20 min;其余 3 组分别饲喂含有 0.5%、1.0%、2.0% TIS 的饲料。

✔ 肠道菌群计数

无菌手术剪解剖刺参得到整个肠道备用。取 5 头刺参肠道(同一箱)在无菌生理盐水中用无菌玻璃匀浆器制成匀浆。无菌生理盐水倍比稀释($10^{-1}\sim10^{-6}$),匀浆液 0.1 mL 涂板。针对乳酸杆菌、枯草芽孢杆菌、副溶血性弧菌各准备 3 块琼脂板。涂后的板在 37 ℃培养 48 h,进行计数。以菌落形成单位(CFU)计。

✔ 高通量测序

从肠道中提取 DNA,PCR 扩增,由上海生物工程有限公司对 V3—V4 区的 16S rDNA 基因进行 Illumina Miseq 测序。利用 Mothur 软件进行 Alpha 多样性分析,计算丰富度指数。计算 5 种物种多样性指数,衡量样本物种多样性。这 5 种指数分别为: Chao 指数、ACE 指数、Simpson 指数、Shannon 指数、Coverage 指数。

(2) **结果**

✔ 肠道菌群计数

与对照组相比,饲喂 TIS 组的刺参肠道芽孢杆菌数量均有提升,其中 1.0%、2.0%添加组的刺参肠道芽孢杆菌数量显著增加;乳酸杆菌在抗生素组及 1.0%添加组中未检测到,在 2.0%添加组中数量显著增加。

✔ 高通量测序分析

通过对所有刺参中肠道微生物的 16S rDNA 基因 V3—V4 区序列进行 Illumina

测序来确定这些细菌的种类和丰富度。刺参对照组共获得 22 405 条有效序列，分为 1 248 个操作单元分类（OTUs），获得 97%的高覆盖度。2%添加组共获得 22 565 条有效序列，分为 1 710 个 OTUs。结果表明给刺参饲喂 TIS 后，刺参肠道微生物的多样性提高了。

采用 ACE、Chao、Simpson、Shannon、Coverage 5 种评估指数分别对样本进行多样性分析，结果显示对照组多样性分析和丰富度最低（ACE 和 Chao 值最低，Shannon 指数最低），表明饲喂含有 TIS 饲料的刺参肠道微生物的多样性和丰富度得到了提高（表 3-19）。

**表 3-19 刺参肠道菌群多样性分析**

| | Seq | OTU | Shannon | ACE | Chao | Simpson | Coverage |
|---|---|---|---|---|---|---|---|
| 对照组 | 22 405 | 1 248 | 2.675 379 | 5 717.184 | 3 382.781 | 0.341 982 | 0.963 669 |
| 抗生素组 | 21 791 | 2 221 | 4.879 076 | 8 167.479 | 5 134.498 | 0.050 472 | 0.938 002 |
| 0.5% | 23 961 | 1 715 | 3.558 121 | 8 559.728 | 4 631.457 | 0.139 77 | 0.952 381 |
| 1.0% | 194 93 | 1 755 | 4.367 881 | 6 959.112 | 4 201.893 | 0.060 844 | 0.944 031 |
| 2.0% | 22 565 | 1 710 | 4.106 646 | 6 864.473 | 3 868.458 | 0.059 858 | 0.952 847 |

### 菌落成分分析

图 3-24 表明各组海参肠道菌群在门水平上的分配比例，共检测到 16 个菌门。在检测的各组刺参肠道菌群中，有 80%以上都是由变形菌门（*Proteobacteria*）、厚壁菌门（*Firmicutes*）、放线菌门（*Actinobacteria*）和浮霉菌门（*Planctomycetes*）组成。对照组的刺参肠道中变形菌门占比 80.57%，随着添加剂含量从 0.5%增加到 2.0%，变形菌门占比降低，分别为 55.59%，47.04%和 28.63%。对照组中厚壁菌门占比为各组中最低，仅为 8.35%，显著低于其他各组，添加 TIS 组均高于 30%，1.0%组占比最高，为 40.66%。

刺参肠道菌群在属的水平上，检测到 16 个菌属（图 3-25），优势菌属为海洋单胞菌属（*Pelagimonas*）、肠球菌属（*Enterococcus*）、芽孢杆菌属（*Bacilus*）。芽孢杆菌属（隶属厚壁菌门）在对照组刺参肠道中含量较低，为 2.45%，在 2.0%TIS 添加组刺参肠道菌群中含量提高至 18.76%，提高了 6 倍以上。乳酸杆菌属由对照中占比0.02%到 2.0%添加组的 0.23%，提高了 10 倍。弧菌在对照组中占比 0.03%，在 1.0% 添加组中占比 0.01%，在抗生素组中占比 1.49%，表明添加 TIS 对弧菌具有抑制作用，其占比比对照组降低了 67%，但在抗生素组中，弧菌占比反而有所升高。

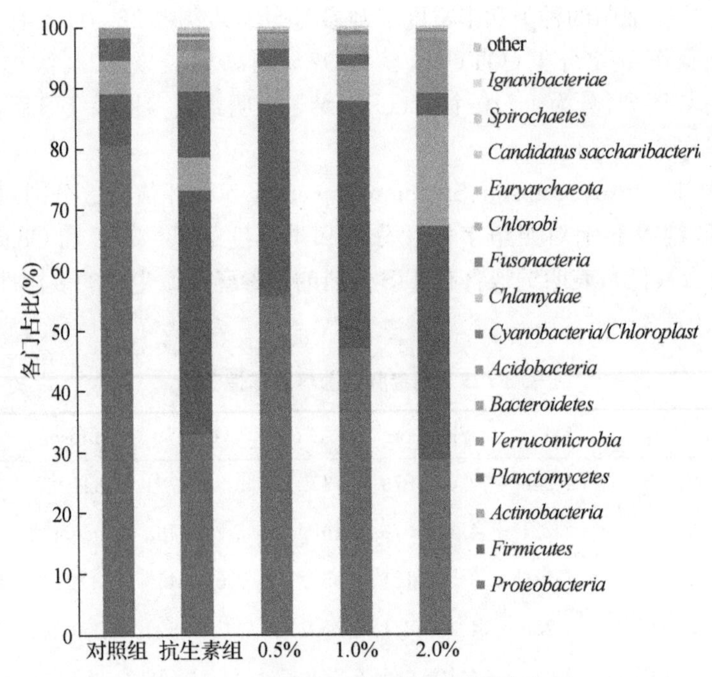


图 3-24　刺参肠道菌群在门水平上分布

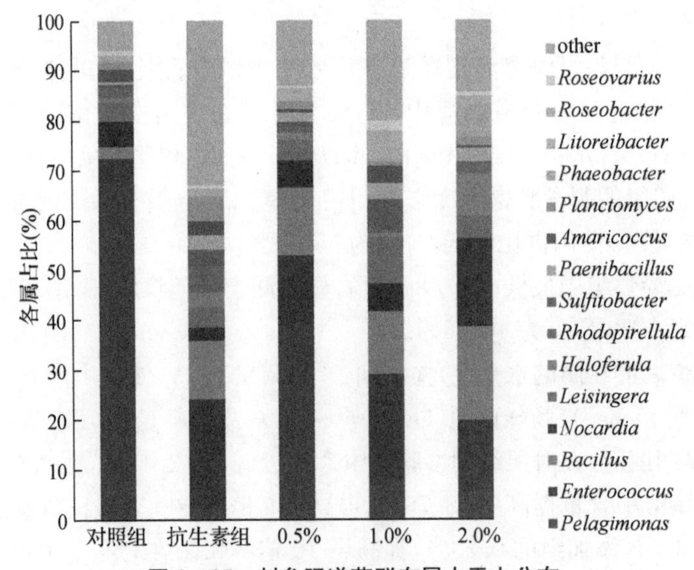


图 3-25　刺参肠道菌群在属水平上分布

(3) 结论

刺参摄食 TI3 后，肠道菌群多样性得到提高，并且益生菌占比提高明显，其中

芽孢杆菌和乳酸菌这两种典型刺参肠道益生菌占比显著提高，典型致病菌——弧菌的占比显著降低，充分说明 TIS 能优化刺参肠道菌群结构，从而促进刺参肠道健康，提高刺参的免疫力。

## 参考文献

曹建军，王长如，梁宗锁，等，2006. 不同黄芪品种根中多糖的动态积累及多糖含量比较研究[J]. 西北植物学报，26(6)：1263－1266.

陈俐彤，黄文芳，2009. 蛹虫草菌丝对罗氏沼虾免疫功能的影响[J]. 华南师范大学学报(自然科学版)(4)：106－110.

姚东瑞，赵凌宇，王玉花，等，2010. 微生态制剂对河蟹池塘养殖水体的原位净化效果研究[J]. 安徽农业科学，38(34)：19543－19545.

Ai Q H, Mai K S, Zhang L, et al, 2007. Effects of dietary β-1,3 glucan on innate immune response of large yellow croaker, *Pseudosciaena crocea*[J]. Fish & Shellfish Immunology(22): 394－402.

Alabi A Q, Jones D A, Latchford J W, 1999. The efficacy of immersion as opposed to oral vaccination of *Penaeus indicus* larvae against *Vibrio harveyi*[J]. Aquaculture(178): 1－11.

Bagni M, Archetti L, Amadori M, et al, 2000. Effect of long-term oral administration of animmunostimulant diet on innate immunity in sea bass (*Dicentrarchus labrax*)[J]. J Veterinary Medicine. B, 47(10): 745－751.

Bulgakov A A, Nazarenko E I, Petrova I Y et al, 2000. Isolation and properties of a mannan-binding lectin from the coelomic fluid of the holothurian *Cucumaria japonica* [J]. Biochemistry (Mosc), 65(8): 933－939.

Chang C F, Chen H Y, Su M S, et al, 2000. Immunomodulation by dietary beta-1,3-glucan in the brooders of the black tiger shrimp (*Penaeus monodon*)[J]. Fish & Shellfish Immunol (10): 505－514.

Chang J, Zhang W B, Mai K S, et al, 2010. Effects of dietary β-glucan and glycyrrhizin on non-specific immunity and disease resistance of the sea cucumber (*Apostichopus japonicus* Selenka) challenged with *Vibrio splendidus* [J]. J Ocean Univ China (Oceanic Coastal Sea Research), 9(4): 389－394.

Chiou M J, Chen L K, Peng K C, et al, 2009. Stable expression in a Chinese hamster ovary (CHO) cell line of bioactive recombinant chelonianin, which plays an important role in protecting fish against pathogenic infection[J]. Developmental Comp Immunology(33): 17－126.

Coteur G, Warnau M, Jangoux M, et al, 2002. Reactive oxygen species (ROS) production by amoebocytes of *Asterias rubens* (Echinodermata)[J]. Fish & Shellfish Immunol(12): 187－200.

Decamp O, Moriarty D J W, 2006. Probiotics as alternative to antimicrobials: limitations and potential[J]. World Aquaculture, 37(4), 60－62.

Gopalakannan A, Venkatesan A, 2006. Immunomodulatory effects of dietary intake of chitin, chitosan and levamisole on the immune system of *Cyprinus carpio* and control of *Aeromonas hydrophila* infection in ponds[J]. Aquaculture, 255 (1-4):179-187.

Grisdale-Helland B, Helland S J, Gatlin D M, 2008. The effects of dietary supplementation with mannanoligosaccharide, fructooligosaccharide or galactooligosaccharide on the growth and feed utilization of Atlantic salmon (*Salmo salar*)[J]. Aquaculture(283), 163-167.

Henrique M M F, Gomes E F, Gouillou-Coustans M F, et al, 1998. Influence of supplementation of practical diets with vitamin C on growth and response to hypoxic stress of seabream, *Sparus aurata*[J]. Aquaculture(161): 415-426.

Huang X, Zhou H, Zhang H, 2006. The effect of *Sargassum fusiforme* polysaccharide extracts on vibriosis resistance and immune activity of the shrimp, *Fenneropenaeus chinensis*[J]. Fish & Shellfish Immunology(20): 750-757.

Ijaiya A T, Eko E O, 2009. Effect of replacing dietary fish meal with silkworm (*Anaphe infracta*) caterpillar meal on growth, digestibility and economics of production of started broiler chickens[J]. Pakistan Journal of Nutrition, 8(6):845-849.

Itami T, Asano M, Tokushige K, et al, 1998. Enhancement of disease resistance of kuruma shrimp, *Penaeus japonicus*, after oral administration of peptidoglyan derived from *Bifidobacterium thermophilum*[J]. Aquaculture(164): 277-288.

Jans D, Dubois P, Jangoux M, 1996. Defensive mechanisms of holothuroids (Echinodermata): formation, role, and fate of intracoelomic brown bodies in the sea cucumber *Holothuria tubulosa* [J]. Cell Tissue Res earch(283): 99-106.

Kozasa M, 1986. Toyocerin (*Bacillus toyoi*) as growth promoter for animal feeding[J]. Microbiologia Aliments Nutrition(4): 121-135.

Lim C, Klesius P H, Li M H, et al, 2000. Interaction between dietary levels of iron and vitamin C on growth, hematology, immune response and resistance of channel catfish to *Edwardsiella ictaluri* challenge[J]. Aquaculture(185): 313-327.

Lorenzon S, Pasqual P, Ferrero E A, 2002. Different bacterial lipopolysaccharides as toxicants and stressors in the shrimps *Palaemon elegans*[J]. Fish & Shellfish Immunol(13): 27-45.

Ortuno J, Esteban A, Meseguer J, 1999. Effects of high dietary intake of vitamin C on non-specific immune response of gilthead seabream (*Sparus aurata* L.) [J]. Fish & Shellfish Immunol(9): 429-443.

Rainey N W, Rainey F A, Stackebrandt E, 1996. A study of the bacterial flora associated with *Holothuria atra*[J]. Journal of Experimental Marine Biology and Ecology(203): 11-26.

Ringo E, StrØm E, Tabachek J A, 1995. Intestinal microflora of salmonids: a review[J]. Aquacult Research(26): 773-789.

Sun Y X, Dun X F, Li S Y, et al, 2015. Dietary *Cordyceps militaris* protects against *Vibrio splendidus* infection in sea cucumber *Apostichopus japonicus*[J]. Fish Shellfish Immunol

(45): 964 - 971.

Sun Y X, Wen Z X, Li X J, et al, 2012. Dietary supplement of fructooligosaccharides and *Bacillus subtilis* enhances the growth rate and disease resistance of the sea cucumber *Apostichopus japonicus* (Selenka)[J]. Aquaculture Research(43): 1328 - 1334.

Takahashi Y, Kondo M, Itami T, et al, 2000. Enhancement of disease resistance against penaeid acute viraemia and induction of virus-inactivating activity in haemolymph of kuruma shrimp, *Penaeus japonicus*, by oral administration of Pantoea agglomerans lipopolysaccharide (LPS)[J]. Fish & Shellfish Immunol(10): 555 - 558.

Torsten S, 2005. *Bacillus subtilis* antibiotics: structures, syntheses and specific functions [J]. Molecular Microbiology, 56(4): 845 - 857.

Wang S, Chen J, 2005. The protective effect of chitin and chitosan against *Vibrio alginolyticus* in white shrimp *Litopenaeus vannamei*. Fish & Shellfish Immunology(19): 191 - 204.

Wilaiwan C, Suprap T, Kidchakan S, et al, 2004. Effect of fucoidan on disease resistance of black tiger shrimp[J]. Aquaculture, 233: 23 - 30.

Zhao W, Liang M, Liu Q, et al, 2014. The effect of yeast polysaccharide (YSP) on the immune function of *Apostichopus japonicus* Selenka under salinity stress [J]. Aquaculture International(22): 1753 - 1766.

# 第四章 刺参对环境重金属蓄积的营养干预

## 4.1 重金属富集的危害

### 4.1.1 生物重金属富集对生物的影响

随着现代工业的发展,关于重金属污染的环境问题也是越来越受到重视。常见的重金属有 Cr, Zn, Hg, Pb, Cu, As 等,具有蓄积性、生物毒性等特点。这些重金属被广泛应用于各个行业,但是在生产过程中,废物处理不当或直接排放后进入大气、土壤、河流造成污染。因为重金属难分解,其进入生物体内后会蓄积很长时间,所以很容易在食物链中传递,不断富集。

重金属的富集会破坏植物的光合作用,干扰呼吸作用,推迟作物成熟时间,导致减产,并且可以通过食物链影响其他动物的健康(张英慧 等,2011)。重金属的蓄积还可以导致畜牧动物肝脏和肾脏损伤,生长受阻,繁殖机能降低,甚至影响后代健康(刘美江,2011)。

对于水生生物来说,重金属污染所带来的影响也是极大的,水生生物的生存环境受到污染也就意味着其时刻暴露于重金属。在长期暴露在有毒重金属的情况下,生物的代谢、生殖、摄食等正常生命活动都会受到影响,甚至死亡。调查发现,受汞、镉、砷、锌重金属污染的水体中,鱼类的血液皮质醇和甲状腺素水平明显降低,而且性腺也小于正常的鱼体性腺。研究发现野生金鲈鱼在镉污染的水域中肌肉柠檬酸合成酶和呼吸速率下降,代谢能力受到损伤。以尖头叶唇鱼、骨尾鱼和刀项亚口鱼为试验对象,发现 78~168 mg/L 的镉经 96 h 使试验对象达到半数死亡。重金属浓度过高还会严重影响水生动物的发育和胚胎的发育。Kessabi 等(2009)在镉污染地区发现鲻有发育畸形现象,而无污染地区的鲻身体发育正常,并

且发现污染地区鱼体重金属蓄积显著高于无污染地区。柳学周等(2006)用半滑舌鳎的胚胎为试验对象,发现在重金属暴露条件下,胚胎的孵化率显著下降,孵化速度减慢,在胚胎发育过程中还引起胚胎发育畸形,仔鱼脊椎弯曲。随着暴露时间的增长,重金属也会产生基因毒性,具有致癌的能力,使生物的遗传物质的结构功能发生改变。张迎梅等(2006)发现泥鳅在$Cd^{2+}$、$Pb^{2+}$、$Zn^{2+}$暴露条件下分别都出现了严重的DNA损伤,而且随着暴露时间的增长DNA的损伤程度不断增加。

不同生物对不同重金属富集的敏感程度不同。杜建国等(2013)比较了海洋脊椎动物和无脊椎动物对8种重金属的敏感性,试验表明重金属对鱼类的生态风险均比对甲壳类的小。此外,研究表明在$Cu^{2+}$暴露条件下,在不同种珊瑚中,枝状鹿角珊瑚对$Cu^{2+}$最敏感,块状滨珊瑚对$Cu^{2+}$耐受性最差。有学者将侧扁软柳珊瑚分别暴露于$Cd^{2+}$、$Zn^{2+}$、$Pb^{2+}$、$Cu^{2+}$,发现生物性安全质量浓度分别为1 080、870、850、10 μg/L。有学者比较了紫贻贝、微黄镰玉螺和扁玉螺体内Pb、Cd、Cu、Mn、Fe等重金属富集情况,结果发现不同贝类及同种贝类的不同组织对重金属的累积均有显著差异。当重金属浓度在不同的范围时,不同生物的敏感性顺序也会发生变化。重金属对生物的影响除了与物种间的差异和重金属种类有关,还可能受到物种自身大小和生长阶段,外界水体温度、pH、盐度等环境因素影响。

重金属在生物体中的蓄积具有一定规律,在水生物体内主要蓄积在肝脏、肾和呼吸器官。阮晓等(2001)研究发现重金属主要蓄积于罗非鱼鳃、肝、肾等组织器官,少量蓄积在肌肉中。此外,Huang等(2007)也报道了鱼组织中汞含量的顺序如下:鳃>肾>肝>肌肉。而暴露在食物中的重金属则主要蓄积于肝脏、肾和消化道。Dang等(2009)发现花身鯻日粮镉暴露4周后,其组织中镉的蓄积量由高到低顺序为:肝脏>消化道>鳃。

### 4.1.2 生物重金属富集与人的关系

重金属根据其是否构成机体组织,维持机体生理功能、生化代谢,可分为必需元素和非必需元素。对于人体来说Zn、Cu、Cr、Fe、Mg、Mn等是必需的微量元素,Cd、Hg、Cr、Pb等属于可能对人体造成不良影响的非必需元素。然而无论是必需元素还是非必需元素,其含量都不能超过人体所能承受的范围,不然会造成重金属中毒。

重金属污染已经威胁到人们的食品安全,我国许多地区都存在着不同程度的食品重金属污染问题。袁思平等(2013)对我国10个大中城市蔬菜中重金属污染进行了综合评价和排序。结果表明,所选城市综合污染指数范围为1.380～13.590,蔬菜已受到不同程度的重金属污染。其中,天津、拉萨、西安、成都、广州、沈阳污染水平为严重污染,上海、惠州污染水平为中度污染,长沙、洛阳污染水平为轻度污染。受污染蔬菜主要是叶菜类，其次是根茎类和瓜豆类，主要受 Cd，As，Pb，Cr 等重金属污染。蚌埠地区 2013 年重金属风险评价显示，蚌埠地区谷物的铅、镉含量高于国家食品安全标准，其中稻米和小麦为轻污染等级，而玉米的污染等级处于警戒线水平。达州市在 2014—2015 年进行了两次食品中重金属及有害元素监测，发现食品中重金属及有害元素污染总体较轻，但谷物和肉制品中铅、镉，动物肝肾中砷、汞、铬，馒头、油条等熟制米面制品中铝的污染现象突出。龚梦丹等（2015）对杭州市蔬菜重金属含量污染状况进行了调查，发现根茎类和茄果类蔬菜污染相对严重，部分达到中轻度污染水平以上，还有少数叶菜中重金属含量达到警戒或轻度污染水平。

在母体受孕期间，如果过量接触重金属会引起流产、死胎、畸胎等异常妊娠。儿童长期接触铅，中枢神经系统会受到影响，可导致行为功能改变。此外重大的重金属中毒事件在人类历史上屡见不鲜。20 世纪 50 年代初，日本的水俣市居民长期食用含汞的海鲜，导致了严重的神经损伤，耳聋眼瞎，神经异常，全身弯曲，许多人因此丧命（Harada，1995）。18 和 19 世纪成为英国的“痛风黄金时代”，当时大多数人怀疑罪魁祸首是葡萄牙进口的葡萄酒中用于增加酒精含量的添加剂——白兰地，然而之后才有人发现罪魁祸首是铅。当时储存酒的容器多是含铅内衬，铅在不知不觉中被苹果和酒中的酸所溶解。长期饮用含有铅的葡萄酒导致了铅中毒。20 世纪 60 年代，在日本神通川流域出现镉中毒引起的“骨痛病”，当时工厂大量排放含镉污水，当地居民由于长期饮用镉污染的河水以及食用含镉稻米，致使镉在体内蓄积而中毒致病。中毒初期腰、背、手、脚等各关节疼痛，神经痛，行动困难。中毒后期骨骼软化、畸形，骨脆易折，甚至轻微活动或咳嗽都能引起多发性病理骨折，病人最后衰弱疼痛而死。

重金属中毒也让人们意识到了环境的重要性，大力实施减污减排，开辟无公害蔬菜种植基地，预防蔬菜重金属污染正在积极实施。此外，越来越多的技术应用于重金属污染，如利用电场、电磁波、络合剂等物理化学修复，微生物吸附，植物挥发，植物稳定等生物修复。

## 4.2 铅对刺参生长的影响

### 4.2.1 引言

铅是一种环境中普遍存在的毒性较强的重金属元素，在常量或微量的接触条件下，即可对水生动物产生明显的毒害作用，能导致人和动物行为、生理等方面功能障碍（Gerber et al，1978）。

铅污染的主要来源是工业"三废"的排放，尤其是采矿和冶炼工业废物的排放以及附近植物、动物对铅的富集。这些被铅污染的植物性饲料作为饲料原料使用，会使饲料中铅含量提高。而在饲料制作过程中使用的金属机械、管道、容器等含有的铅，也可能在一定条件下进入饲料。

在受纳水体中，重金属绝大部分通过生物、化学、物理作用，由水相转入固相，富集在沉积物中。研究表明，进入河流的污染物中只有 1%以下的污染物能溶解于水中，99%以上的污染物会沉积在河流沉积物中。由于刺参以沉积物为食的生物学特性，重金属沉积无疑会威胁到它们的健康，影响到近海岸水产品的品质。

### 4.2.2 材料与方法

(1) 试验材料

试验用刺参幼参为大连盐化集团 2012 年春季产卵培育的苗种。从 1 000 头稚参中随机选取大小相等刺参 240 头(初始体重为 10.06±0.02 g)进行试验。

(2) 试验饲料

以马尾藻粉、酵母粉、鱼粉、豆粕、微晶纤维素为主要原料，设计铅含量水平分别为 0(对照组)、100、500 和 1 000 mg/kg 四个处理组刺参试验饲料(试验饲料配方及近似营养成分实测值见表 4 - 1)，其中基础饲料中铅的本底值为 1.03±0.5 mg/kg。在基础饲料中添加一定量的硝酸铅[$Pb(NO_3)_2$]，使其终浓度达到 100 mg Pb/kg、500 mg Pb/kg、1 000 mg Pb/kg 干重。饲料原料经超微粉碎机粉碎至 180 目(粒径为 80 μm)以上，饲料原料逐级混合均匀后，加入 50%～60%的水，再次混合均匀，后用制粒机挤压制成颗粒饲料(颗粒直径为 1.8 mm)，置于 72 ℃烘箱烘干至恒重，装袋置于－20 ℃冰箱中备用。

表 4 - 1 试验饲料配方及近似营养成分分析

| | 处理组 | | | |
|---|---|---|---|---|
| | 对照组 | 100 mg Pb/kg | 500 mg Pb/kg | 1 000 mg Pb/kg |
| 饲料原料(%) | | | | |
| 马尾藻[1] | 70 | 70 | 70 | 70 |
| 混合维生素[2] | 2 | 2 | 2 | 2 |
| 混合矿物质[3] | 2 | 2 | 2 | 2 |
| 面粉[4] | 5 | 5 | 3 | |
| 鱼粉[5] | 9 | 9 | 9 | 9 |
| 豆粕[6] | 6 | 6 | 6 | 6 |

续表 4-1

| | 处理组 | | | |
|---|---|---|---|---|
| | 对照组 | 100 mg Pb/kg | 500 mg Pb/kg | 1 000 mg Pb/kg |
| 饲料原料(%) | | | | |
| 瓜胶 | 2 | 2 | 2 | 2 |
| 微晶纤维素[7] | 4 | 3.99 | 3.95 | 3.90 |
| 铅 | 0 | 0.01 | 0.05 | 0.1 |
| 合计 | 100 | 100 | 100 | 100 |
| 营养成分(%) | | | | |
| 水分 | 9.33 | 7.49 | 7.82 | 10.04 |
| 灰分 | 32.27 | 32.83 | 32.40 | 32.12 |
| 粗蛋白 | 14.35 | 14.64 | 14.20 | 14.73 |
| 粗脂肪 | 7.07 | 4.25 | 5.99 | 5.24 |

1. 马尾藻,由大连龙源海洋生物有限公司生产。

2. 混合维生素(mg/1 000 g 预混料),由北京桑普生物化学技术有限公司生产:维生素 A 100 万 IU,维生素 $D_3$ 30 万 IU,维生素 E 4 000 mg,维生素 $K_3$ 1 000 mg,维生素 $B_1$ 2 000 mg,维生素 $B_2$ 1 500 mg,维生素 $B_6$ 1 000 mg,维生素 $B_{12}$ 5 mg,烟酸 100 mg,泛酸钙 5 000 mg,叶酸 100 mg,肌醇 10 000 mg,载体葡萄糖,水<10%。

3. 混合矿物质(mg/40 g 预混料):NaCl, 107.79; $MgSO_4 \cdot 7H_2O$, 380.02; $NaH_2PO_4 \cdot 2H_2O$, 241.91; $KH_2PO_4$, 665.20; $Ca(H_2PO_4)_2 \cdot 2H_2O$, 376.70; 柠檬酸亚铁, 82.38; 乳酸钙, 907.10; $Al(OH)_3$, 0.52; $ZnSO_4 \cdot 7H_2O$, 9.90; $CuSO_4$, 0.28; $MnSO_4 \cdot 7H_2O$, 2.22; $Ca(IO_3)_2$, 0.42; $CoSO_4 \cdot 7H_2O$, 2.77。

4. 面粉,由大连新玛特集团生产。

5. 鱼粉,由大连龙源海洋生物有限公司生产。

6. 豆粕,蛋白含量为 40%。

7. 微晶纤维素,由上海柯原实业有限公司生产。

(3) 饲养管理

试验刺参到达实验室后先置于 4 个 200 L 水槽中暂养 2 周,待试验刺参适应实验室环境并能正常摄食配合饲料后开始正式试验。试验共设置 4 个处理,每处理组设置 3 个平行,共 12 个水槽(50 L),每槽放置 20 头刺参(初始体重为 10.06±0.02 g),进行 30 d 养殖试验。在养殖期间,每天换水 1 次,换水量为 1/2,每天 16:00 投喂 1 次(起始投饵量 3%,视摄食情况而定),收集残饵。试验从 2012 年 6 月 16 日至 2012 年 7 月 16 日共 30 天,于大连海洋大学农业部海洋水产增养殖学重点开放实验室进行。在养殖期间,通过空调控温使室温保持在 19±1 ℃,水温保持在17±1 ℃,全天气泵充氧,全天进行避光处理。

(4) 样品收集及指标测定

在整个饲养试验期间共取样 3 次,分别于 10 d、20 d、30 d 各取样一次。第

10 d和20 d时，每次每个试验组共取样10头，采集组织样品用于铅残留的测定。第30 d试验结束时，按以下方法进行取样。

(5) 生长指标的测定

饲养试验结束后，停喂24 h，进行样品的收集。首先，用纯水冲洗刺参体表2～3遍，待刺参体表海水冲净后，用滤纸吸干刺参表面水分，对每个试验单元刺参进行计数与称重，计算成活率、体增重率、特定生长率、饲料转化率等生长指标。

(6) 饲料基本成分的测定

饲料与刺参体壁近似成分分析包括水分、粗蛋白、粗脂肪和粗灰分含量的测定。

水分含量按照GB/T6435—2006，采用直接干燥法进行测定。

粗蛋白含量按照GB/T6432—1994，采用半微量凯氏定氮法进行测定。

粗脂肪含量按照GB/T6433—2006，采用索氏提取法进行测定。

(7) 刺参组织中铅含量的测定

参照国家标准GB—5009.12—2010，测定刺参组织中的铅含量。

(8) 刺参体腔液中抗氧化能力相关指标的测定

从每个平行试验组中随机取6头刺参进行免疫指标的测定。对取出的刺参于冰上解剖、采集体壁，使用低温冷冻离心机在4 ℃，3 000 r/min离心10 min后取上清，分装于1.5 mL Eppendorf离心管中(每管0.5 mL)，用于抗氧化能力相关指标的测定。

超氧化物歧化酶(SOD)活力、谷胱甘肽过氧化物酶(GSH-Px)活力、丙二醛(MDA)含量和总抗氧化能力水平(T-AOC)的测定均是参照南京建成科技有限公司相关试剂盒说明书进行。

(9) 统计分析

试验所得数据利用SPSS 13.0软件进行分析处理，进行相关性检验，所有数据结果均以平均值＋标准差(mean±S.D.)表示；采用单因素方差分析进行处理组间显著性检验，若差异显著($P<0.05$)，则做Duncan多重比较分析。

### 4.2.3　结果

(1) 不同铅含量的饲料对刺参生长性能的影响

饲喂试验饲料30天后，刺参生长性能相关指标结果见表4-2。由表可以看出，对照组刺参和铅添加饲料组刺参的终末体重、体增重率、摄食量、特定生长率和饲料转化率的差异均不显著($P>0.05$)。此外，所有饲料组刺参的存活率都达到98%以上。

表 4-2　饲料铅含量对刺参生长性能的影响

| | 对照组 | 100 mg Pb/kg | 500 mg Pb/kg | 1 000 mg Pb/kg |
|---|---|---|---|---|
| 初始体重 ABW (g) | 10.07±0.01 | 10.06±0.02 | 10.06±0.02 | 10.07±0.01 |
| 终末体重 FBW (g) | 17.52±1.23 | 17.51±0.92 | 17.44±0.49 | 17.00±0.07 |
| 体增重率 BWG(%) | 73.92±5.71 | 74.00±5.22 | 73.25±5.44 | 72.47±0.91 |
| 特定生长率 SGR(%/d) | 1.81±0.23 | 1.81±0.17 | 1.82±0.10 | 1.73±0.01 |
| 饲料转化率 FCR | 2.73±0.42 | 2.71±0.33 | 2.72±0.22 | 2.89±0.25 |
| 存活率 (%) | 98.33±2.98 | 98.33±2.98 | 98.33±2.98 | 100 |

(2) 刺参组织中铅含量的变化

各试验组饲喂饲料 10 d、20 d、30 d 后，刺参体内各组织中铅含量如表 4-3 所示。刺参总体、体壁、呼吸树、肠含铅量随着饲料中铅含量的增加而增加，与对照组相比，各试验组变化差异显著($P<0.05$)；并且，各组织中铅的蓄积量随着试验时间的增长而增加，并且各组变化差异显著($P<0.05$)。其中对照组呼吸树中铅的蓄积量在 10 d 时小于 20 d 的蓄积量。由表可知，体壁是刺参铅蓄积的主要部位，铅含量为 2.04～16.37 mg/kg。呼吸树中铅的蓄积量最少，其次为肠。

表 4-3　刺参组织中铅的含量　(mg/kg 湿重)

| | 时间 | 对照组 | 100 mg Pb/kg | 500 mg Pb/kg | 1 000 mg Pb/kg |
|---|---|---|---|---|---|
| 总含铅量 | 10 d | $1.77\pm0.25^{Aa}$ | $2.62\pm0.21^{Ab}$ | $3.12\pm0.22^{Ac}$ | $3.95\pm0.09^{Ad}$ |
| | 20 d | $1.80\pm0.05^{Aa}$ | $2.67\pm0.21^{Ab}$ | $3.88\pm0.10^{Ac}$ | $5.03\pm0.07^{Ad}$ |
| | 30 d | $9.09\pm0.30^{Ba}$ | $15.1\pm0.23^{Bb}$ | $46.35\pm1.07^{Bc}$ | $57.22\pm1.42^{Bd}$ |
| 体壁 | 10 d | $2.04\pm0.08^{Aa}$ | $3.05\pm0.08^{Ac}$ | $2.56\pm0.11^{Ab}$ | $5.45\pm0.10^{Ad}$ |
| | 20 d | $5.15\pm0.10^{Ba}$ | $6.64\pm0.14^{Bb}$ | $3.79\pm0.34^{Bc}$ | $8.26\pm0.29^{Bd}$ |
| | 30 d | $11.27\pm0.08^{Ca}$ | $11.72\pm0.18^{Ca}$ | $12.55\pm0.60^{Ca}$ | $16.37\pm1.27^{Cb}$ |
| 呼吸树 | 10 d | $0.23\pm0.01^{Ba}$ | $0.43\pm0.03^{Ab}$ | $0.53\pm0.03^{Ac}$ | $0.84\pm0.02^{Ad}$ |
| | 20 d | $0.15\pm0.01^{Aa}$ | $0.25\pm0.01^{Ba}$ | $0.72\pm0.05^{Bb}$ | $1.08\pm0.10^{Bc}$ |
| | 30 d | $0.37\pm0.01^{Ca}$ | $0.53\pm0.05^{Cb}$ | $0.95\pm0.04^{Cc}$ | $1.78\pm0.16^{Cd}$ |
| 肠 | 10 d | $0.24\pm0.01^{Aa}$ | $0.27\pm0.01^{Aa}$ | $0.65\pm0.02^{Ab}$ | $1.01\pm0.06^{Ac}$ |
| | 20 d | $0.42\pm0.01^{Ba}$ | $0.65\pm0.04^{Bb}$ | $1.87\pm0.09^{Bc}$ | $2.33\pm0.12^{Bd}$ |
| | 30 d | $0.55\pm0.02^{Ca}$ | $0.93\pm0.03^{Cb}$ | $2.35\pm0.11^{Cc}$ | $2.68\pm0.12^{Cd}$ |

注：1. 同一列中标有不同大写字母者表示各组织同一处理组在不同取样时间差异显著($P<0.05$)，标有相同大写字母者表示差异不显著($P>0.05$)；2. 同一行中标有不同小写字母者表示各处理组在相同取样时间不同处理组间差异显著($P<0.05$)，标有相同小写字母者表示差异不显著($P>0.05$)。

(3) **刺参体壁中抗氧化能力相关指标的变化**

饲喂试验饲料 30 d 后，刺参体壁中 SOD 活力变化如图 4-1 所示。随着饲料中铅含量的增加，刺参体壁中 SOD 活力呈现出下降趋势，并且各饲料组与对照组相比 SOD 活力显著降低（$P<0.05$）。

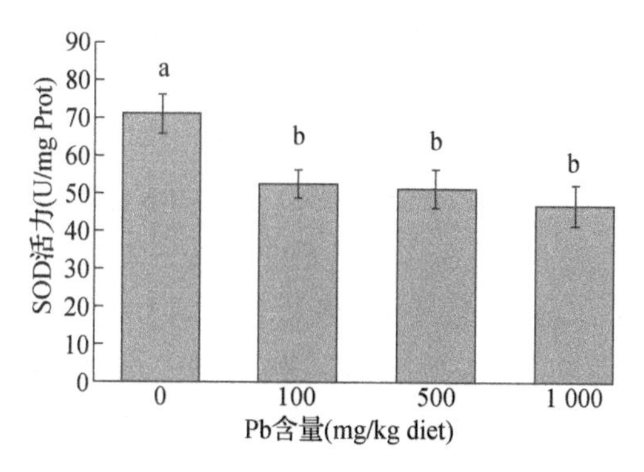


**图 4-1 饲料铅含量对刺参体壁中 SOD 活力的影响**

注：数据表示为平均值±标准差，字母 a，b 表示组间有显著差异（$P<0.05$）。

饲喂试验饲料 30 d 后，刺参体壁中 GSH-Px 活力变化如图 4-2 所示。随着饲料中铅含量的增加，刺参体壁中 GSH-Px 活力呈现出下降趋势。与对照组相比，500 mg Pb/kg 和 1 000 mg Pb/kg 饲料组刺参体壁中 GSH-Px 活力显著降低（$P<0.05$）。

饲喂试验饲料 30 d 后，刺参体壁中丙二醛（MDA）含量变化如图 4-3 所示。随着饲料中铅含量的增加，刺参体壁中丙二醛含量呈上升趋势，并且各饲料组与对照组相比丙二醛含量显著升高（$P<0.05$）。

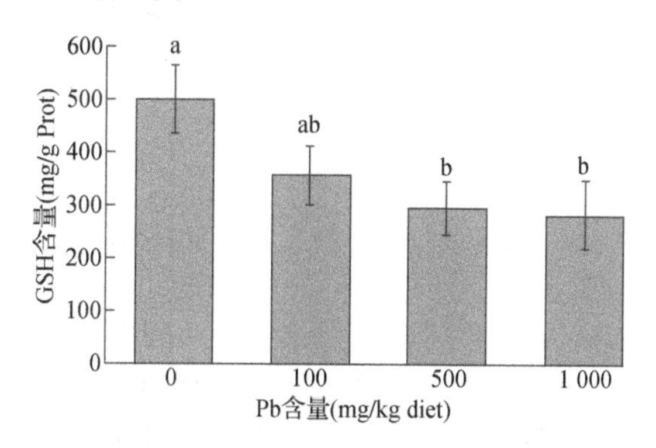


**图 4-2 饲料铅含量对刺参体壁中 GSH-Px 活力的影响**

注：数据表示为平均值±标准差；字母 a，b 表示组间有显著差异（$P<0.05$）。

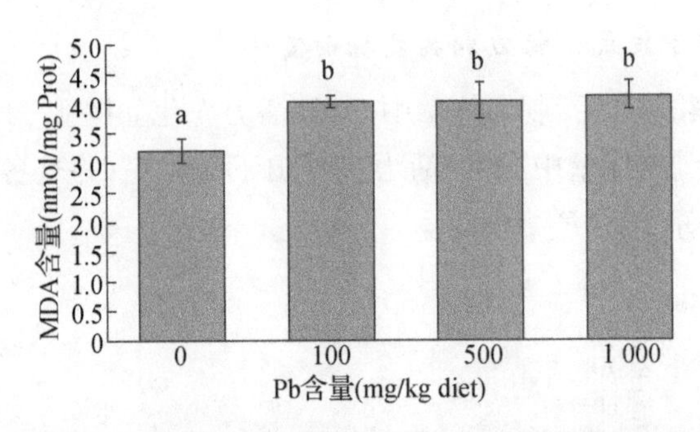


**图 4-3　饲料铅含量对刺参体壁中 MDA 含量的影响**

注：数据表示为平均值±标准差，字母 a,b 表示组间有显著差异($P<0.05$)。

饲喂试验饲料 30 d 后，刺参体壁中总抗氧化能力(T-AOC)变化如图 4-4 所示。随着饲料中铅含量的增加，刺参体壁中总抗氧化能力呈下降趋势，并且各饲料组与对照组相比刺参体壁抗氧化能力显著降低($P<0.05$)。

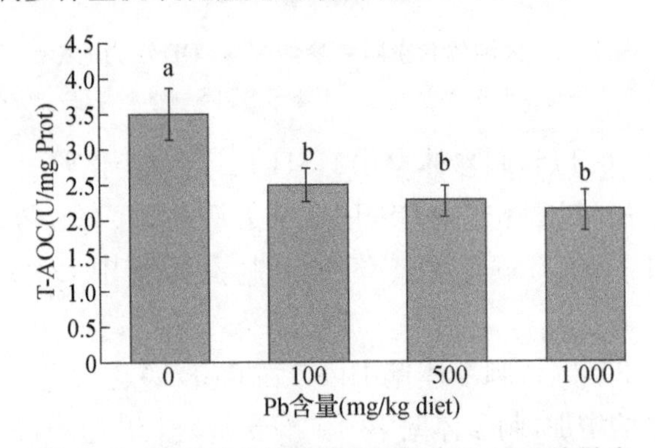


**图 4-4　饲料铅含量对刺参体壁中 T-AOC 的影响**

注：数据表示为平均值±标准差，字母 a,b 表示组间有显著差异($P<0.05$)。

### 4.2.4　讨论

**(1) 铅对刺参生长性能的影响**

铅是自然环境中广泛存在的非必需的有毒元素，铅在生物体内蓄积量即使低于标准水平仍具有毒性，而且持续时间久，不易分解(Finkelstein et al, 1998)。大量研究表明，铅积累到一定程度对动物生长发育和生理均会产生不良影响，甚至引起动物死亡 (Bakalli et al, 1995; Dilshad et al, 2010; Needleman, 1994)。研究报道，铅能影响儿童正常的生长和智力发育，是环境中造成北美儿童严重疾病的罪魁祸首(Needleman, 1994)。赵建明(2008)用混合重金属(铅、镉、汞)饲料饲喂艾维茵肉鸡 45 天，发现肉鸡的平均采食量、平均日增重、料肉比没有显著差异

($P>0.05$)，表明重金属对肉鸡的生长性能没有产生影响。朱莎等(2012)研究饲料铅(15、30、60 mg/kg)对蛋鸡生产性能的研究中发现，经过8周试验，各试验组平均日采食量显著降低($P<0.05$)，但是产蛋率和料蛋比均无显著差异($P>0.05$)。在水生生物方面，戴伟(2008)用100 mg Pb/kg、400 mg Pb/kg、800 mg Pb/kg的含铅饲料饲喂罗非鱼，结果发现各试验组终末体重、特定生长率、体增重率、饲料转化率均无显著差异($P>0.05$)，说明饲料添加铅没有对罗非鱼的生长性能产生影响。

本试验的结果与戴伟(2008)相一致，刺参饲喂含有不同含量的铅饲料30 d，结果发现各试验组终末体重、特定生长率、体增重率、饲料转化率均无显著差异($P>0.05$)。说明含低浓度铅的饲料没有对刺参的生长性能产生影响，刺参对铅具有一定的耐受性。

(2) 铅对刺参体内铅残留的影响

阮晓等(2001)研究发现重金属主要蓄积于罗非鱼鳃、肝、肾等器官，少量蓄积在肌肉中。匡维华等(2007)在研究铅在鳗鱼体内的蓄积规律时发现，暴露于含0.1 mg/L铅的海水中，其组织中铅蓄积顺序为腮>肝脏>鱼肉>血，而且铅在鳗鱼体内不易消除。陆超华等(1999)在研究近江牡蛎铅的蓄积与排除的试验中发现，近江牡蛎体内铅含量与暴露时间呈显著的正相关性。赵元凤等(2008)在研究刺参组织对海水中重金属铅的蓄积的试验中发现海水中铅浓度为0.5 mg/L时，刺参组织中铅的含量随着时间的增长而增大，12天之后铅蓄积量不再增加达到平衡，而且刺参组织中铅蓄积量的顺序为内脏>纵肌>体壁。

在本试验中，刺参各组织中铅的蓄积量随着铅添加量和暴露时间的增加而增加，呈现出剂量-时间效应，各组织中铅的蓄积量的顺序为体壁>肠>呼吸树。在本试验中刺参铅蓄积部位有所不同，可能是试验动物差异和铅暴露方式不同而造成的。

(3) 铅对刺参抗氧化能力的影响

机体在正常代谢过程中不断产生活性氧自由基(ROS)，但细胞内同时存在着清除活性氧自由基的防御系统。在正常生理情况下机体防御系统与自由基之间保持着动态平衡，一旦平衡遭到破坏，氧自由基就会增多，导致机体细胞的氧化损伤(戴伟，2008)。大量研究表明，铅进入动物体内后会促进活性氧自由基(ROS)的产生，破坏防御系统与自由基之间的平衡，使机体处于氧化应激状态，导致机体氧化损伤。生物中毒引起的变化最早表现为代谢物浓度的变化或生物系统酶如超氧化物歧化酶和谷胱甘肽过氧化酶的变化(Ardelt，1989；Nriagu，1988)。超氧化物歧化酶和谷胱甘肽过氧化物是金属蛋白，通过清理过氧化氢($H_2O_2$)、超氧阴离子($O^{2-}$)的酶促解毒反应来完成抗氧化功能。由于这些抗氧化酶依赖于本身的分子结构和酶促反应，因此它们是铅中毒的潜在目标(Gelman et al，1978)。本试验测定SOD活力、GSH-Px活力、MDA含量和T-AOC来联合反映铅感染刺参后，刺参体内这些抗氧化酶的变化，通过抗氧化酶的变化来确定铅对刺参的氧化损伤。

超氧化物歧化酶(SOD)是一种重要的抗氧化酶，广泛存在于生物体内，在催化$O^{2-}$发生歧化反应中起着重要作用。$O^{2-}$和$H_2O_2$在动物体内累积会造成生物体内的氧化损伤，引发生理变化(Fridovich，1989)。SOD作为活性氧清除剂参与清除体内的自由基，可以加速$O^{2-}$转变成$H_2O_2$和$O_2$的反应，在防机体衰老及防生物分子损伤等方面具有极为重要的作用(Lutsenko et al，2002)。孙超等(2007a)研究发现，在研究铅对蛋鸡毒性影响的试验中，铅引起蛋鸡血液中SOD活力的降低。同样，孙超等(2007b)在采用醋酸铅灌服小鼠的试验中发现，小鼠肝脏中SOD活力降低。在本试验中，以100 mg/kg、500 mg/kg和1 000 mg/kg含铅饲料饲喂刺参，发现与对照组相比试验组刺参体壁中SOD活力显著降低($P<0.05$)。这与上述结果一致，然而戴伟等(2009)以含铅饲料长期饲喂罗非鱼，检测其肝脏中SOD活力，发现随着饲料铅浓度的增加SOD活力增加，表现为补偿性升高。这可能与试验动物不同有关，由于铅长时间持续进入刺参体内，超出刺参本身代偿清除能力，未被及时清除的自由基长时间累积，对细胞产生明显的毒性损伤，从而引起细胞内SOD活力降低。

谷胱甘肽过氧化物酶(GSH-Px)是含硒的抗氧化酶，通过消耗机体内还原型谷胱甘肽(GSH)来催化$H_2O_2$和有机过氧化脂质分解，从而保护细胞免受过氧化损伤(Look et al，1997)。戴伟等(2009)在试验中发现，铅暴露组罗非鱼与对照组罗非鱼相比，其肝胰脏中GSH-Px活力升高，但是差异不明显，表现出一定的适应性。朱莎等(2012)研究表明，饲喂含铅饲料后蛋鸡的血液、肝脏、肾脏中GSH-Px活力呈现降低趋势。本试验结果显示，随着饲料中铅含量的增加，刺参体壁中GSH-Px活力呈现出下降趋势，与对照组相比500 mg Pb/kg和1 000 mg Pb/kg饲料组刺参体壁中GSH-Px活力显著降低($P<0.05$)。试验中添加铅使刺参体壁中GSH-Px活力降低，推测原因可能是铅置换了酶分子结构中的硒，破坏了酶结构，降低了酶活力甚至使酶失活。

丙二醛(MDA)是脂质过氧化过程的产物，是细胞氧化损伤的一个重要检测指标。铅能诱导动物体内脂肪酸的氧化过程发生变化，导致脂质过氧化物的增加：铅进入到动物体内之后，诱发氧自由基的产生，攻击生物膜中的多不饱和脂肪酸，引发脂质过氧化，从而导致动物组织过氧化物MDA的累积(王莹 等，2009)。在本试验中，随着饲料中铅含量的增加，刺参体壁中丙二醛含量呈上升趋势，并且各铅添加饲料组与对照组相比，丙二醛含量显著升高($P<0.05$)。这与朱莎等(2012)、孙超等(2007a)在对鸡的试验、孙超等(2007b)在对小鼠的试验、戴伟等(2009)在对罗非鱼的试验的结果一致。这说明，在本试验中饲料铅的添加引发了刺参体壁组织

发生脂质过氧化。

T-AOC是衡量机体抗氧化系统状况功能的综合指标(朱莎 等,2012)。该防御体系有酶促和非酶促两个体系,主要通过三条途径防御氧化:(1) 消除自由基和活性氧以免引发脂质过氧化;(2) 分解过氧化物,阻断过氧化链;(3) 除去起催化作用的金属离子。机体的抗氧化能力的强弱与健康程度存在密切联系。本试验结果表明,随着饲料中铅含量的增加,刺参体壁中T-AOC呈现出明显的下降趋势($P<0.05$)。这一试验结果与戴伟等(2009)的研究一致,说明铅能够影响机体抗氧化防御系统,降低机体抵御自由基能力,破坏体内自由基产生与清除的动态平衡,造成机体氧化损伤。

综上所述,刺参对铅有一定的耐受性。铅对刺参具有一定毒性,能降低刺参的抗氧化水平。铅主要蓄积在刺参的体壁中,其次蓄积于呼吸树和肠中。

## 4.3 镉对刺参生长及镉蓄积的影响

### 4.3.1 引言

自20世纪初人类发现镉(Cd)以来,镉的产量逐年增加并广泛用于军工生产、电镀和冶金工业等。随着科学和工业的不断进步和迅速发展,至21世纪初,全世界镉的产量已达约一亿吨,排放量达一千多万吨(王夔, 2005)。镉在生物体内的残留具有时间持续性和蓄积性,且易于沿食物链转移富集,从而可对人体和水生生物产生严重的负面影响,已被公认为一种无生理功能的有毒重金属污染物(Hallenbeck, 1984; 丘耀文 等,2005)。在人体内,镉的半衰期长达7~30年,可蓄积50年之久,能对多种组织和器官造成损害。美国毒物管理委员会(ATSDR)把镉列为第六位危及人体健康的有毒重金属物质,国际癌症研究署(IARC)把镉归类为一类人类致癌物。

刺参是一种重要的经济动物,由于其特殊的生物学特性,摄食海泥时易受到重金属的胁迫,本试验就镉对刺参生长及镉蓄积的影响进行研究。

### 4.3.2 材料与方法

(1) 试验材料

试验用刺参为大连水益生海洋生物科技股份有限公司春季苗种。从2 000头幼参中随机选取300头状态良好、初始体重为4.10±0.02 g的刺参进行试验。

(2) 试验饲料

以马尾藻粉、鱼粉、豆粕为主要原料,在基础饲料中添加梯度浓度的氯化镉($CdCl_2 \cdot 2.5H_2O_2$),设计镉添加水平分别为0, 10, 50, 100, 500 mg/kg的5种处理组刺参试验饲料，各试验组镉含量实测值为 0.11，10.84，51.22，101.11，502.21（单位：mg/kg），其中基础饲料中镉的本底值为 0.47±0.11 mg/kg（试验饲料配方及近似营养成分实测值见表 4-4）。饲料原料逐级混合均匀后，加入 60%蒸馏水，再次混合均匀，后用制粒机挤压制成颗粒饲料（直径为 1.88 mm），置于 40 ℃烘箱中烘干，装袋后保存于−20 ℃冰箱中备用。

**表 4-4　实验饲料成分组成和分析**

| | 组别 | | | | |
|---|---|---|---|---|---|
| | 0 mg Cd/kg | 100 mg Cd/kg | 500 mg Cd/kg | 1 000 mg Cd/kg | 500 mg Cd/kg |
| 饲料原料（%） | | | | | |
| 马尾藻[1] | 70 | 70 | 70 | 70 | 70 |
| 混合维生素[2] | 2 | 2 | 2 | 2 | 2 |
| 混合矿物质[3] | 2 | 2 | 2 | 2 | 2 |
| 面粉[4] | 5 | 5 | 5 | 5 | 5 |
| 鱼粉[5] | 9 | 9 | 9 | 9 | 9 |
| 豆粕[6] | 6 | 6 | 6 | 6 | 6 |
| 瓜胶 | 2 | 2 | 2 | 2 | 2 |
| 微晶纤维素[7] | 4 | 3.99 | 3.95 | 3.9 | 3.5 |
| 镉[8] | 0 | 0.01 | 0.05 | 0.1 | 0.5 |
| 总计 | 100 | 100 | 100 | 100 | 100 |
| 营养成分分析（%） | | | | | |
| 水分 | 8.27 | 8.32 | 7.87 | 7.96 | 8.02 |
| 灰分 | 32.42 | 32.54 | 32.21 | 32.86 | 32.63 |
| 粗蛋白 | 14.84 | 14.38 | 14.59 | 14.43 | 14.71 |
| 粗脂肪 | 5.32 | 5.23 | 4.51 | 4.54 | 5.82 |

1. 马尾藻，由大连龙源海洋生物有限公司生产。

2. 混合维生素（mg/1 000g 预混料），由北京桑普生物化学技术有限公司生产：维生素 A 100 万 IU，维生素 $D_3$ 30 万 IU，维生素 E 4 000 mg，维生素 $K_3$ 1 000 mg，维生素 $B_1$ 2 000 mg，维生素 $B_2$ 1 500 mg，维生素 $B_6$ 1 000 mg，维生素 $B_{12}$ 5 mg，烟酸 100 mg，泛酸钙 5 000 mg，叶酸 100 mg，肌醇 10 000 mg，载体葡萄糖，水<10%。

3. 混合矿物质（mg/40 g 预混料）：NaCl，107.79；$MgSO_4 \cdot 7H_2O$，380.02；$NaH_2PO_4 \cdot 2H_2O$，241.91；$KH_2PO_4$，665.20；$Ca(H_2PO_4)_2 \cdot 2H_2O$，376.70；柠檬酸亚铁，82.38；乳酸钙，907.10；$Al(OH)_3$，0.52；$ZnSO_4 \cdot 7H_2O$，9.90；$CuSO_4$，0.28；$MnSO_4 \cdot 7H_2O$，2.22；$Ca(IO_3)_2$，0.42；$CoSO_4 \cdot 7H_2O$，2.77。

4. 面粉，由大连新玛特集团生产。

5. 鱼粉，由大连龙源海洋生物有限公司生产。

6. 豆粕，蛋白含量为 40%。

7. 微晶纤维素，由上海柯原实业有限公司生产。

8. $CdCl_2 \cdot 2.5H_2O$，由上海鼎淼化学科技有限公司生产。

(3) 饲养管理

试验刺参装入充气包膜放于保温泡沫箱中送达实验室，到达实验室后先置于3个500 L水槽中暂养2周，待刺参适应实验室环境后开始正式饲养试验。试验共设置5个处理组，每组设置3个平行，共15个水族箱(35 L)，每个水族箱中放置20头刺参(初始体重为4.10±0.02 g)。试验用水族箱为半循环系统设置，在养殖期间，每天投喂前进行1次虹吸换水，换水量为每个水族箱总用水量的1/3，每天17:00投喂1次(起始投饵量为体重3%，视摄食情况而定)。试验从2014年12月27日至2015年1月27日共30天，于大连海洋大学动物营养与饲料实验室进行。在养殖期间，室温为18±1 ℃，通过海水专用加热棒控温，使水温保持在18±1 ℃，全天水族箱半循环系统滤过充氧，全天进行遮盖避光处理。

(4) 样品收集及指标测定

在饲养试验期间，分别于第10 d、第20 d和第30 d各取样一次，分别收集各试验组刺参体壁、消化道和呼吸树组织，供测定组织中镉累积含量；第30 d试验结束时，按下文的方法进行取样。

(5) 生长指标的测定

饲养试验结束后，饥饿处理24 h，而后收集样品。用滤纸吸干试验刺参表面水分，对每个试验单元刺参进行计数与称重，计算成活率、体增重率、特定生长率等生长指标。

(6) 饲料基本成分的测定

饲料近似营养成分的分析包括水分、粗蛋白、粗脂肪和粗灰分含量的测定。

水分含量按照GB/T6435—2006，采用直接干燥法进行测定。

粗蛋白含量按照GB/T6432—1994，采用半微量凯氏定氮法进行测定。

粗脂肪含量按照GB/T6433—2006，采用索氏提取法进行测定。

(7) 刺参抗氧化能力相关指标的测定

养殖试验结束后，首先饥饿处理24 h，而后进行样品的收集。从每个平行试验组中随机取5头刺参，用滤纸吸干刺参表面水分后立即置于冰盘上进行解剖，获取体腔液。使用低温冷冻离心机于4 ℃，10 000 r/min离心10 min后取上清，分装于1.5 mL Eppendorf离心管后(每管0.5 mL)，置于−80 ℃冰箱中保存，用于抗氧化能力相关指标的测定。

超氧化物歧化酶(SOD)活力、谷胱甘肽过氧化物酶(GSH-Px)活力、过氧化氢酶(CAT)活力和丙二醛(MDA)含量均按照南京建成科技有限公司相关试剂盒测定。

(8) 刺参组织中镉含量的测定

在养殖期间，每 10 d 取样一次。养殖试验结束后，首先对试验刺参饥饿处理 24 h，而后进行样品收集。从每个平行试验组中随机取 5 头刺参，用滤纸吸干刺参表面水分之后立即置于冰盘上进行解剖，获取体壁、消化道和呼吸树组织，分装于自封袋中于－80 ℃冰箱中保存，用于组织中镉累积量的测定。

参照国家标准 GB/T5009. 15—2003，测定刺参组织中镉的含量。

(9) 统计分析

试验所得数据利用 SPSS 13. 0 软件进行分析处理，进行相关性检验，所有数据结果均以平均值＋标准差（mean±S. D. ）表示；采用单因素方差分析进行处理组间显著性检验，若差异显著（$P<0.05$），则做 Duncan 多重比较分析。

### 4.3.3 结果

(1) 不同镉含量的饲料对刺参生长性能的影响

饲喂试验饲料 30 d 后，不同镉含量的饲料对试验刺参生长性能相关指标的影响见表 4－5。结果表明，500 mg Cd/kg 处理组刺参 BWG 和 SGR 均显著降低（$P<0.05$），对照组与 10 mg Cd/kg、50 mg Cd/kg、100 mg Cd/kg 处理组间无显著差异（$P>0.05$）。试验刺参存活率未呈现规律性变化，各试验组存活率均 ≥95%。

表 4－5 饲料镉含量对刺参生长性能的影响

| | 0 mg Cd/kg | 10 mg Cd/kg | 50 mg Cd/kg | 100 mg Cd/kg | 500 mg Cd/kg |
|---|---|---|---|---|---|
| 初始体重 IBW(g) | 4. 11±0. 96 | 4. 11±0. 35 | 4. 10±0. 68 | 4. 11±0. 75 | 4. 10±0. 78 |
| 终末体重 FBW(g) | 7. 11±0. 09$^{b}$ | 7. 11±0. 04$^{b}$ | 7. 18±0. 04$^{b}$ | 7. 15±0. 14$^{b}$ | 6. 04±0. 05$^{a}$ |
| 体增重率 BWG(%) | 74. 12±5. 33$^{b}$ | 74. 00±5. 94$^{b}$ | 75. 46±7. 01$^{b}$ | 74. 48±7. 17$^{b}$ | 47. 35±4. 19$^{a}$ |
| 特定生长率 SGR (%/d) | 1. 81±0. 21$^{b}$ | 1. 81±0. 18$^{b}$ | 1. 82±0. 28$^{b}$ | 1. 81±0. 19$^{b}$ | 1. 28±0. 11$^{a}$ |
| 存活率 SR (%) | 100. 00±0 | 100. 00±0 | 100. 00±0 | 100. 00±0 | 100. 00±0 |

注：数值表示为均值±标准差，结果后的不同字母表示组间有显著差异（$P<0.05$）。

(2) 不同镉含量的饲料对刺参抗氧化能力指标的影响

饲喂不同镉量的饲料 30 d 后，饲料中镉含量对刺参体腔液抗氧化能力指标的

影响见表 4－6。结果表明，随着饲料中镉含量的增加，刺参体腔液 SOD、GSH-Px 和 CAT 活力总体呈现下降趋势，但 MDA 含量呈上升趋势。其中，就 SOD 活力而言，50 mg Cd/kg 和 100 mg Cd/kg 处理组间差异不显著（$P>0.05$），但与对照组相比，SOD 活力显著降低（$P<0.05$）。50 mg Cd/kg 和 100 mg Cd/kg 处理组间 GSH-Px 活力无显著差异（$P>0.05$），但与 10 mg Cd/kg 处理组及对照组相比 GSH-Px 活力显著下降（$P<0.05$），对照组与 10 mg Cd/kg 处理组间无显著差异（$P>0.05$）。100 mg Cd/kg 处理组与低于 50 mg Cd/kg 的 3 个处理组相比 CAT 活力显著降低（$P<0.05$），对照组、10 mg Cd/kg、50 mg Cd/kg 3 个处理组间无显著差异（$P>0.05$）。50 mg Cd/kg 处理组 MDA 含量显著（$P<0.05$）高于对照组和 10 mg Cd/kg 处理组，对照组与 10 mg Cd/kg 处理组间无显著差异（$P>0.05$）。SOD、GSH-Px 和 CAT 活力于镉含量为 500 mg/kg 时获得最小值，显著（$P<0.05$）低于镉含量小于 100 mg/kg 的四个处理组刺参。MDA 含量于饲料中镉含量为 500 mg/kg 时获得最大值，显著（$P<0.05$）高于镉含量小于 100 mg/kg 的四个处理组刺参。

**表 4－6　饲料镉含量对刺参抗氧化能力指标的影响**

| | 0 mg Cd/kg | 10 mg Cd/kg | 50 mg Cd/kg | 100 mg Cd/kg | 500 mg Cd/kg |
|---|---|---|---|---|---|
| SOD | 34.40±0.66[d] | 29.96±0.78[c] | 28.42±0.50[b] | 27.94±0.07[b] | 25.11±0.30[a] |
| GSH-Px | 31.30±1.05[c] | 30.65±0.62[c] | 21.48±0.72[b] | 22.08±0.90[b] | 9.32±1.13[a] |
| CAT | 81.93±0.95[c] | 81.40±1.37[c] | 81.29±0.96[c] | 68.51±1.03[b] | 51.05±1.58[a] |
| MDA | 0.96±0.06[a] | 0.93±0.02[a] | 1.14±0.12[b] | 1.47±0.04[c] | 1.63±0.03[d] |

注：数值表示为均值±标准差，结果后的不同字母表示组间有显著差异（$P<0.05$）。

### (3) 刺参组织中镉累积量的变化

饲喂不同镉含量的饲料第 10 d、20 d、30 d 后，饲料中镉含量对刺参组织中镉累积量的影响见图 4－5。结果表明，刺参体壁、消化道、和呼吸树中镉累积量随饲料中镉含量与养殖时间的增加而呈上升趋势。第 10 d、20 d、30 d 时，50 mg Cd/kg 处理组刺参体壁（图 4－5）中镉累积量显著（$P<0.05$）高于对照组，10 mg Cd/kg 处理组与对照组间无显著差异（$P>0.05$），刺参体壁中镉累积量于第 20 d，饲料中镉含量为 500 mg/kg 时获得最大值，为 0.094 μg/kg；第 10 d、20 d、30 d 时，50 mg Cd/kg 处理组刺参消化道（图 4－6）中镉累积量与对照组和 10 mg Cd/kg 处理组相比显著

($P<0.05$)升高，对照组与 10 mg Cd/kg 处理组间无显著差异($P>0.05$)；第10 d、20 d 时，饲料中镉含量大于 50 mg/kg 的 3 个处理组中镉累积量随镉含量的增高而增高，第 30 d 时，50 mg Cd/kg 处理组与 100 mg Cd/kg 处理组间无显著差异($P>0.05$)，刺参消化道中镉累积量于第 30 d，饲料中镉含量为 500 mg/kg 时获得最大值，为 1.208 μg/g；第 10 d、20 d、30 d 时，50 mg Cd/kg 处理组刺参呼吸树(图 4-7)中镉累积量与对照组和 10 mg Cd/kg 处理组相比显著($P<0.05$)升高，刺参呼吸树中镉累积量于第 30 d，饲料中镉含量为 500 mg/kg 时获得最大值，为 0.962 μg/g；饲喂不同镉含量饲料 30 d 后，刺参不同组织中镉累积量顺序为消化道>呼吸树>体壁。

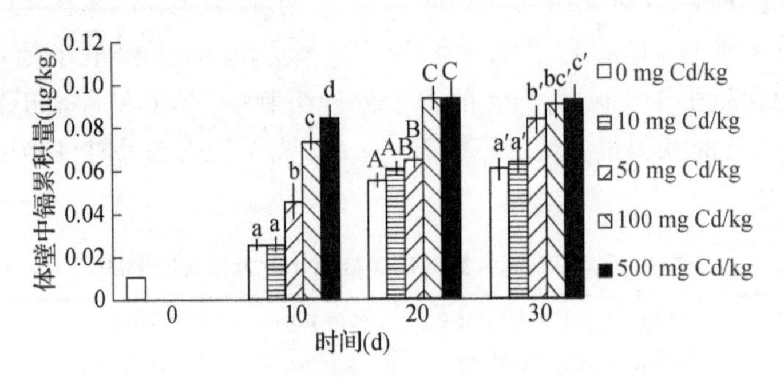


**图 4-5 饲料镉含量对刺参体壁中镉累积量的影响**

注：数值表示为均值±标准差，柱形图上方的不同字母表示组间有显著差异($P<0.05$)。a/b/c/d 表示第 10 d 时 0，10，50，100 和 500 mg Cd/kg 处理组间的差异性；A/B/C 表示第 20 d 时 0，10，50，100 和 500 mg Cd/kg 处理组间的差异性；a'/b'/c' 表示第 30 d 时 0，10，50，100 和 500 mg Cd/kg 处理组间的差异性。

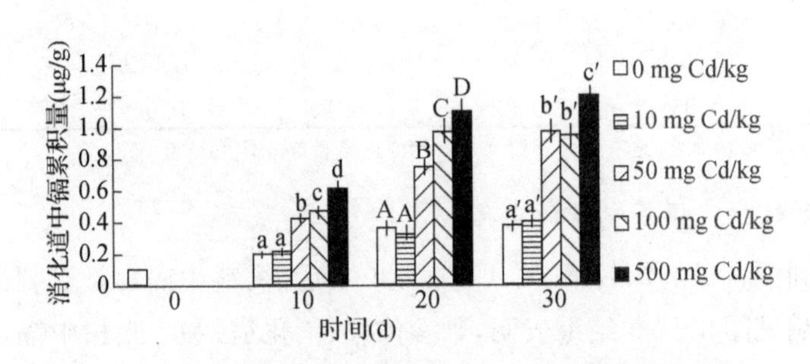


**图 4-6 饲料镉含量对刺参消化道中镉累积量的影响**

注：数值表示为均值±标准差，柱形图上方的不同字母表示组间有显著差异 ($P<0.05$)。a/b/c/d 表示第 10 d时 0，10，50，100 和 500 mg Cd/kg 处理组间的差异性；A/B/C 表示第 20 d 时 0，10，50，100 和 500 mg Cd/kg 处理组间的差异性；a'/b'/c' 表示第 30 d 时 0，10，50，100 和 500 mg Cd/kg 处理组间的差异性。

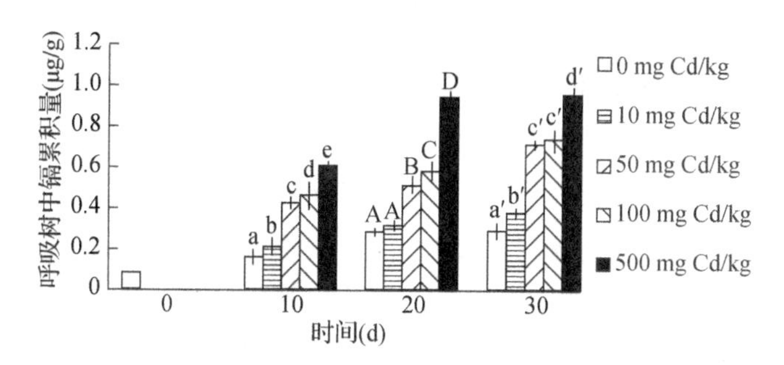


**图 4-7　饲料镉含量对刺参呼吸树中镉累积量的影响**

注：数值表示为均值±标准差，柱形图上方的不同字母表示组间有显著差异（$P<0.05$）。a/b/c/d 表示第 10 d 时 0，10，50，100 和 500 mg Cd/kg 处理组间的差异性；A/B/C 表示第 20 d 时 0，10，50，100 和 500 mg Cd/kg 处理组间的差异性；a′/b′/c′ 表示第 30 d 时 0，10，50，100 和 500 mg Cd/kg 处理组间的差异性。

## 4.3.4　讨论

**(1) 镉对刺参生长性能的影响**

镉是自然界中广泛存在的非必需有毒重金属元素，其毒性稳固且持久，一旦进入生物体内极易残留且不易排出。在人体内，镉的半衰期长达 7～30 年，可蓄积 50 年之久。根据美国毒物管理委员会（ATSDR）相关资料，重金属镉对人体的危害程度仅次于重金属砷和铅（As＞Pb＞Cd＞Ni＞Zn＞Cr＞Cu＞Mn），能对多种器官和组织造成损害（Leung et al，2014；Perugini et al，2014）。本研究表明，含高剂量镉的日粮供给 30 d 后，刺参 BWG 和 SGR 均下降，这一结果与 Nogami 等（2000）的报道相一致，即 50 mg/kg 和 100 mg/kg 镉日粮显著抑制罗非鱼（*Oreochromis niloticus*）的生长，Dang 等（2009）也同样指出饲喂含高剂量镉日粮的鯻鱼（*Terapon jarbua*）SGR 显著下降。长期的毒理学调查过程显示，鱼类的生长性能可作为毒物反应灵敏且可靠的指标。Borgmann 等（1986）认为，含镉日粮的摄入严重影响到鱼对食物的摄取，从而导致其正常的摄食能力和机体对食物的同化吸收作用下降，使体增重率降低。此外，镉的摄入及在组织中的累积同样对鱼体的代谢产生一定的影响，进而降低其对食物的获取能力（Szczerbik et al，2006）。此外重金属蓄积还可能影响激素的释放，Jones 等（2001）报道，重金属镉能够扰乱机体内雌激素的调节，使虹鳟鱼（*Oncorhynchus mykiss*）体内生长激素的表达受到抑制，从而影响鱼体生长。然而，部分重金属能够被金属硫蛋白（MT）螯合，这对海洋动物体内的重金属的解毒以及 Cu、Zn 的动态平衡具有重要作用。在正常情况下，机体内含很低量的 MT，但当机体受到重金属（如镉）毒害作用时，体内会诱导合成更多的 MT，使镉取代 MT 原来螯合的 Zn（MT-Zn→MT-Cd），从而起到缓解毒性的

作用。这很好地解释了本试验所得的结果，即含低浓度镉的饲料没有对刺参的生长性能产生影响，刺参对镉具有一定的耐受性；但含高浓度镉的饲料对刺参的生长起到抑制作用。

(2) *不同镉含量的饲料对刺参抗氧化能力的影响*

虽然各种重金属对生物体的毒性作用方式和作用机制因重金属本身的性质不同而有所不同，但许多重金属对生物体产生的毒性效应均是通过引起自由基代谢失衡而造成组织细胞氧化损伤。而机体中的抗氧化酶系统在维持氧自由基代谢平衡方面起着十分重要的作用，所以氧化应激反应被认为是重金属毒性机制的重要表现(Thijssen et al, 2007)。镉进入动物体后会引起氧化应激反应，细胞膜中含不饱和脂肪酸的脂质的过氧化作用可被大大加速，产生大量活性氧和自由基，机体不能有效清除受到重金属作用而产生的过量活性氧，而这些物质可与蛋白质、核酸等相互作用，使酶蛋白失活、DNA 链断裂，引发多种疾病(惠天朝 等，2000)。同时，镉可与锌、铁和钙等必需金属元素相互作用，可使包括碱性磷酸酶在内的多种酶活性位点受到抑制，从而导致细胞新陈代谢紊乱(Vig et al, 2003)。本研究通过测定刺参体腔液中 SOD、GSH-Px、CAT 活力和 MDA 含量的变化来反映重金属镉对刺参的氧化损伤。

SOD 是一种以自由基为底物的重要抗氧化酶，广泛存在于生物体内，可催化超氧阴离子($O^{2-}$)发生歧化反应产生 $H_2O_2$，并进一步由 CAT 催化 $H_2O_2$ 生成水和 $O_2$。$O^{2-}$ 和 $H_2O_2$ 在动物体内的过度累积会造成生物体内的氧化损伤，从而引发生理变化；而 SOD 作为活性氧清除剂可参与体内自由基的清除，加速 $O^{2-}$ 转变成 $H_2O$ 和 $O_2$，在预防机体衰老及生物分子损伤等方面具有极为重要的作用。因此，SOD 活力可间接反映机体清除氧自由基的能力(Dorta et al, 2003)。孙振兴等(2009)在重金属毒性对刺参幼参 SOD 活力影响的研究中发现，0.214～1.069 mg/L 镉暴露 48 h 对刺参 SOD 活力表现为抑制效应，而暴露 96 h 和 144 h 对刺参 SOD 活力表现为诱导效应。这一结果虽然与我们的研究不一致，但可能与镉诱导 MT 合成有关。即在一定剂量的镉的作用下，随着暴露时间的延长，机体内 MT 的合成量增加，进而可促进 MT-Cd 的合成量增加，从而降低了游离状态下的镉对 SOD 的抑制作用。同时，自身具有清除自由基作用的 MT 间接减少了自由基对 SOD 的抑制，从而使 SOD 的活力相对升高。Cao 等(2010)对暴露于含镉水中的大菱鲆(*Paralichthys olivaceus*)进行研究发现，在 48 μg/L 镉剂量下，幼鱼阶段 SOD 活力显著下降，这与 Peters 等(1996)对大菱鲆(*Paralichthys olivaceus*)的研究报道相一致。总之，镉暴露状态下 SOD 活力的变化是很复杂的生化过程，可能受机体发育阶段和生理机能的改变等诸多因素的影响。

GSH-Px是一种含硒的抗氧化酶，可通过消耗组织内GSH保护细胞，使其免受氧化损伤。GSH在清除细胞中$O^{2-}$和$H_2O_2$的过程中有着重要作用，而谷胱甘肽转移酶（GST）能够催化外源物质合成GSH，进而保护组织免受氧化应激损伤（Van der Oost et al, 2003; Reed et al, 1980）。本试验结果显示，随着饲料中镉含量的增加，刺参体腔液中GSH-Px活力呈下降趋势，这与Cao等（2010）研究结果相一致，即暴露于0～48 μg/L镉下的大菱鲆（*Paralichthys olivaceus*）幼鱼随镉浓度的增高而GST活性降低。

CAT是一种酶类清除剂，可清除体内的$H_2O_2$，在催化由SOD产生的$H_2O_2$生成水和$O_2$的过程中起着十分重要的催化作用，使细胞免受$H_2O_2$的毒害，是生物防御体系的关键酶之一（Asagba et al, 2008）。CAT作用于$H_2O_2$的机理实质上是$H_2O_2$的歧化反应，即必须有两个$H_2O_2$分子先后与CAT分子相遇且碰撞在活性中心上才能发生反应，且$H_2O_2$浓度越高，分解速度越快（Ruas et al, 2008）。此外，CAT活力与氧化应激和抵抗疾病的其他抗氧化酶（如：Mn-SOD，GPX）活性也有着很大的关系。任何重金属离子都可作为CAT的非竞争性抑制剂，与酶分子上的-SH相结合，从而使CAT活力下降（Van der Oost et al, 2003）。Atli等（2006）报道，罗非鱼（*Oreochromis niloticus*）组织中CAT活性受到抑制与镉有着直接关系。Roche等（1993）已证实，鲈鱼（*Lateolabrax japonicus*）组织中CAT活力的改变很大程度上受外界环境中金属离子浓度的影响。

丙二醛（MDA）是生物体内自由基作用于膜脂质发生过氧化反应的终产物，能够引起蛋白质、核酸等生命大分子的交联聚合，从而加剧膜的损伤，具有细胞毒性，因此组织中MDA的含量与机体抗氧化能力密切相关（方展强 等，2005）。在本试验中，刺参体腔液中MDA含量随饲料镉含量的增加而增加，这与El-Maraghy等（2001）在镉对小鼠的脂质过氧化影响的试验中、Cao等（2010）在镉对大菱鲆氧化应激的影响的试验中的结果相一致。这说明饲料中的镉引发了刺参体腔液组织中的脂质过氧化反应。

**（3）刺参组织中镉累积量的变化**

重金属在水生动物体中之所以会产生累积，主要取决于重金属的浓度及蓄积时间，同时，某些其他因素也会对其产生影响，例如盐度、温度、交互作用和组织新陈代谢的能力等（Heath et al, 1995; Ay et al, 1999）。本试验研究结果显示，含镉日粮饲喂刺参幼参30 d后，重金属镉在刺参组织中产生累积，且消化道中镉累积量高于其他组织中镉累积量，其在各组织中镉累积量由高到低的顺序为：消化道＞呼吸树＞体壁。这一结果与Dang等（2009）对花身鯻（*Terapon jarbua*）组织中镉累积情况研究的结果相一致，即花身鯻在饲喂含镉日粮4周后，其组织中镉累积量由高到低的顺序为：肝脏＞消化道＞鳃。Klinck 等(2013)指出，虹鳟鱼(*Oncorhynchus mykiss*)的胃和后肠是镉累积的重要区域，其中胃是促使镉进入内部组织最重要的胃肠道段，而后肠对于镉的累积也扮演着重要角色。这些报道与Franklin 等(2005)及 Klinck 等(2009)的研究结果相类似，即含镉日粮使鳟鱼胃组织中重金属镉的累积量增加。大量研究指出，消化道中的胃不仅仅是胃酸分泌及物理消化的场所，同时也具有很好的吸收功能(Fields et al，1986；Clearwater et al，2000；Wood et al，2006)。

呼吸树是刺参的呼吸器官，其功能类似于鱼鳃。在本试验中，刺参呼吸树中镉累积量仅低于刺参消化道中镉累积量，但远远高于刺参体壁中的镉累积量。Dang 等(2009)认为，短期(14 d)饲喂含重金属的日粮以消化道中镉累积量增多为特点，而暴露于含重金属的水中以鳃中镉累积量增多更为显著。在暴露于含重金属镉的水中时，鱼的鳃部在吸收溶解镉穿过细胞外膜时扮演着重要角色，进而导致鳃组织中镉浓度最高 (Szebedinszky et al，2001)。然而，在饲喂含重金属镉的日粮时，从日粮溶解到水中的镉含量相对日粮镉总含量而言微乎其微，鳃组织滤过的镉穿过细胞外膜，通过血液循环被鳃吸收(Szebedinszky et al，2001；Meyer et al，2005)。不同的运输机制使鱼在饲喂含镉日粮的状况下鳃对镉的累积量比暴露于含镉水中鳃对镉的累积量要低(Dang et al，2009)。诸多研究表明，镉的靶器官多为肾脏、肝脏和鳃，而肌肉组织中镉的累积量少之又少(Szebedinszky et al，2001；Berntssen et al，2001；Liu et al，2015)。

综上所述，重金属镉对刺参具有毒性作用，以镉对刺参体腔液酶活力的影响及刺参组织对镉的生物累积为评价指标，在此条件下，重金属镉对刺参最小致毒且非死亡浓度为 50 mg/kg。

## 4.4 汞对刺参生长及汞蓄积的影响

### 4.4.1 引言

汞(Mercury)化学符号：Hg，原子序数 80，汞在常温下呈现银白色闪亮的重质液体，化学性质稳定，在常温下即可蒸发，不溶于酸也不溶于碱。汞被使用的历史悠久，广泛应用于工业用化学药物以及电子或电器产品中。汞是世界卫生组织(WHO)目前公布的对人体及畜禽毒性最强的重金属之一，也是全球性环境污染的公害之一。汞是对水生生物危害最大的重金属之一，汞蒸气和汞的化合物多有剧毒，它比其他的重金属更易蓄积在组织中。汞还是全球污染的一个焦点(Liu et al，2012；Wang et al，2004)。由于汞的特殊物理性质，汞在很多领域中一直被广泛使

用，比如用于金矿、煤化工等产业。在电器、仪器工业中，汞可作为温度计、气压表、液面计等仪器的原料，它也是汞盐干电池、物理仪器等的必要成分；在化学工业中，汞的无机化合物如硝酸汞[$Hg(NO_3)_2$]、升汞($HgCl_2$)等可用于汞化合物的合成，汞作为电极电解食盐来生产高纯度氯气和烧碱；在医疗工业中，银汞可以用来填补龋齿；在军事工业中，汞是钛原子反应堆的冷却剂。汞被大量使用，再通过排放污水、大气循环、溶解、蒸腾和生物作用进入水生环境中，进入食物链(French et al, 1999; Jiang et al, 2006)。长期暴露于汞会造成人和动物神经、肾脏、肝脏和生殖方面的损伤(Amlund et al, 2007)。在20世纪60年代，日本发生了水俣事件，水俣市的居民受到了严重的神经损伤，结果发现是由于长期食用含有汞的海鲜引起的(Harada, 1995)。汞污染同样也发生在其他国家，如伊朗、巴西、印度尼西亚、美国、中国等。近20年，中国工业和农业快速发展的同时也造成了可消费的汞的增加。截至2003年，中国消耗了近1 531 t的煤，占世界总量的28%。预计到2020年中国的年煤炭消费将翻一番，达到3 037 t(Jiang et al, 2006)。煤炭为汞污染的主要来源，燃煤相当于大量的汞排放，这需要引起我们的重视。

刺参是营养价值很高的一种水产动物，其以海泥中的有机碎屑和微生物为食。由于其特殊的生物学特性，容易受到海泥中沉积的重金属的毒性作用。本试验探究汞对刺参生长及汞在刺参中蓄积的影响。

### 4.4.2　材料与方法

(1) 试验材料

本试验选用从大连金砣水产食品有限公司购买来的生长状况良好的健康的360头刺参(初始体重4.83±0.15 g)作为试验对象，以方形水槽(60 L)为饲养载体。购得后送至大连海洋大学重点实验室暂养2周。

(2) 试验饲料

试验饲料配方及近似营养成分实测值见表4－7。设计汞添加水平分别为0、67.6、338、676 mg/kg 4个处理组刺参试验饲料，各试验组汞含量实测值为17.55、87.00、275.50、468.50 mg/kg。含汞饲料的制作如基础饲料一般，同样将饲料原料过40网目筛绢网，然后在盆中将所有原料充分混匀，需注意：加入硫酸汞时要先进行逐级混匀，保证汞含量在饲料中分布均匀，避免部分饲料汞含量过高。后用制粒机挤压制成颗粒饲料(颗粒直径为1.8 mm)，置于72 ℃烘箱烘干至恒重，装袋置于－20 ℃冰箱中备用。

表 4-7 试验饲料配方及近似营养成分分析

| | 处理组 | | | |
|---|---|---|---|---|
| | 0 mg Hg/kg | 67.6 mg Hg/kg | 338 mg Hg/kg | 676 mg Hg/kg |
| 饲料原料(%) | | | | |
| 马尾藻[1] | 70 | 70 | 70 | 70 |
| 混合维生素[2] | 2 | 2 | 2 | 2 |
| 混合矿物质[3] | 2 | 2 | 2 | 2 |
| 面粉[4] | 5 | 5 | 3 | |
| 鱼粉[5] | 9 | 9 | 9 | 9 |
| 豆粕[6] | 6 | 6 | 6 | 6 |
| 瓜胶 | 2 | 2 | 2 | 2 |
| 微晶纤维素[7] | 4 | 3.99 | 3.95 | 3.90 |
| 硫酸汞[8] | 0 | 0.01 | 0.05 | 0.1 |
| 合计 | 100 | 100 | 100 | 100 |
| 营养成分(%) | | | | |
| 水分 | 9.33 | 7.49 | 7.82 | 10.04 |
| 灰分 | 32.27 | 32.83 | 32.40 | 32.12 |
| 粗蛋白 | 14.35 | 14.64 | 14.20 | 14.73 |
| 粗脂肪 | 7.07 | 4.25 | 5.99 | 5.24 |

1. 马尾藻,由大连龙源海洋生物有限公司生产。

2. 混合维生素(mg/1 000 g预混料),由北京桑普生物化学技术有限公司生产:维生素A 100万IU,维生素$D_3$ 30万IU,维生素E 4 000 mg,维生素$K_3$ 1 000 mg,维生素$B_1$ 2 000 mg,维生素$B_2$ 1 500 mg,维生素$B_6$ 1 000 mg,维生素$B_{12}$ 5 mg,烟酸100 mg,泛酸钙5 000 mg,叶酸100 mg,肌醇10 000 mg,载体葡萄糖,水<10%。

3. 混合矿物质(mg/40 g预混料):NaCl,107.79;$MgSO_4 \cdot 7H_2O$,380.02;$NaH_2PO_4 \cdot 2H_2O$,241.91;$KH_2PO_4$,665.20;$Ca(H_2PO_4)_2 \cdot 2H_2O$,376.70;柠檬酸亚铁,82.38;乳酸钙,907.10;$Al(OH)_3$,0.52;$ZnSO_4 \cdot 7H_2O$,9.90;$CuSO_4$,0.28;$MnSO_4 \cdot 7H_2O$,2.22;$Ca(IO_3)_2$,0.42;$CoSO_4 \cdot 7H_2O$,2.77。

4. 面粉,由大连新玛特集团生产。

5. 鱼粉,由大连龙源海洋生物有限公司生产。

6. 豆粕,蛋白含量为40%。

7. 微晶纤维素,由上海柯原实业有限公司生产。

8. $HgSO_4$,由上海鼎淼化学科技有限公司生产。

(3) **饲养管理**

将生长良好、健康的360头刺参随机分配到12个60 L方形水槽中,平均每个水槽中有30头刺参。将12个水槽分为3个试验组1个对照组,每组3个重复。对照组投喂基础饲料,饲料中不添加硫酸汞。3个试验组分别投喂汞含量为67.6、338、676 mg/kg的饲料。

每天喂食前进行清理,用虹吸管抽取刺参的粪便和残饵,换水量为1/2以保证

水质健康。每天 18:00 喂食,第一天投喂量为刺参体重的 5%,之后每天改为体重的 3%。在饲养管理期间,全天 24 小时曝气供氧。在试验期间各项指标检测数据为:温度 15.7±3.0 ℃,pH 8.6±0.1,盐度 30.6±0.1,化学需氧量(COD)0.35±0.05,氨氮浓度 0.28±0.16 mg/L。

(4) 样品收集及指标测定

在整个饲养试验期间共取样 3 次,分别于 7 d、14 d、21 d 各取样一次。第 7 d 和14 d 时,每次每个试验组共取样 7 头,采集组织样品用于铅残留量的测定。第 21 d 试验结束时,按下文的方法进行取样。

(5) 生长指标的测定

饲养试验结束后,停喂 24 h,进行样品的收集。首先,用纯水冲洗刺参体表 2~3遍,待刺参体表海水冲净后,用滤纸吸干刺参表面水分,对每个试验单元刺参进行计数与称重,计算成活率、体增重率、特定生长率、饲料转化率等生长指标。

(6) 饲料基本成分的测定

饲料与刺参体壁近似成分分析包括水分、粗蛋白、粗脂肪和粗灰分含量的测定。

水分含量按照 GB/T6435—2006,采用直接干燥法进行测定。

粗蛋白含量按照 GB/T6432—1994,采用半微量凯氏定氮法进行测定。

粗脂肪含量按照 GB/T6433—2006,采用索氏提取法进行测定。

(7) 汞含量的测定

饲料和组织中的汞含量由谱尼测试集团按照 GB 5009.17—2014 和GB/T 13081—2006 通过原子荧光光谱法测定。

(8) 刺参体腔液中抗氧化能力相关指标的测定

从每个平行试验组中随机取 6 头刺参进行免疫指标的测定。对取出的刺参于冰上解剖,采集体壁,使用低温冷冻离心机在 4 ℃,3 000 r/min 离心 10 min 后取上清,分装于 1.5 mL Eppendorf 离心管中(每管 0.5 mL),用于抗氧化能力相关指标的测定。

用取好的体腔液进行酶活力测定。酸性磷酸酶(ACP)活力、碱性磷酸酶(AKP)活力、超氧化物歧化酶(SOD)活力、过氧化氢酶(CAT)活力、总抗氧化能力(T-AOC)测定用的试剂盒由南京建成生物工程研究所提供。酶活力的测定按照说明书进行。

(9) 统计分析

试验所得数据利用 SPSS 17.0 软件进行分析处理,进行相关性检验,所有数据结果均以平均值±标准差(mean±S. D.)表示;采用单因素方差分析进行处理组间显著性检验,若差异显著($P<0.05$),则做 Duncan 多重比较分析。

## 4.4.3 结果

### (1) 汞对刺参生长性能的影响

饲喂试验饲料 21 d 后,刺参生长性能相关指标结果见表 4-8。试验中没有出现表现异常的刺参,并且在 21 d 的每个处理中存活率都很高。676 mg Hg/kg 试验组显示出比对照组明显更低的体增重率。676 mg Hg/kg 试验组饲料转化率显著高于对照组。存活率和特定生长率各组没有显著差异。

表 4-8 刺参生长指标结果与分析

| 生长指标 | 0 | 67.6 mg Hg/kg | 338 mg Hg/kg | 676 mg Hg/kg |
| --- | --- | --- | --- | --- |
| 初始体重(g) | $4.77\pm0.07^{a}$ | $4.93\pm0.19^{a}$ | $4.70\pm0.15^{a}$ | $4.90\pm0.06^{a}$ |
| 终末体重(g) | $7.47\pm0.62^{b}$ | $6.94\pm0.27^{b}$ | $6.37\pm0.45^{ab}$ | $5.67\pm0.12^{a}$ |
| 存活率(%) | $100\pm0^{a}$ | $100\pm0^{a}$ | $100\pm0^{a}$ | $98.89\pm1.93^{a}$ |
| 体增重率(%) | $55.57\pm15.01^{b}$ | $37.84\pm6.59^{ab}$ | $34.79\pm15.22^{ab}$ | $14.420\pm0.25^{a}$ |
| 特定生长率(%/d) | $2.36\pm0.79^{a}$ | $1.23\pm0.73^{a}$ | $1.17\pm1.48^{a}$ | $0.98\pm0.66^{a}$ |
| 饲料转化率 | $1.22\pm0.33^{a}$ | $1.74\pm0.30^{a}$ | $2.07\pm0.91^{a}$ | $4.51\pm0.08^{b}$ |

注:数值表示为均值±标准差,表中同一行标有不同小写字母表示组间有显著差异($P<0.05$),标有相同小写字母表示差异不显著($P>0.05$)。

### (2) 刺参体组织汞蓄积量

表 4-9 显示了第 21 d 的体壁、肠道和呼吸树中的汞含量。676 mg Hg/kg 暴露组的肠内汞累积量为 77.96 mg Hg/kg,是体壁的 58 倍(1.34 mg Hg/kg)。在第 21 d,所有处理的组织中汞累积情况如下:肠道>呼吸树>体壁。

表 4-9 刺参体组织汞蓄积量 (单位:mg/kg)

| | 0 mg Hg/kg | 67.6 mg Hg/kg | 338 mg Hg/kg | 676 mg Hg/kg |
| --- | --- | --- | --- | --- |
| 体壁 | $0.016\pm0.0003^{a}$ | $0.12\pm0.003^{b}$ | $0.52\pm0.013^{c}$ | $1.34\pm0.011^{d}$ |
| 肠 | $8.07\pm0.09^{a}$ | $9.13\pm0.18^{a}$ | $50.80\pm1.75^{b}$ | $77.96\pm1.20^{c}$ |
| 呼吸树 | $0.15\pm0.005^{a}$ | $3.29\pm0.08^{c}$ | $2.69\pm0.04^{b}$ | $5.90\pm0.12^{d}$ |

注:数值表示为均值±标准差,表中同一行标有不同小写字母表示组间有显著差异($P<0.05$),标有相同小写字母表示差异不显著($P>0.05$)。

(3) 汞对刺参酶活力的影响

图4－8至图4－12显示了每个处理组的刺参体腔液中的酶活力。当剂量低于338 mg Hg/kg时，各组AKP活力之间没有显著差异，而676 mg Hg/kg试验组的AKP活力显著低于对照组(图4－8)。四个试验组刺参的ACP活力没有显著差异(图4－9)。338 mg Hg/kg和676 mg Hg/kg试验组的T-AOC显著低于对照组，676 mg Hg/kg试验组的T-AOC显著低于67.6 mg Hg/kg试验组试验组，但是67.6 mg Hg/kg和338 mg Hg/kg试验组之间无显著差异，67.6 mg Hg/kg的T-AOC与对照组没有显著性差异(图4－10)。对照组的SOD活力显著高于676 mg Hg/kg试验组，对照组的SOD活力与其他处理间没有显著差异(图4－11)。在CAT活力方面，4种处理之间都没有显著差异(图4－12)。我们还可以发现SOD和AKP在终点的剂量相关趋势要低得多，尽管测量的终点与对照组仅在最高暴露浓度下有显著差异。

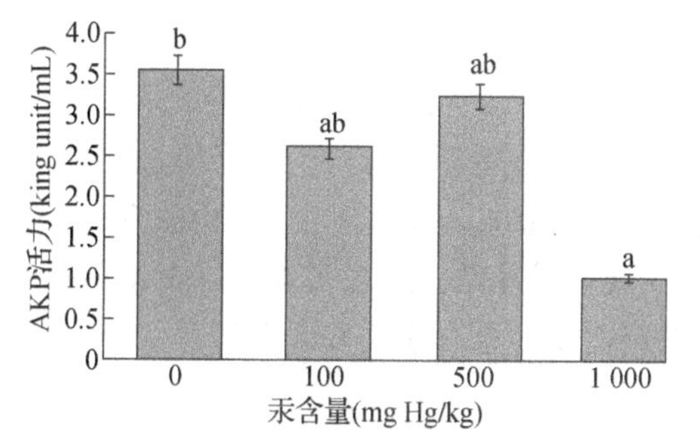


**图4－8　饲料含量汞对刺参AKP活力的影响**

注：数据表示为平均值±标准差，不同字母表示组间有显著差异($P<0.05$)。

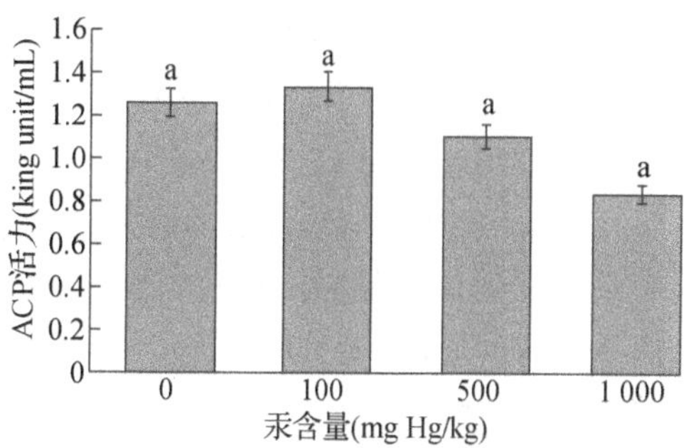


**图4－9　饲料汞含量对刺参ACP活力的影响**

注：数据表示为平均值±标准差，不同字母表示组间有显著差异($P<0.05$)。

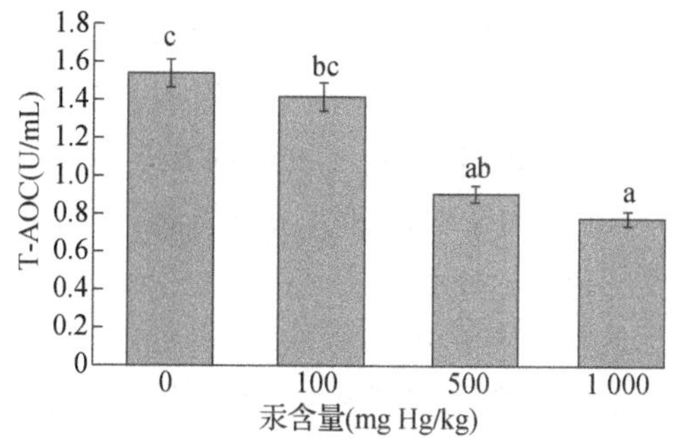


**图4－10　饲料汞含量对刺参T-AOC的影响**

注：数据表示为平均值±标准差，不同字母表示组间有显著差异($P<0.05$)。

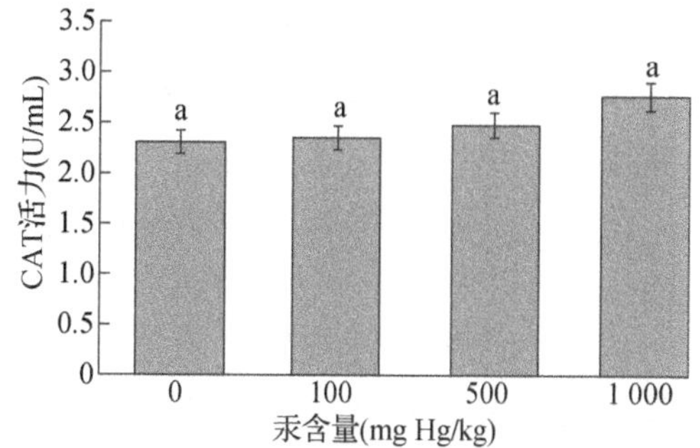


**图4－11　饲料汞含量对刺参SOD活力的影响**

注：数据表示为平均值±标准差，不同字母表示组间有显著差异($P<0.05$)。

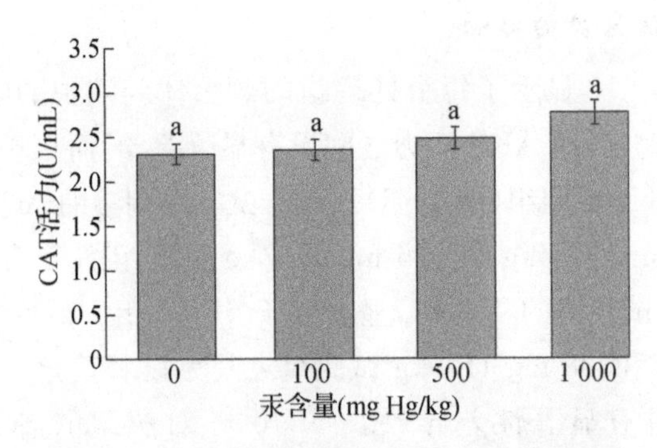


**图 4-12 饲料汞对含量刺参 CAT 活力的影响**

注：数据表示为平均值±标准差，不同字母表示组间有显著差异($P<0.05$)。

### 4.4.4 讨论

(1) 汞对刺参生长性能的影响

这项研究调查了非致死饮食汞对刺参生长性能、生物累积和抗氧化酶活力的影响。在饲养 21 d 后，676 mg Hg/kg 组刺参的体增重率显著低于对照组，这些结果与 Nazeemul (2011)发表的研究结果一致。Moniruzzaman 等(2017)也发现饲料中汞含量高的试验组中牙鲆的体重与对照组比显著降低。这表明本试验中刺参对低浓度的汞具有一定的耐受性，而饲料中的高浓度的汞可使刺参食欲降低，导致测试动物体重减轻。

(2) 汞对刺参酶活力的影响

SOD 是一种重要的抗氧化酶，它能够催化毒性高的高反应性 $O^{2-}$ 转化为反应性较小的 $O_2$ 和 $H_2O_2$ 以减少 ROS(Finkel et al, 2000)。汞对 SOD 活力的毒性作用可能源于 $Hg^{2+}$ 与 SOD 分子中 $Zn^{2+}$ 或 $Mn^{2+}$ 之间的相互作用。有趣的是，Huang 等(2006)发现 Cu/Zn-SOD 活力受到镉的强烈抑制，他推测其原因是镉的原子半径比锌大。在高镉浓度下，来自镉离子的空间位阻可能干扰锌向 SOD 蛋白中的渗入。在元素周期表 IIB 族中，汞的原子半径大于镉；因此，汞可能具有更强的竞争性抑制作用，并对 SOD 蛋白造成更多的损害。在本试验中刺参体腔液 SOD 活力和 T-AOC 都呈现降低的趋势，这与其他研究显示出相似的结果(路浩 等，2012；连祥霖，1997)。在本试验中，饲喂高剂量汞饲料的处理组对 SOD 活力有更大的抑制作用。

CAT 是一种酶促清除剂，可催化 $H_2O_2$ 分解成分子氧和水，从体内去除过氧化氢，是生物防御系统的关键酶之一(Chen et al，2015)。然而，在这项研究中，四

种处理在 CAT 活力方面均没有显著差异。这可能是因为 CAT 处于抗氧化系统的下游，在测试时间段内，CAT 活力没有发生任何变化。另一种解释是其他酶也可以消除 $H_2O_2$。根据 Guilherme 等(2008)的报道，防止 $H_2O_2$ 累积的第一道防线可能不只是 CAT。Guilherme 及其同事(2008)假设谷胱甘肽过氧化物酶(GPx)可能在中和过氧化氢形成中发挥关键作用。

AKP 的活力与环境密切相关，在水生动物的免疫系统中起重要的作用(Wu et al, 2013)。以前的报告表明，汞可以改变碱性磷酸酶的结构，进一步影响其活力(Stec et al, 2000)。因此，试验结果表明汞对 AKP 的抑制作用，与以前研究报道的汞暴露引起的 AKP 活力下降非常吻合(Zhao et al, 2012)。

(3) 汞对刺参组织中汞蓄积量的影响

在本试验中，4 种处理的设计浓度分别为 17.55，67.6，338，676 mg Hg/kg 干重。然而，恢复率(测量浓度和实际浓度百分比)随浓度下降。这可能是由于加工过程中的损失，进料中汞含量不均匀或者汞含量升高时的非线性关系。因此，实际暴露浓度可能介于实际浓度和名义浓度之间。结果还显示肠内汞含量高于其他组织。通常，通过汞盐急性中毒的目标是哺乳动物的胃肠道和肾脏(Bernhoft, 2011)。此外，肠内汞积聚高的另一个原因是因为该试验中的汞暴露途径来自饮食汞。这一结果与 Berntssen 等(2015)一起饲喂补充氯化汞(0，0.1，1，10 或 100 mg Hg/kg)的大西洋鲑(*Salmo salar*)鱼粉基础日粮 4 个月的结果相似。但是，水生动物中有毒金属的生物累积还取决于许多因素，如摄取和消除速率、生物利用度和环境条件等。事实上，鱼类中甲基汞(MeHg)的积累不仅仅受脂质溶解度的控制。先前的研究表明，MeHg 容易蓄积于鱼肌肉而不是脂肪组织(Mason et al, 1995)。然而水中暴露显示在脂鲤(*Brycon amazonicus*)的鳃中存在显著的汞蓄积(Monteiro et al, 2010)。此外，Huang 等也报道了鱼组织中汞含量的顺序如下：鳃＞肾＞肝＞肌肉(Huang et al, 2007)。Elia 等(2003)还在黑鮰(*Ictalurus melas*)中得出了相似的结论：鳃＞肝＞白肌＞心脏。刺参的呼吸树是最重要的器官之一，其结构和功能与鱼的鳃类似。因此，鳃和呼吸树中汞的积累也可能是类似的。Oliveira Ribeiro 等(2000)报道汞引起明显的鳃损伤。呼吸树中汞的毒性作用尚未广泛研究。然而，汞似乎会影响鱼类体内的钠调节，部分原因是鳃中钠和钾激活的 ATP 酶的活性降低，并且钠调节可以用作研究汞诱导的呼吸树损伤的参考。

汞损伤的相关机制尚未完全了解，但一般认为汞损伤的主要机制是诱导抗氧化酶和其他抗氧化蛋白质的破坏，导致血液、肝脏、肌肉和其他软组织中抗氧化平衡或氧化应激的破坏(Carvalho et al, 2015; Monteiro et al, 2010)。从分子的角度来看，汞具有各种形式的毒性，并通过改变蛋白质的三级和四级结构以及与巯基和硒基团结合而影响细胞功能(Guilherme et al，2008；Zhao et al，2012)。汞离子可以桥接两个半胱氨酸分子的活性位点，从而抑制 Trx(硫氧还蛋白)系统的活性，Trx(硫氧还蛋白)系统是过氧化物毒素的电子供体，或者直接作用于含巯基抗氧化剂和酶。同时，生物体通过以下方法自我保护：金属硫蛋白(MTs)结合金属；活性氧(ROS)被抗氧化剂分解。当 ROS 产生速率和抗氧化剂去除之间的平衡被破坏时，ROS 通过脂质过氧化、蛋白质氧化和 DNA 损伤诱导氧化损伤(Bernhoft，2011；Monteiro et al，2010；路浩 等，2012)。本研究不能验证中间过程，但抗氧化不平衡已反映在一些酶中。例如，随着汞含量增加，T-AOC 降低，这表明抗氧化酶系遭到破坏。

综上所述，刺参对汞具有一定的耐受性。长期暴露的饲料汞会蓄积在刺参的各个组织，主要是在肠道，其次是呼吸树，体壁蓄积最少；并且长期暴露在饲料汞中会对刺参的抗氧化能力造成一定的损伤。

## 4.5 重金属对刺参肠道健康的影响

### 4.5.1 引言

随着沿海经济的迅速发展，近岸海域受到不同程度的重金属污染(吴瑜瑞 等，1983)，这给水生生物的生存环境造成了严重影响。所有的水生生物都在一定程度上积累重金属。与其他污染物相比，重金属极难降解、不易分解、脂溶性强，被摄入动物体内后即溶于脂肪，很难分解排泄，会长期残存在生物体内。随着摄入量的增加，这些物质在体内的浓度会逐渐增大，最终通过食物链转移，使处于高位营养级的生物受到毒害，甚至威胁到人类健康(赵元凤 等，2008)。但适量的金属离子对维持水产动物的生理活动起着重要的作用。作为典型的沉积食性生物，刺参以沉积物中的有机物为营养来源，包括微生物和动、植物的有机碎屑等。这种特殊的生活习性使其易于受到沉积物重金属的污染，对其生理活动和经济价值产生不良影响(张鹏 等，2016)。

肠道是刺参的主要内脏之一，在代谢活动过程中发挥了重要的作用(张丛尧 等，2017)。刺参的肠道根据其延伸的方向和附着的位置可分为前肠、中肠和后肠，前肠附着于背肠系膜，位于食道、胃下方，肠道向下延伸快到泄殖腔处为第一下降部，即前肠，然后其转向左边往上延伸为上升部，即中肠，中肠附着于侧肠系膜，至咽部下方沿腹中线向下延伸至肛门为第二下降部，即后肠，后肠附着于肠系膜上(侯媛媛 等，2018)。刺参的食道和胃都很短，其黏膜层为假复柱状上皮，肌层最为发达，基本上不具酶活性，故食道和胃仅起运输和机械处理内含食物的作用。刺参

的消化吸收主要发生在前肠和中肠，前肠的前段有较多的黏液细胞，通过分泌黏液起到润滑和黏合食物颗粒的作用。前肠和中肠呈现蛋白酶、脂酶和非特异性酯酶活性，表明前肠和中肠具重要的分泌作用而进行对食物的细胞外消化。刺参无特化的消化腺，前肠和中肠则起到相应消化腺的作用。此外，前肠特别是中肠位置还具有吸收的结构特征，其内壁形成大量的、有分枝的褶皱，柱状细胞顶端有密集的微绒毛，扩大了吸收的表面积(崔龙波 等，2000)。

研究发现，刺参肠道内细菌数量为 $1.85\times10^5\sim2.17\times10^9$ cfu/g，大多数为异养细菌(李建光 等，2014)，其中以变形菌门、拟杆菌门、厚壁菌门细菌为主，还包括一定比例的柔膜菌门、疣微菌门、酸杆菌门、浮霉菌门和梭杆菌门细菌等。刺参肠道内微生物菌群也可分为内部菌群和外来菌群。其中需氧菌和兼性厌氧菌为优势菌群，专性厌氧菌等其他菌群也占有一定比例。菌群在疾病防御中发挥重要作用，它通过产生抗菌物质来抑制致病菌进入组织(陈文博 等，2014)。

## 4.5.2　材料与方法

将新鲜刺参称体重、测体长后，置于冰盘中处死，解剖取出肠，剔除呼吸树、肠内容物及肠系膜上的脂肪组织，将肠用预冷去离子水冲洗干净，再用滤纸轻轻吸干水分，然后置于冰箱中－20 ℃保存。或者用含有重金属添加剂的饲料去投喂刺参，30 d 后按以上方式进行试验操作(王晶，2016)。测定时，从冰箱中取出待测样品，称重，于 4 ℃解冻剪碎，按样品重加入一定比例的预冷去离子水，置于高速组织捣碎机中冰浴匀浆后，将匀浆液在 4 ℃、10 000 r/min 的速率下离心 20 min，收集上清液即为粗酶液，置于 4 ℃冰箱中，24 h 内检测酶活性。

分别配制浓度为 0、20、40、60、80、100 μg/mL 的酪氨酸溶液，分别吸取 1 mL 加入已编号的 6 支试管中，再分别加入 0.55 mol/L 的 $Na_2CO_3$ 溶液 5 mL 和 1 mL 福林-酚乙液，摇匀置于水浴锅中，40 ℃保温发色 15 min，在 680 nm 波长处测定 OD 值。以酪氨酸浓度为横坐标、净 OD 值为纵坐标，绘制标准曲线得出标准曲线回归方程：$y=0.0096x+0.0085$，$R^2=0.9995$。取 4 头试管，1 支空白，3 支平行，分别加入 1 mL 于 40 ℃预热 5 min 的酶液，3 支平行管中加入提前预热 5 min 的 1.0% 干酪素 2 mL，于 37 ℃恒温水浴中反应一定时间，然后加入三氯乙酸终止反应，空白管先加入三氯乙酸终止反应再加底物。于 4 000 r/min 离心 10 min，取上清液 1.0 mL 与 0.55 mol/L 的 $Na_2CO_3$ 5 mL 混匀，再加入 1.0 mL 福林-酚试剂乙液摇匀，40 ℃显色 15 min，于 680 nm 下测吸光值。根据蛋白酶活力公式计算蛋白酶活力。

配制浓度为 0、10、30、50、70、90 μg/mL 的标准麦芽糖溶液，在试管中分别加入 DNS 试剂 1 mL，混匀，沸水浴 5 min 后，取出流水冷却，用蒸馏水稀释至 20 mL，

用分光光度计于 500 nm 波长处比色，测定 OD 值，空白管作对照。以麦芽糖含量为横坐标、OD 值为纵坐标，绘制标准曲线。标准曲线回归方程为：$y=0.418\ 3x-0.013\ 3$，$R_2=0.999\ 0$。分别取 1 mL 以不同 pH 缓冲液配制的底物溶液，加入 1.0 mL 酶液，在 37 ℃恒温水浴锅中反应一定的时间，用 2 mol/L 的 NaOH 溶液终止反应，对照管中先加 NaOH 溶液终止反应再加底物，然后加入 DNS 试剂 1 mL，煮沸 5 min，流水冷却，稀释至 20 mL，于 500 nm 处测吸光值。根据淀粉酶活力计算公式求出数值。

分别配制浓度为 $4\times10^{-3}$ mol/L 的不同金属离子溶液（$Cu^{2+}$、$Ca^{2+}$、$Ba^{2+}$、$Zn^{2+}$、$K^{+}$、$Fe^{2+}$、$Ag^{+}$、$Pb^{2+}$、$Al^{3+}$、$Cr^{3+}$），将粗酶液与金属离子溶液 1∶1 混合，使金属离子在酶液中的终浓度为 $2\times10^{-3}$ mol/L，4 ℃静置 30 min，然后在消化蛋白酶和淀粉酶的最适条件下按常规法测定蛋白酶和淀粉酶的活力，以不加金属离子的酶活力为 100%（李淑霞，2010）。

## 4.5.3 结果

各种金属离子对刺参肠道消化蛋白酶活力的影响如图 4－13 所示。$Ag^{+}$ 和 $Cu^{2+}$ 对刺参消化蛋白酶的抑制作用比较明显（相对酶活力分别为 1.99% 和 47.63%）；$Ca^{2+}$ 对酶的活力无明显影响；$K^{+}$、$Ba^{2+}$、$Zn^{2+}$、$Pb^{2+}$、$Fe^{2+}$、$Al^{3+}$、$Cr^{3+}$ 对酶均有一定程度的激活作用，其中 $Pb^{2+}$ 和 $Fe^{2+}$ 激活作用明显（相对酶活力分别为 124.78%和 122.04%），$K^{+}$、$Zn^{2+}$ 和 $Cr^{3+}$ 激活作用不明显，$Ba^{2+}$ 和 $Al^{3+}$ 对酶有微弱的激活作用。王吉桥（2007）研究发现 $Hg^{2+}$、$Mn^{2+}$、$Ag^{+}$、$Pb^{2+}$、$Ba^{2+}$、$Ca^{2+}$ 对刺参消化蛋白酶的活力有抑制作用，$Cu^{2+}$、$Zn^{2+}$、$Mg^{2+}$ 则对酶活力有一定的促进作用。在本试验中，金属离子对刺参消化酶作用效果与上述研究结果并不一致，可能是金属离子浓度不同所致。9 种金属离子对海参蛋白酶活力的影响表现出不同的趋势，这可能是由于金属离子与酶的作用机制不同。

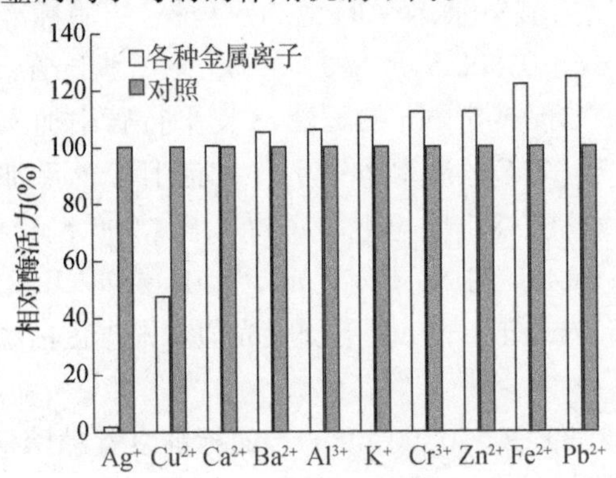


图 4－13　金属离子对刺参肠道消化蛋白酶活力的影响

金属离子对刺参肠道消化淀粉酶活力的影响如图 4－14 所示。其中 $Cu^{2+}$、$Cr^{3+}$、$Al^{3+}$、$Zn^{2+}$、$Pb^{2+}$、$Fe^{2+}$ 对消化淀粉酶均具有不同程度的抑制作用，相对酶活力分别为 0.00％、10.82％、14.84％、19.27％、23.41％、27.78％；$K^+$、$Ag^+$、$Ba^{2+}$、$Ca^{2+}$ 对酶活力均有一定的激活作用，其中 $K^+$ 作用效果不明显，$Ca^{2+}$ 具有较强的激活作用，对维持酶活力有明显效果。一价金属离子 $K^+$ 对淀粉酶活力影响较小，这可能是由于 $K^+$ 在细胞内外都是常见的，在生物学上的主要作用是中和阴离子的电荷和保持细胞内外渗透压。经长期进化，淀粉酶的结构与功能已经适应的 $K^+$ 的存在，所以 $K^+$ 对淀粉酶活力影响较小。二价金属离子 $Ba^{2+}$、$Ca^{2+}$ 能使淀粉酶活力增强，其原因可能是金属离子进入酶的 $Ca^{2+}$ 区域维持了酶的活力构象；重金属 $Cu^{2+}$、$Pb^{2+}$ 对酶活性的抑制作用机理可能是它们与酶蛋白具有较高的亲和力，重金属占据了酶的 $Ca^{2+}$ 结合位点，同时在结合位点以外的氨基酸残基上与其他功能基团结合，使构象紧缩，封闭了疏水的活性部位，改变了酶的构象，从而使酶的活力受到了抑制。相关研究发现 $Ca^{2+}$ 对加州美对虾淀粉酶(陈丽萍 等，2005)三疣梭子蟹中肠淀粉酶活力具有促进作用(胡毅 等，2006)，与本试验的结论相似。$Ba^{2+}$ 对皱纹盘鲍的淀粉酶活力有显著的促进作用，这与本试验结果一致，而对尼罗罗非鱼淀粉酶活力则有抑制作用(谢进金 等，2007)，与试验的结论相反。可见二价金属离子对不同种类生物消化酶的作用效果并不完全一致，有时甚至是完全相反的。这可能是因为 $Ca^{2+}$、$Ba^{2+}$ 都能形成六个配位键的络合物，因此对不同的酶作用的机理有所不同。重金属离子 $Cu^{2+}$、$Pb^{2+}$ 对金鱼淀粉酶的活力具有显著的抑制作用(谢进金 等，2008)。

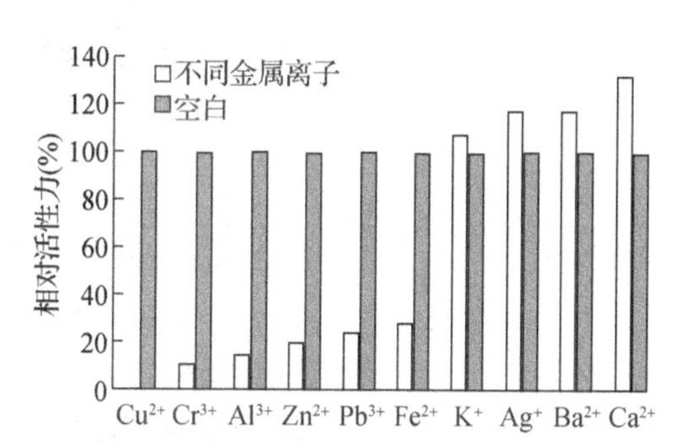


**图 4－14 不同金属离子对刺参肠道消化淀粉酶活性的影响**

## 4.5.4 讨论

酶的活力常受到某些物质的影响，很少量的激活剂或抑制剂就会影响酶的活力，而且常具有特异性。值得注意的是激活剂和抑制剂不是绝对的，有些物质在很低浓度时为某种酶的激活剂，在高浓度时则成为该酶的抑制剂，例如某些金属离子常常就是酶的激活剂或抑制剂。现已证实，金属离子能以不同的方式与底物、酶的活性产物及酶本身产生极强的亲和力，从而导致酶活力的改变，有些能对酶活力产生抑制作用，有些则能激发酶的催化功能。一般说来，处于正常低浓度的某些必需金属离子(包括 $Ca^{2+}$，$K^{+}$，$Fe^{2+}$，$Mn^{2+}$，$Mg^{2+}$，$Zn^{2+}$，$Cu^{2+}$ 等)在水产动物体内含量虽少，但却具有重要的生理功能，它们是许多酶的辅基成分、激活剂或某些维生素、激素的重要成分，构成软组织中某些特殊功能的有机化合物，对维持水产动物的生化代谢活动起着重要的作用。饲料中缺乏微量金属元素或其含量不足，动物会出现各种微量元素缺乏症。因此，在水产动物的配制饲料中常需额外添加微量金属元素，以补充饲料中所含微量金属元素的不足，从而有效地提高饲料的利用率，减少对水体的污染与资源浪费。水产动物能从水环境中吸收矿物质来满足自身的需要，故推测在正常情况下这些重金属离子均不会抑制消化酶活力。但当饲料中金属元素添加不当或过多、水质污染或使用重金属药物时，则会抑制酶的生理活性，取代酶的必需金属离子，改变生物大分子的活性，从而引起水产动物在形态、生理和行为上的变化，引起水产动物慢性中毒，对水产动物的生长不利，而且通过富集作用，作为人的食品，对人身体健康产生危害。有毒金属离子与酶之间可能存在着 2 种作用形式：一是有毒金属离子置换酶活性中心的必需金属；二是有毒金属离子结合酶分子中的功能基团，从而导致酶失活。大多研究认为重金属离子对酶有较强的抑制作用，这与一些文献中提到的某些重金属对蛋白的毒害作用相符(即所谓的蛋白质中毒)，在养殖过程中常用过量的 EDTA 来中和海水中的重金属离子。

## 4.6 维生素 C 营养干预对刺参重金属蓄积的影响

### 4.6.1 引言

维生素 C 又称抗坏血酸，是一种动物必需的微量营养素，是一种六碳多羟基的不饱和酸性化合物，是天然的水溶性维生素和非酶类抗氧化剂。维生素 C 参与许多生理过程，如生长、繁殖、发育、伤口愈合、应激反应等，是一种水生动物必需的、具有多重生物学功能的营养素。尽管水生动物正常所需的维生素 C 是微量的，但是为了提高水生动物的抗应激和抗病能力，水产养殖中对维生素 C 的需求大大提高。维生素 C 有抑制硝酸铵生成、增强免疫功能、抗应激反应、解毒、降低过氧化脂质及降低血清胆固醇的作用等(周显青 等，2004)。维生素 C 作为一种强抗氧化剂，它的最大特性是还原性，能直接通过清除活性氧和间接通过其他抗氧化系统的再生完成机体抗氧化。在不受抗氧化剂影响的情况下，ROS 可以启动所有生物分子发生氧化反应，其中关于 DNA、脂质、蛋白质氧化的研究最为广泛(王莹 等，

2009)。在有金属离子存在的情况下，维生素 C 有较强的亲氧化剂活性，它作为还原剂催化金属离子还原。

维生素 C 还是重要的非特异性抗自由基物质，它可以清除氢氧基、过氧化物和超氧化物等自由基(Sarm et al, 2005)；同时它以时间依赖性方式进入细胞内，改善细胞内的氧化还原状态。据报道，维生素 C 可以还原氧化型谷胱甘肽为还原型谷胱甘肽，而还原型谷胱甘肽能络合重金属离子，使被重金属离子干扰的酶恢复活性。也有报道称维生素 C 可以部分拮抗铅、镉、汞的联合损害对 ALT 的影响，但对谷胱甘肽氧化酶活力损伤的拮抗作用不明显。在研究维生素 C 对铅中毒的幼年大鼠海马的保护作用中发现(胡志成 等，2009)，添加维生素 C 组比铅中毒组的大鼠血液中铅含量低，维生素 C 可降低染铅幼年大鼠血铅浓度，并具有抗海马细胞损伤的作用。在研究铅与维生素 C 对小鼠肝脏脂质过氧化的影响中发现(孙超 等，2007b)，铅可增强小鼠肝脏脂质过氧化，而维生素 C 能减轻铅引起的过氧化损伤。试验将以重金属铅为例，探讨维生素 C 对刺参重金属蓄积的影响。

### 4.6.2　材料与方法

试验材料选用大连水益生海洋生物科技股份有限公司春季刺参苗种。从 2 000 头幼参中随机选取 300 头大小相等的刺参进行试验。试验饲料以马尾藻粉、酵母粉、鱼粉、豆粕、微晶纤维素为主要原料，各饲料组均添加 100 mgPb/kg 的铅，处理组饲料中添加维生素 C 多聚磷酸酯，设计维生素 C 添加量分别为 0、3 000、5 000、10 000 和 15 000 mg/kg。

试验刺参到达实验室后先置于 4 个 200 L 水槽中暂养 2 周，达到刺参最适生长环境后，开始试验。整个饲养试验期间共取样 3 次，分别于第 10 d、20 d、30 d 各取样一次。第 10 d 和 20 d 时，每次每个试验组共取样 10 头，采集组织样品用于铅含量的测定。第 30 d 试验结束时，饥饿处理 24 h，然后收集样品。首先，用滤纸吸干试验刺参表面水分，对每个试验单元刺参进行计数与称重，计算成活率、体增重率、特定生长率等生长指标。

养殖试验结束后，首先饥饿处理 24 h，而后进行样品的收集。从每个平行试验组中随机取 5 或者 6 头刺参，用滤纸吸干刺参表面水分后立即置于冰盘上进行解剖，获取体壁或体腔液。使用低温冷冻离心机于 4 ℃，3 000 r/min 离心 10 min 后取上清，分装于 1.5 mL 离心管后(每管 0.5 mL)置于－80 ℃冰箱中保存，用于超氧化物歧化酶(SOD)活力、谷胱甘肽过氧化物酶(GSH-Px)活力、丙二醛(MDA)含量、过氧化氢酶(CAT)活力等的测定。测定方法参照南京建成科技有限公司相关试剂盒说明书进行(赵阳 等，2013)。

## 4.6.3 结果

(1) 刺参组织中含铅量的变化

饲喂试验饲料 30 d 后，各维生素 C 添加组与对照组相比特定生长率和体增重率都显著升高($P<0.05$)。

此外，所有维生素 C 添加组刺参的存活率都达到 98%以上。各试验组饲喂饲料 10 d、20 d、30 d 后，刺参体内各组织中铅含量如表 4-10 所示。刺参的总铅含量、呼吸树中铅含量随着饲料维生素 C 的添加量的增加而降低。刺参体壁中铅含量在养殖时间为 20 d 时达到最低，然而随着养殖时间的增长，体壁中铅的蓄积量有所上升，说明维生素 C 减少刺参体壁中铅残留的作用在短时间内效果最佳。饲料中添加 3 000 mg/kg 维生素 C 时，刺参的总铅含量最少，为 1.03 μg/g；饲料中添加 10 000 mg/kg 维生素 C 时，刺参组织中呼吸树的铅含量最少。各试验组刺参肠中铅的蓄积量在第 20 d 时达到最高，随后在第 30 d 时降低，饲料中添加 5 000 mg/kg 的维生素 C 时，肠中铅含量最少。

**表 4-10 饲料中添加 VC 对刺参组织铅含量的影响**

| | 时间 | 对照组 | VC 3 000 mg/kg | VC 5 000 mg/kg | VC 10 000 mg/kg | VC 15 000 mg/kg |
|---|---|---|---|---|---|---|
| 总铅含量 | 10 d | 0.94±0.07$^{Bc}$ | 7.83±0.18$^{Cb}$ | 7.56±0.17$^{Cb}$ | 6.18±0.15$^{Ca}$ | 11.22±0.24$^{Bd}$ |
| | 20 d | 1.83±0.07$^{Ab}$ | 1.80±0.12$^{Bc}$ | 1.62±0.03$^{Bb}$ | 1.49±0.07$^{Aab}$ | 2.72±0.15$^{Aa}$ |
| | 30 d | 1.80±0.07$^{Ab}$ | 1.03±0.06$^{Aa}$ | 1.20±0.05$^{Aa}$ | 2.14±0.18$^{Bc}$ | 3.71±0.23$^{Cd}$ |
| 体壁 | 10 d | 11.07±0.14$^{d}$ | 8.53±0.16$^{Cc}$ | 2.34±0.11$^{Ba}$ | 8.59±0.16$^{Cc}$ | 5.02±0.10$^{Bb}$ |
| | 20 d | 1.16±0.07$^{Ab}$ | 1.47±0.04$^{Ac}$ | 1.21±0.10$^{Ab}$ | 1.08±0.06$^{Aab}$ | 1.01±0.10$^{Aa}$ |
| | 30 d | 1.16±0.07$^{Aa}$ | 3.82±0.15$^{Bc}$ | 5.28±0.11$^{Cd}$ | 1.45±0.22$^{Bb}$ | 6.39±0.18$^{Ca}$ |
| 呼吸树 | 10 d | 0.13±0.02$^{Aa}$ | 0.62±0.03$^{Cc}$ | 0.31±0.02$^{Cd}$ | 0.16±0.03$^{Aa}$ | 0.33±0.02$^{Bb}$ |
| | 20 d | 0.51±0.03$^{Bd}$ | 0.26±0.01$^{Bb}$ | 0.31±0.02$^{Bc}$ | 0.17±0.01$^{Aa}$ | 0.28±0.02$^{Abc}$ |
| | 30 d | 0.51±0.03$^{Bd}$ | 0.17±0.01$^{Ab}$ | 0.16±0.02$^{Aab}$ | 0.13±0.02$^{Aa}$ | 0.36±0.03$^{Bc}$ |

续表 4－10

| | 时间 | 对照组 | VC 3 000 mg/kg | VC 5 000 mg/kg | VC 10 000 mg/kg | VC 15 000 mg/kg |
|---|---|---|---|---|---|---|
| 肠 | 10 d | 0.37±0.01$^{Ac}$ | 0.37±0.02$^{Bc}$ | 0.31±0.02$^{Bb}$ | 0.23±0.01$^{Aa}$ | 0.24±0.01$^{Aa}$ |
| | 20 d | 1.00±0.02$^{Ba}$ | 1.02±0.02$^{Ca}$ | 1.17±0.07$^{Cb}$ | 1.36±0.11$^{Cc}$ | 1.28±0.04$^{Cc}$ |
| | 30 d | 1.01±0.02$^{Bd}$ | 0.24±0.28$^{Ab}$ | 0.13±0.02$^{Aa}$ | 0.53±0.03$^{Bc}$ | 0.53±0.04$^{Bc}$ |

注：数值表示为均值±标准差，表中同一行标有不同小写字母表示组间有显著差异($P$<0.05)，标有相同小写字母表示差异不显著($P$>0.05)。

(2) 不同维生素 C 含量的饲料对刺参抗氧化能力指标的影响

饲喂试验饲料 30 d 后，随着饲料中维生素 C 含量的增加，刺参体壁中 SOD 活力呈现出上升的趋势，其中添加维生素 C 10 000 mg/kg 和 15 000 mg/kg 饲料组与对照组相比 SOD 活力显著升高($P$<0.05)；刺参体壁中 GSH-Px 活力呈现出上升的趋势，与对照组相比，添加维生素 C 3 000 mg/kg 和 5 000 mg/kg 饲料组刺参体壁中 GSH-Px活力显著降低($P$<0.05)，添加维生素 C 10 000 mg/kg 和 15 000 mg/kg 饲料组刺参体壁中 GSH-Px 活力极显著降低；刺参体壁中总抗氧化能力呈现出上升的趋势，其中添加维生素 C 10 000 mg/kg 和 15 000 mg/kg 饲料组与对照组相比刺参体壁总抗氧化能力显著升高($P$<0.05)。而随着饲料中维生素 C 含量的增加，刺参体壁中丙二醛含量呈现出下降趋势。其中添加维生素 C 10 000 mg/kg 和 15 000 mg/kg 饲料组与对照组相比丙二醛含量显著升高($P$<0.05)。

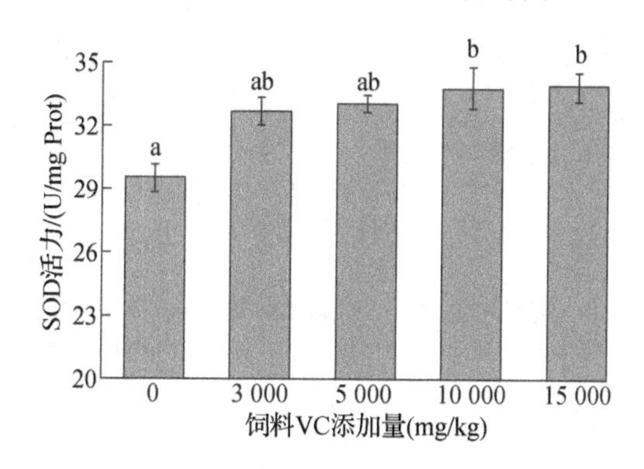


图 4－15　饲料中添加 VC 对刺参体壁 SOD 活力的影响

注：数据表示为平均值±标准差，字母 a，b 表示组间有显著差异($P$<0.05)。

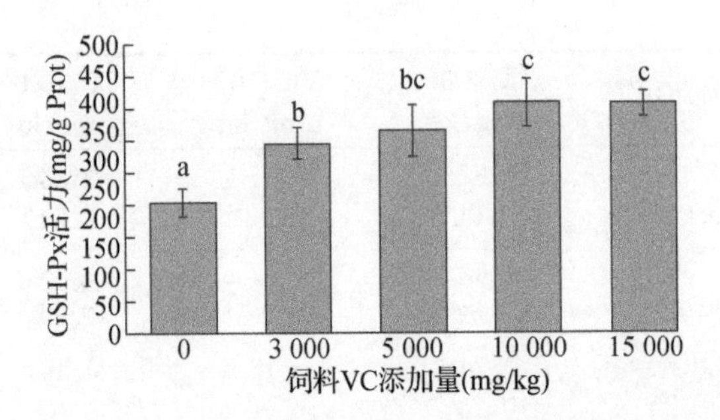


**图 4-16 饲料中添加 VC 对刺参体壁中 GSH-Px 活力的影响**

注：数据表示为平均值±标准差，字母 a，b 表示组间有显著差异($P<0.05$)。

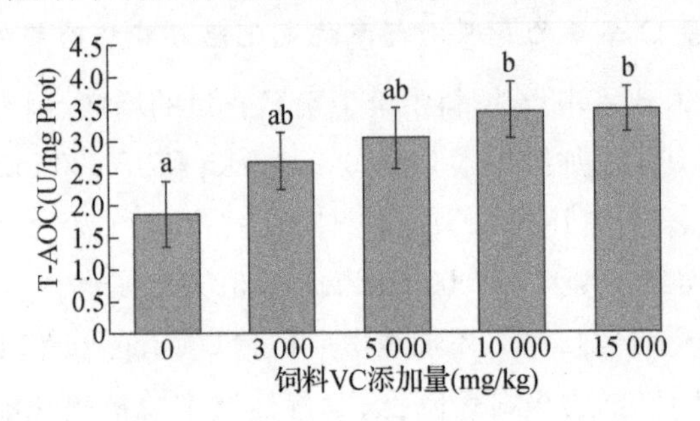


**图 4-17 饲料中添加 VC 对刺参体壁中 T-AOC 的影响**

注：数据表示为平均值±标准差，字母 a，b 表示组间有显著差异($P<0.05$)。

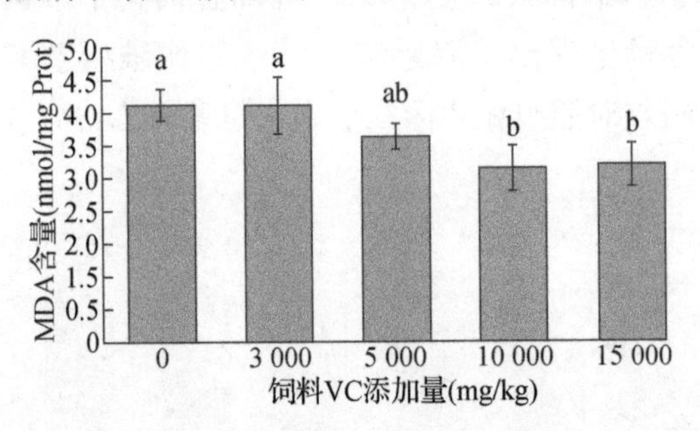


**图 4-18 饲料中添加 VC 对刺参体壁中 MDA 含量的影响**

注：数据表示为平均值±标准差，字母 a，b 表示组间有显著差异($P<0.05$)。

### 4.6.4 讨论

维生素 C 的主要生理功能是参与氧化还原反应，调节物质和能量代谢，是维持鱼类机体正常生命活动不可缺少的有机化合物；尽管机体对其需求量很少，但由于鱼类本身不能在体内合成，或合成量有限而不能满足机体的需要，故鱼类必须从日

粮中摄取以保证其健康生长(张建通,2005)。此外,研究发现维生素 C 在免疫应答中也起着重要作用,高剂量的维生素 C 能促进鱼类对某些病原体的特异性抗体的产生,如添加高剂量维生素 C 的日粮可提高虹鳟巨噬细胞的活性(Verlhac et al, 1996)。由于维生素 C 可促进鱼体抗体的产生,所以 VC 对鱼类免疫系统的提高作用可能是其降低某些金属离子(如 Cd、Ni、Pb 等)对鱼免疫系统产生毒性影响的原因(唐黎 等,2011)。重金属离子可与体内含巯基酶结合使其失活中毒,而维生素 C 能使氧化型谷胱甘肽转化成还原型,后者与重金属络合减少其被吸收和加快其分泌排出体外(Jiraungkoorskul et al,2007)。同时,维生素 C 还具有明显的亲核特性,能够捕获金属离子产生的自由基或活性氧,阻止其与 DNA 上的亲核位点结合,免受其毒害作用(Hounkpatin et al,2012; Korkmaz et al,2009)。细胞和器官组织也有多种方式来抵抗重金属离子对机体的毒害作用,如修复损伤或直接削弱促氧化反应。维生素 C 作为一种自由基清除剂能够很好地发挥其抗氧化功能,从而增强机体的免疫能力(Narra et al,2015),起到解毒作用。

重金属铅在动物体内的半衰期很长,为已知的最易在体内蓄积的毒物。目前国内外对铅在各组织器官的富集、分布以及代谢的研究较多(刘长发 等,2001;Allen et al,1995),而关于铅对刺参影响的研究鲜有报道。刺参属于底栖生物,以底泥为食,属于易受铅污染的水生生物。在试验中,刺参总的铅蓄积量和呼吸树中的铅含量在 3 000 mg/kg 到 10 000 mg/kg 的维生素 C 添加范围内,表现出不同程度的降低。这说明:饲料中添加维生素 C 对降低刺参组织铅含量有一定的帮助作用。其中,体壁中铅的蓄积量在养殖时间为 20 d 时达到最低,但是随着养殖试验的继续,在养殖 30 d 时蓄积量有所上升,说明维生素 C 减少刺参体壁中的铅残留在短时间内效果最佳。肠中铅含量在第 20 d 时升高,而后在第 30 d 时降低,可能原因是肠是吸收铅的最主要部位,长时间积累的铅超过其维生素 C 清除能力,而在第 30 d 时维生素 C 渐渐发挥作用,排除肠内蓄积的重金属铅。过氧化物($O_2^-$、ROS、$H_2O_2$、$OH^-$)在所有好氧生物正常代谢过程中聚集,使细胞脂质过氧化,蛋白质交联、失活,破坏 DNA、RNA,甚至造成细胞死亡(Halliwell et al,1984; Hu et al, 1995; Wiseman et al,1996)。有研究表明,维生素 C 可以清除过氧化物、过氧化氢、羟基自由基和单态氧(Young et al,2001)。超氧化物歧化酶和一些非酶的抗氧化剂如维生素 C、维生素 E 等协同作用,是去除氧代谢产生的氧自由基 ROS 毒性的重要因素(Hassan et al,1988; Bendich et al,1986)。在本试验中,随着饲料中维生素 C 含量的增加,刺参体壁中 SOD、GSH-Px 酶活力和总抗氧化能力随之增强, MDA 含量降低。这表明,饲料中添加维生素 C 增加了刺参的抗氧化能力,在一定程度上缓解了铅对刺参的毒性。但是刺参养殖水体中含有多种重金属,维生素 C 是否能缓解其他重金属对刺参的毒性需要进一步研究。并且水体中往往有多种毒性物质共存，其联合毒性作用既可能是毒性的相加作用，也可能是小于相加作用的拮抗作用，或者是大于相加作用的协同作用。因此，不能单单考虑重金属毒性物质对刺参的毒性，还应重视多种毒物的联合毒性效应，这对指导刺参健康养殖有着更加现实的意义(孙振兴 等,2009)。

## 参考文献

陈丽萍,王弘,2005.硫酸多糖的结构与生物活性关系研究现状[J].广州化工,33(5):21-23.

陈文博,许延,宋晓阳,等,2014.刺参肠道菌群和消化酶在生态养殖中的作用及研究[J].水产养殖,35(7):12-16.

崔龙波,董志宁,陆瑶华,2000.仿刺参消化系统的组织学和组织化学研究[J].动物学杂志,35(6):2-4.

戴伟,金成官,傅玲琳,等,2009.饲料铅对罗非鱼肝胰脏抗氧化防御系统及显微结构的影响[J].浙江大学学报,35(3):350-354.

戴伟,2008.饲料铅对罗非鱼的毒性及硅酸盐纳米级微减轻其毒性危害影响的研究[D].杭州:浙江大学.

杜建国,陈彬,赵佳懿,等,2013.应用物种敏感性分布评估重金属对海洋生物的生态风险[J].生态毒理学报,8(4):561-570.

方展强,王春凤,2005.硒对汞致剑尾鱼鳃和肝组织总抗氧化能力变化的拮抗作用[J].实验动物与比较医学(25):136-139.

龚梦丹,顾燕青,王小雨,等,2015.杭州市菜地蔬菜重金属污染评价及其健康风险分析[J].浙江农业学报,27(6):1024-1031.

侯媛媛,陈慕雁,2018.仿刺参肠道神经定位初步研究[J].中国海洋大学学报,49(2):30-35.

胡毅,潘鲁青,2006.10种金属离子对三疣梭子蟹中肠腺消化酶活性的影响[J].热带海洋学报,25(6):54-59.

胡志成,郝雯颖,陈洁,等,2009.维生素C对铅中毒幼年大鼠海马的保护作用[J].南开大学学报(自然科学版)(6):31-36.

惠天朝,施明华,猪荫湄,2000.硒对罗非鱼慢性镉中毒肝抗氧化酶及转氨酶的影响[J].中国兽医学报(3):264-266.

匡维华,张德云,黄雪源,2007.重金属Cd,Hg,Pb在鳗鱼体内残留规律的研究[J].科技通报,23(5):689-692.

李建光,徐永平,李晓宇,等,2014.不同养殖季节仿刺参肠道与养殖环境中菌群结构的特点[J].水产科学,33(9):562-568.

李流川,李德华,常虹,等,2017.2014—2015年达州市食品中重金属及有害元素监测结果分析[J].现代预防医学(1):45-50,56.

李淑霞,2010.海参蛋白酶与淀粉酶性质的研究[D].大连:大连工业大学.

连祥霖,1997.外源性超氧化物歧化酶对氯化汞免疫毒性的影响[J].中国公共卫生学报

(3):190 - 191.

刘长发,陶澍,龙爱民,2001.金鱼对铅和镉的吸收蓄积[J].水生生物学报,25(4):344 - 349.

刘美江,2011.饲料中的重金属污染对家禽的危害[J].山东畜牧兽医,32(8):53 - 54.

柳学周,徐永江,兰功刚,2006.几种重金属离子对半滑舌鳎胚胎发育和仔稚鱼的毒性效应[J].渔业科学进展,27(2):33 - 42.

陆超华,周国军,谢文造,1999.近江牡蛎对Pb的累积和排出[J].海洋环境科学,18(2):33 - 38.

路浩,张浩,赵宝玉,等,2012.氯化汞对SD大鼠脑组织氧化损伤的影响[J].中国兽医学报,32(1):122 - 124.

丘耀文,颜问,王肇鼎,等,2005.大亚湾海水、沉积物和生物体中重金属分布及其生态危险[J].热带海洋学报,24(5):69 - 76.

阮晓,郑春霞,王强,等,2001.重金属在罗非鱼淡水白鲳和鲤鱼体内的蓄积[J].农业环境保护,20(5):357 - 359.

盛蒂,朱兰保,陈健,2014.蚌埠地区主要谷物重金属含量及健康风险评价[J].安全与环境学报,14(4):263 - 266.

孙超,候增淼,谢亮,等,2007a.铅与VC对蛋仔鸡血液生化指标的影响[J].家畜生态学报,28(2):17 - 20.

孙超,王丽,2007b.铅与维生素C对小鼠肝脏脂质过氧化的影响[J].中国农学通报,23(8):13 - 16.

孙振兴,王慧思,王晶,等,2009a.汞、镉、硒对刺参(*Apostichopus japonicus*)幼参的单一毒性与联合毒性[J].海洋与湖沼,40(2):228 - 234.

孙振兴,张梅珍,徐炳庆,等,2009b.重金属毒性对刺参幼参SOD活性的影响[J].水产科学(33):27 - 31.

唐黎,李辉,牟洪民,等,2011.鱼类维生素C营养的研究概况[J].饲料工业,12(32):56 - 60.

王吉桥,唐黎,许重,等,2007.温度、pH和金属离子对仿刺参蛋白酶活力影响的研究[J].海洋科学,31(11):14 - 18.

王晶,2016.维生素C对刺参(*Apostichopus japonicus*)镉中毒的缓解作用研究[D].大连:大连海洋大学.

王夔,2005.生命科学中的微量元素[M].北京:中国计量科学出版社:850 - 885.

王莹,康万利,辛士刚,等,2009.鲍鱼、刺参中微量元素的分析研究[J].光谱学与光谱分析,29(2):511 - 514.

吴瑜瑞,曾继业,1983.河口、港湾和近岸海域重金属的污染程度与背景值[J].海洋环境科学(4):64 - 71.

谢进金,蔡炳炎,李实攀,2008.金鱼淀粉酶性质的初步研究[J].泉州师范学院学报,26(6):81 - 85.

谢进金,蒋娜红,洪绿萍,等,2007.尼罗罗非鱼淀粉酶性质的初步研究[J].淡水渔业,37(2):34 - 37.

于炎湖,2003.饲料安全性问题[J].养殖与饲料(2):3 - 5.

袁思平,孙绣华,纪爱民,等,2013.我国部分大中城市蔬菜中重金属污染状况分析[J].安徽农业科学,41(1):247-248.

曾晓敏,施国新,徐勤松,等,2002. $Hg^{2+}$、$Cu^{2+}$胁迫下茶菱保护酶系统的防御作用[J].应用与环境生物学报(8):250-254.

张丛尧,吴反修,张建强,等,2017.镉对刺参幼参体内金属硫蛋白含量及其变化规律的影响[J].大连海洋大学学报,32(2):184-188.

张建通,2005.鱼类的维生素C营养[J].河北渔业(5):5-11.

张鹏,邢晓磊,孙静娴,等,2016.重金属对海参的污染及毒性毒理研究进展[J].海洋环境科学,35(1):149-154.

张英慧,袁东亚,赵志鹏,等,2011.重金属铅污染对动植物的危害综述[J].安徽农学通报(下半月刊),17(2):55-56.

张迎梅,王叶菁,虞闰六,等,2006.重金属$Cd^{2+}$、$Pb^{2+}$和$Zn^{2+}$对泥鳅DNA损伤的研究[J].水生生物学报,30(4):399-403.

赵建明,2008.肉鸡饲料中重金属的吸附脱毒研究[D].武汉:华中农业大学.

赵阳,李元莉,刘广,等,2013.饲料中添加维生素C对水生生物铅中毒的缓解作用[J].河北渔业(6):37-41.

赵元凤,吴益春,吕景才,等,2008.重金属铅在刺参组织的蓄积、分配、排放规律研究[J].农业环境科学学报,27(4):1677-1680.

周显青,李胜利,王晓辉,等,2004.VC多聚磷酸酯对小鼠肝脏脂质过氧化物和抗氧化物酶的影响[J].动物学报,50(3):370-374.

朱莎,张爱婷,代腊,等,2012.饲料铅污染对蛋鸡生产性能、蛋品质及抗氧化能力的影响[J].动物营养学报,24(3):534-542.

Allen P, 1995. Soft - tissue accumulation of lead in the blue tilapia, *Oreochromis aureus* (Steindachner), and the modifying effects of lead and mercury[J]. Biological Trace Element Research, 50(3): 193-208.

Amlund H, Lundebye A K, Berntssen M H, 2007. Accumulation and elimination of methylmercury in Atlantic cod (*Gadus morhua* L.) following dietary exposure[J]. Aquatic Toxicology, 83:323-330.

Ardelt B K, Borowitz J L. Isom G E, 1989. Brain lipid peroxidation and antioxidant protection mechanisms following acute cyanide intoxication[J]. Toxicology, 56: 147-154.

Asagba S O, Eriyamremu G E, Igberaese M F, 2008. Bioaccumulation of cadmium and its biochemical effect on selected tissues of the catfish (*Clarias gariepinus*)[J]. Fish Physiology Biochemistry, 34: 61-69.

Atli G, Alptekin Ö, Tükel S, et al, 2006. Response of catalase activity to $Ag^{+}$, $Cd^{2+}$, $Cr^{6+}$, $Cu^{2+}$ and $Zn^{2+}$ in five tissues of freshwater fish *Oreochromis niloticus*[J]. Comparative Biochemistry and Physiology C, 143: 218-224.

Ay Ö, Kalay M, Tamer L, et al, 1999. Copper and lead accumulation in tissues of a

freshwater fish *Tilapia zillii* and its effects on the branchial Na, K-ATPase activity[J]. Bulletin of environmental contamination and toxicology, 62: 160 - 168

Bakalli R I, Pesti G M, Ragland W L, 1995. The magnitude of lead toxicity in broiler chickens[J]. Veterinary and Human Toxicology, 37(1): 15 - 23.

Bendich A, Machlin L J, Scandurra O, et al, 1986. The antioxidant role of vitamin C[J]. Free Radical Biology & Medicine, 2: 419 - 444.

Bernhoft R A, 2011. Mercury toxicity and treatment: a review of the literature[J]. Journal of Environmental and Public Health, 2012:1 - 10.

Berntssen M H G, Aspholm O, Hylland K, et al, 2001. Tissue metallothionein, apoptosis and cell proliferation responses in Atlantic salmon (*Salmo salar* L.) parr fed elevated dietary cadmium[J]. Comparative Biochemistry and Physiology Part C, 128: 299 - 310.

Berntssen M H G, Hylland K, Julshamn K, et al, 2015. Maximum limits of organic and inorganic mercury in fish feed[J]. Aquaculture Nutrition, 10:83 - 97.

Borgmann U, Ralph K M, 1986. Effects of cadmium, 2, 4-dichlorophenol and pentachlorophenol on feeding, growth and particle-size-conversion efficiency of white sucker larvae and young common shiners[J]. Archives of Environmental Contamination and Toxicology, 15: 473 - 480.

Cao L, Huang W, Liu J, et al, 2010. Accumulation and oxidative stress biomarkers in Japanese flounder larvae and juveniles under chronic cadmium exposure[J]. Comparative Biochemistry and Physiology, Part C, 151:386 - 392.

Carvalho C M, Chew E H, Hashemy S I, et al, 2015. Inhibition of the human thioredoxin system. A molecular mechanism of mercury toxicity[J]. Journal of Biological Chemistry, 283: 11913 - 11923.

Chen L, Zhang J, Zhu Y, et al, 2015. Molecular interaction of inorganic mercury(II) with catalase: A spectroscopic study in combination with molecular docking[J]. Rsc Advances, 5: 79874 - 79881.

Clearwater S J, Baskin S, Wood C M, et al, 2000. Gastrointestinal uptake and distribution of copper in rainbow trout[J]. Journal of Experimental Biology, 203:2455 - 2466.

Dang F, Wang WX, 2009. Assessment of tissue-specific accumulation and effects of cadmium in a marine fish fed contaminated commercially produced diet[J]. Aquatic Toxicology, 95: 248 - 255.

De Boeck G, Vlaeminck A, Blust R, 1997. Effects of sublethal copper exposure on copper accumulation, food consumption, growth, energy stores, and nucleic acid content in common carp[J]. Archives of Environmental Contamination and Toxicology, 33: 415 - 422.

Dilshad A K, Shazia Q, Shahid S, et al, 2010. Lead exposure and its adverse health effects among occupational worker's children[J]. Toxicology & Industrial Health, 26(8): 497 - 504.

Dorta D J, Leite S, De Marco K C, et al, 2003. A proposed sequence of events for cadmium-induced mitochondrial impairment[J]. Journal of Inorganic Biochem, 97: 251 - 257.

Elia A C, Galarini R, Taticchi M I, et al, 2003. Antioxidant responses and bioaccumulation in *Ictalurus melas* under mercury exposure[J]. Ecotoxicology & Environmental Safety, 55:162-167.

El-Maraghy S A, Gad M Z, Fahim A T, et al, 2001. Effect of cadmium and aluminium intake on the antioxidant status and lipid peroxidation in rat tissues[J]. Journal of Biochemistry and Molecular Toxicology, 15: 207-214.

Fields M, Craft N, Lewis C, et al, 1986. Contrasting effects of the stomach and small intestine of rats on copper absorption[J]. Journal of Nutrition, 116: 2219-2228.

Finkel T, Holbrook N J, 2000. Oxidants, oxidative stress and biology of ageing[J]. Nature, 408:239-247.

Finkelstein Y, Markowitz E M, Rosen J F, 1998. Low-level lead-induced neurotoxicity in children: An update on central nervous system effects [J]. Brain Research Reviews, 27: 168-176.

Franklin N M, Glover C N, Nicol J A, et al, 2005. Calcium/cadmium interactions at uptake surfaces in rainbow trout: waterborne versus dietary routes of exposure[J]. Environmental Toxicology and Chemistry, 24: 2954-2964.

French K J, Scruton D A, Anderson M R, et al, 1999. Influence of Physical and Chemical Characteristics on Mercury in Aquatic Sediments [J]. Water Air & Soil Pollution, 110: 347-362.

Fridovich I, 1989. Superoxide dismutases. An adaptation to a paramagnetic gas[J]. Journal of Biological Chemistry, 264: 7761-7764.

Gelman B B, Michaelson I A, Bus J S, 1978. The effect of lead on oxidative hemolysis and erythrocyte defense mechanisms in the rat [J]. Toxicology & Applied Pharmacology, 45: 119-129.

Gerber G B, Maes J, Gilliavod N, Casale, G, 1978. Brain biochemistry of infants and rats exposed to lead[J]. Toxicology Letters, 2: 51-63.

Guilherme S, Válega M, Pereira M E, et al, 2008. Antioxidant and biotransformation responses in *Liza aurata* under environmental mercury exposure—relationship with mercury accumulation and implications for public health[J]. Marine Pollution Bulletin, 56:845-859.

Hallenbeck W H, 1984. Human health effects of exposure to cadmium[J]. Cellular and Molecular Life Sciences, 40:136-142.

Halliwell B, Gutteridge J M C, 1984. Oxygen toxicity, oxygen radicals, transition metals and disease[J]. Biochemistry, 219: 1-14.

Harada M, 1995. Minamata disease: methylmercury poisoning in Japan caused by environmental pollution[J]. CRC Critical Reviews in Toxicology, 25:1-24.

Hassan H M, 1988. Biosynthes is and regulation of superoxide dismutases[J]. Free Radical Biology & Medicine, 5: 377-385.

Heath. A G, 1995. Osmotic and ionic regulation[M]// Water pollution and fish physiology. Boca Raton, CRC Press: 141-170.

Hounkpatin A S Y, Johnson R C, Guédénon P, et al, 2012. Protective effects of vitamin C on haematological parameters in intoxicated wistar rats with cadmium, mercury and combined cadmium and mercury[J]. International Journal of Biology Science, 1: 76-81.

Hu J J, Dubin N, Kurland D, et al, 1995. The effect of hydrogen peroxide on DNA repair activities[J]. Mutation Res. 336: 193-201.

Huang Y H, Shih C M, Huang C J, et al, 2006. Effects of cadmium on structure and enzymatic activity of Cu, Zn-SOD and oxidative status in neural cells[J]. Journal of Cellular Biochemistry, 98:577-589.

Huang Z Y, Zhang Q, Chen J, et al, 2007. Bioaccumulation of metals and induction of metallo—thioneins in selected tissues of common carp (*Cyprinus carpio* L.) co-exposed to cadmium, mercury and lead[J]. Applied Organometallic Chemistry, 21:101-107.

Jiang G B, Shi J B, Feng X B, 2006. Mercury Pollution in China[J]. Environmental Science & Technology, 40:3672-3678.

Jiraungkoorskul W, Sahaphong S, Kosai P, et al, 2007. Micronucleus test: the effect of ascorbic acid on cadmium exposure in fish (*Puntius altus*)[J]. Research Journal of Environmental and Toxicology, 1: 27-36.

Jones I, Kille P, Sweeney G, 2001. Cadmium delays growth hormone expression during rainbow trout development[J]. Journal of Fish Biology, 59: 1015-1021.

Kessabi K, Kerkeni A, Saïd K, et al, 2009. Involvement of Cd Bioaccumulation in Spinal Deformities Occurrence in Natural Populations of Mediterranean Killifish[J]. Biological Trace Element Research, 128(1):72.

Klinck J S, Ng T Y T, Wood C M, 2009. Cadmium accumulation and in vitro analysis of calcium and cadmium transport functions in the gastro-intestinal tract of trout following chronic dietary cadmium and calcium feeding. [J]. Comparative Biochemistry Physiology Part C, 150: 349-360.

Klinck J S, Wood C M, 2013. In situ analysis of cadmium uptake in four sections of the gastro-intestinal tract of rainbow trout (*Oncorhynchus mykiss*)[J]. Ecotoxicology and environmental safety, 88: 95-102.

Korkmaz N, Cengiz E I, Unlu E, et al, 2009. Cypermethrin-induced histopathological and biochemical changes in Nile tilapia (*Oreochromis niloticus*), and the protective and recuperative effect of ascorbic acid[J]. Environmental Toxicology Phamacology, 28: 198-205.

Leung H M, Leung A O W, Wang H S, et al, 2014. Assessment of heavy metals/metalloid (As, Pb, Cd, Ni, Zn, Cr, Cu, Mn) concentrations in edible fish species tissue in the Pearl River Delta (PRD) China[J]. Marine Pollution Bulletin, 78: 235-245.

Liu G, Cai Y, O'Driscoll N, 2012. Environmental Chemistry and Toxicology of Mercury

[J]. Electrochimica Acta, 52: 453 - 499.

Liu K, Chi S Y, Liu H Y, et al, 2015. Toxic effects of two sources of dietborne cadmium on the juvenile cobia, *Rachycentron canadum* L. and tissue-specific accumulation of related minerals[J]. Aquatic Toxicology, 165: 120 - 128.

Look M P, Rockstroh J K, Rao G S, et al, 1997. Serum selenium, plasma glutathione (GSH) and erythrocyte glutathione peroxidase (GSH-Px)-levels in asymptomatic versus symptomatic human immunodeciency virus-1 (HIV-1)-infection[J]. European Journal of Clinical Nutrition, 51: 266 - 272.

Lutsenko E A, Carcamo J M, Golde D M, 2002. Vitamin C prevents DNA mutation induced by oxidative stress[J]. Journal of Biological Chemistry, 277(19): 16895 - 16899.

Mason R P, Reinfelder J R, Morel F M M, 1995. Bioaccumulation of mercury and methylmercury[J]. Water Air & Soil Pollution, 80: 915 - 921.

Mc Donald D G, Wood C M, 1993. Branchhial mechanisms of acclimation to metals in freshwater fish [M]// Rankin J C, Jensen F B. Fish ecophysiology. London: Chapman Hall: 297 - 321.

Meyer J S, Adams W J, Brix K V, et al, 2005. Toxicity of dietborne metals to aquatic organisms[M]. Pensacola: SETAC Press.

Moniruzzaman M, Lee J H, Lee Ji H, et al, 2017. Interactive effect of dietary vitamin E and inorganic mercury on growth performance and bioaccumulation of mercury in juvenile olive flounder, *Paralichthys olivaceus* treated with mercuric chloride [J]. Animal Nutrition, 3 (3):276 - 283.

Monteiro D A, Rantin F T, Kalinin A L, 2010. Inorganic mercury exposure: toxicological effects, oxidative stress biomarkers and bioaccumulation in the tropical freshwater fish matrinxã, *Brycon amazonicus* (Spix and Agassiz, 1829)[J]. Ecotoxicology, 19:105 - 123.

Narra M R, Rajender K, Reddy R R, et al, 2015. The role of vitamin C as antioxidant in protection of biochemical and haematological stress induced by chlorpyrifos in freshwater fish *Clarias batrachus*[J]. Chemosphere, 132: 172 - 178.

Nazeemul K, 2011. Sublethal effects of mercury on growth and biochemical com position and their recovery in *Oreochromis mossambicus*[J]. Indian Journal of Fisheries, 38(2):111 - 118.

Needleman H L, 1994. Preventing childhood lead poisoning[J]. Preventive Medicine, 23: 634 - 637.

Nogami E M, Kimura C C M, Rodrigues C, et al, 2000. Effects of dietary cadmium and its bioconcentration in tilapia, *Oreochromis niloticus*[J]. Ecotoxicology and Environmental Safety, 45: 291 - 295.

Nriagu J E, 1988. A silent epidemic of environmental metal poisoning? [J]. Environmental Pollution, 50: 139 - 161.

Oliveira Ribeiro C A, Pelletier E, Pfeiffer W C, et al, 2000. Comparative uptake, bioaccu-

mulation, and gill damages of inorganic mercury in tropical and nordic freshwater fish[J]. Environmental Research, 83(3):286 - 292.

Perugini M, Visciano P, Manera M, et al, 2014. Heavy metal (As, Cd, Hg, Pb, Cu, Zn, Se) concentrations in muscle and bone of four commercial fish caught in the central Adriatic Sea, Italy[J]. Environ Monit Assess, 186, 2205 - 2213.

Peters L D, Livingstone D R, 1996. Antioxidant enzyme activities in embryologic and early larval stages of turbot[J]. Journal of Fish Biology, 49:986 - 997.

Reed D J, Beatty P W, 1980. Biosynthesis and regulation of glutathione: toxicological implications[J]. Reveal Biochemistry Toxicology, 2: 213 - 241.

Roche H, Boge G, 1993. Effects of Cu, Zn and Cr salts on antioxidant enzyme activities in vitro of red blood cells of a marine fish *Dicentrarchus labrax*[J]. Toxicology In Vitro, 7: 623 - 629.

Ruas C B G, Carvalho C D S, Araujo H S S, et al, 2008. Oxidative stress biomarkers of exposure in the blood of cichlid species from a metal-contaminated river[J]. Ecotoxicology and Evironmental Safety, 71: 86 - 93.

Sandhir R, Gill K D, 1995. Effect of lead on lipid peroxidation in liver of rats[J]. Biological Trace Element Research, 48: 91 - 97.

Sarma S S S, Nunezcruz H F, Nandini S, 2005. Effects on the population dynamics of *Brachionus rubens* (Rotifera) caused by mercury and cadmium administered through medium and algal food *Chlorella vulgaris*[J]. Acta Zoologica Sinica, 51(1):46 - 52.

Stec B, Holtz K M, Kantrowitz E R, 2000. A revised mechanism for the alkaline phosphatase reaction involving three metal ions[J]. Journal of Molecular Biology, 299: 1303 - 1311.

Szczerbik P, Mikolajczyk T, Sokolowska-Mikolajczyk M, et al, 2006. Influence of long-term exposure to dietary cadmium on growth, maturation and reproduction of goldfish (subspecies: Prussian carp *Carassius auratus gibelio* B.)[J]. Aquatic Toxicology, 77: 126 - 135.

Szebedinszky C, Mc Geer J C, Mc Donald D G, et al, 2001. Effects of chronic Cd exposure via the diet or water on internal organ-specific distribution and subsequent gill Cd uptake kinetics in juvenile rainbow trout (*Oncorhynchus mykiss*)[J]. Environmental Toxicology and Chemistry, 20: 597 - 607.

Thijssen S, Cuypers A, Maringwa J, et al, 2007. Low cadmium exposure triggers a biphasic oxidative strss response in mice kidneys[J]. Toxicology, 236: 29 - 41.

Van der Oost R, Beyer J, Vermeulen N P E, 2003. Fish bioaccumulation and biomarkers in environmental risk assessment: a review[J]. Environment Toxicology Pharmacology, 13: 57 - 149.

Verlhac V, Gabaudan J, Obach A, et al, 1996. Influence of dietary glucan and vitamin C on nonspecific and specific immune responses of rainbow trout[J]. Aquaculture, 143: 123 - 133.

Vig K, Megharaj M, Sethunathan N, et al, 2003. Bioavailability and toxicity of cadmium to microorganisms and their activities in soil: a review[J]. Advances in Environmental Research, 8: 121 - 135.

Wang Q, Kim D, Dionysiou D D, et al, 2004. Sources and remediation for mercury contamination in aquatic systems—a literature review[J]. Environmental Pollution, 131: 323 - 336.

Wiseman H, Halliwell B, 1996. Damage to DNA by reactive oxygen and nitrogen species: Role in inflammatory disease and progression to cancer[J]. Biochemistry, 313: 17 - 29.

Wood C M, Franklin N, Niyogi S, 2006. The protective role of dietary calcium against cadmium uptake and toxicity in freshwater fish: an important role for the stomach[J]. Environmental Chemistry, 3: 389 - 394.

Wu H T, Li D M, Zhu B W, et al, 2013. Purification and characterization of alkaline phosphatase from the gut of sea cucumber *Stichopus japonicus*[J]. Fisheries Science, 79:477 - 485.

Young I S, Woodside J V, 2001. Antioxidants in health and disease[J]. Journal of Clinical Pathology, 54: 176 - 186.

Zhao Y, Zhang L, Wang X, et al, 2012. Effects of $Hg^{2+}$ on Activities of Enzyme in Hepatopancreas and Haemolymph of Chinese Mitten Crab, *Eriocheir sinensis*[J]. Asian Journal of Ecotoxicology, 7: 620 - 626.

# 第五章 刺参品质的营养调控

## 5.1 水产品品质调控的营养学方法

### 5.1.1 水产品品质现状

海洋渔业资源是海洋资源的重要组成部分，水产品已成为人们膳食结构中不可缺少的重要组成部分。水产品是人类摄取动物性蛋白的主要食品之一，水产品品质安全直接关系到人们的身体健康和生命安全。随着人民生活水平的不断提高，对水产品的需求日益增长，对其营养、安全的要求越来越高。但是，随着我国工农业的发展，水域环境污染加剧，渔业资源衰退严重，人工养殖规模、产量迅速扩大，致使部分渔业水域受到不同程度的污染，加之渔药、饲料及添加剂等渔业投入品违规使用的现象不断增加，致使水产品品质安全问题日益突出。近年来，我国水产品品质安全事件频繁发生(郭严军，2007；关军强，2008；张卫兵，2010；穆迎春等，2017)，不仅严重影响了国家和政府的形象和渔业的发展，而且也损害了消费者的利益，使其对水产品品质安全丧失信心。因而，水产品品质安全问题成为我国水产业发展新阶段亟待解决的主要矛盾。提高水产品品质安全水平，必须从源头抓起，实施从“水域到餐桌”的全过程品质管理，对与水产品品质安全有关的各个环节，即对水域环境、养殖、捕捞、加工、流通等进行严格控制。这不但关系到广大消费者的身体健康和生活品质，而且关系到我国水产品是否能顺利地进入世界贸易的大流通，关系到我国的渔业生产能否健康、稳定、可持续地发展。

### 5.1.2 影响水产品品质因素

(1) 水产养殖品种育苗方式及苗种质量

水产苗种是水产养殖的三大投入品之一，水产苗种的品质不仅影响水产生产的效益,也影响水产品品质安全。一方面,如果亲体质量差,则会导致繁育的水产苗种质量差,易引发这类水产苗种在养殖过程中发生病害,从而增加了养殖过程中用药的概率;另一方面,是水产苗种药物残留问题,在卵孵化、苗种培育过程中极易受细菌、水霉或寄生虫等病原生物的感染,引发苗种病害发生,有些水产苗种繁育者违规违法使用禁用药物进行水体消毒和疾病治疗。此外,在苗种运输过程中,也有使用禁用药物消毒的可能,这就导致水产养殖产品从源头就可能存在质量安全隐患。

(2) 养殖药物对水产品品质的影响

养殖药物质量高低和使用方法是否科学是影响水产品品质的主要因素之一。早在2002年我国农业部就发布了《食品动物禁用的兽药及其他化合物清单》(2002年4月9日农业部公告第193号)、《无公害食品　渔用药物使用准则》(NY 5071—2002)、《无公害食品　水产品中渔药残留限量》(NY 5070—2002),明确规定了水产养殖过程中的禁用药物和药物残留限量标准(吴志强,2010)。一者,养殖者作为控制农药和其他化学投入物的主体,是实施水产品品质安全生产的关键因素(陆文龙 等,2005)。但是,部分养殖者没有掌握科学的水产动物疾病防治与合理用药知识,特别是对养殖药物的特性、有效成分、作用机制尚未弄清楚,为防病治病、追求产量,违规使用药物现象仍时有发生。二者,我国现有养殖药品生产企业大部分规模不大,生产工艺较为落后,制药企业的管理距GMP认证的要求尚有距离。渔药市场较为混乱,禁用药物、假药、劣药较多,部分渔药甚至没有经过临床药效试验、毒性检验,就直接投入市场。不仅危害公众健康和生命安全,而且对水域环境带来了极大的危害(杨先乐,2002)。

(3) 水产配合饲料对水产品品质的影响

作为水产养殖的三大投入品之一的水产配合饲料,其质量不仅影响水产品的生长速度、养殖效益,而且显著影响水产品的品质、质量安全和养殖环境安全。因此必须密切关注水产配合饲料的质量,采用合格的水产配合饲料才能生产出质量安全合格的水产品。众所周知,水产养殖品种以及养殖模式的多样性决定了水产配合饲料的种类和形态的多样性。我国水产配合饲料经过30多年的快速发展,已经取得了可喜的进展,这对推进“集约化、规范化、标准化和产业化”的水产养殖迅猛发展发挥了重要作用。然而由于环境污染等原因,我国饲料原料质量难以满足安全、高效、环境友好型水产配合饲料生产的需求,再加上各种各样的功能性饲料添加剂被广泛用于配合饲料中,可能对水产配合饲料质量安全构成了较大的威胁(林建斌 等,2008)。影响配合饲料质量安全的主要因素有:重金属(铅、汞、无机砷、镉和铬等)(涂杰峰 等,2011)、有害微生物(如沙门氏菌、大肠杆菌等)、生物毒

素(黄曲霉毒素、呕吐毒素等)、农药残留(如硝基呋喃及其代谢物、磺胺类药物等)以及抗营养因子(王立新,2012)。但是,并不是所有的配合饲料都存在问题,饲料的合理利用能够很好地调控营养品质,通过营养饲料学方法调控水产品品质成为解决水产品品质问题的途径之一。

### 5.1.3　营养因素调控水产品品质

水产品品质的范围较广，包括营养价值、肉质风味和卫生状况等。营养价值指水产品所含的常规营养成分,如蛋白质、氨基酸、脂肪、脂肪酸、维生素和矿物质等。关于水产品肉质风味的评定，至今尚无相关评定体系。有关水产品肉质风味方面的品种改良、养殖技术和饲料配制的具体研究报道也较少。即便研究中有涉及肉质或品质问题,也仅限于对水产品肌肉中的蛋白质、氨基酸、脂肪和脂肪酸含量及组成方面的研究。瞿俐俐等(2017)对影响蟹类营养品质主要因素的研究进展进行了综述;蔺玉华等(2005)报道,鱼肉的风味主要取决于鱼肉中鲜味氨基酸的含量,鲜味氨基酸包括谷氨酸、天门冬氨酸、甘氨酸和丙氨酸。研究表明，肉质口感特性与肌肉中肌纤维直径、密度、胶原蛋白含量、肌原纤维耐折断力及失水率等组织学结构特性有关。

(1) **饲料原料**

在饲料原料对鱼类营养成分的影响方面,国内外学者的研究结果基本一致,认为鱼体的生化组成不受饲料影响或因饲料不同而稍有差异，但差异不显著(高贵琴 等,2004a;2004b)。然而，有学者通过分析比较脆肉鲩与普通草鱼的异同发现，以蚕豆为主的食物构成可能是引起脆肉鲩肉质紧而脆、风味更加鲜美的主要原因，其作用机制可能是蚕豆中的某种活性成分单独作用或协同普通草鱼的内源因子共同作用,使其吸收营养的主要成分出现变化，导致控制草鱼消化酶的DNA表达改变,肉质逐渐变化。

(2) **饲料蛋白质**

饲料中的蛋白质被鱼体消化和利用的程度是评定饲料营养价值的核心。而利用蛋白质对鱼类营养价值进行评定,目前大多采用生物评价法,即通过测定蛋白质效率、净蛋白质效率、生物价和净蛋白质利用率求得。水产动物对蛋白质的需要量高于畜禽动物,但提高饲料粗蛋白水平对水产动物机体成分影响的研究结论不尽相同。

(3) **脂肪及脂肪酸**

饲料中脂肪和脂肪酸的组成及变化,也会造成机体组成在一定程度上发生变化。任泽林等(1998)试验得出,氧化鱼油能显著增加鲤鱼肌肉渗出性损失;而对肌肉挥发性盐基氮无显著影响。冯健等(2006)研究不同脂肪源对太平洋鲑生长和体组成的影响发现,鱼油组鱼体肌肉中脂肪含量不同程度地高于其他组;鱼油组太平洋鲑总多不饱和脂肪酸比例显著高于其他组,但各组鱼体肝脏脂肪、肌肉脂肪和肠脂中总多不饱和脂肪酸组成基本相似。另外,用不同来源的脂类喂虾也能改变虾体脂肪酸的组成(程宗佳 等,2004)。

(4) 碳水化合物

目前,鱼类对糖利用率较低的原因还不清楚。然而,饲料中一定含量的碳水化合物能引起鱼体组成的变化,而且不同糖源形式也造成鱼体组成变化差异。田丽霞等(2002)分别以玉米淀粉、小麦淀粉和水稻淀粉为糖源配制 3 种试验饲料饲养草鱼,发现鱼体营养成分组成除水稻淀粉组全鱼脂肪含量相对低于玉米淀粉组和小麦淀粉组,其他成分没有太大差异。而谭肖英等(2005)以面粉为主要碳水化合物配制饲料饲养大口黑鲈,发现高碳水化合物会增加大口黑鲈肌肉的脂肪积累,饲料中碳水化合物主要影响大口黑鲈内脏器官的相对质量及肝脏营养成分组成。

(5) 微量元素和维生素

饲料中的微量元素和维生素对鱼类品质起着不可缺少的作用。一些维生素,如 VA、VE、生物素、$VB_6$ 和 VC 等,微量元素如 Cr、Se、I 和 Zn 等都能在动物脂肪和肌肉组织中沉积,为生产富含营养素的保健肉品提供依据(李志琼 等,2002)。在饲料中添加 VE 可相应提高肌肉中的 VE 水平($P<0.05$),减弱氧化鱼油对肌肉氧化稳定性的破坏($P<0.05$),减少肌肉挥发性盐基氮生成($P<0.05$),降低氧化鱼油诱发的肌肉渗出性损失($P>0.05$)。任泽林等(1998)曾报道鲜活饵料和 VC 能促进胶原蛋白的形成,提高肌肉中胶原蛋白含量。宋进美等(2001)将不同剂型微量元素添加在鲤鱼饲料中进行对比饲养试验,结果表明,氨基酸和多糖微量元素螯合物比无机微量元素具有更高的生物学效价,能改善鲤鱼的肉质。罗莉等(2006)对异育银鲫的研究表明,用氨基酸微量元素螯合物替代无机微量元素后,鱼体水分和灰分含量及肥满度没有显著差异;但鱼体蛋白和脂肪含量及内脏比均有增加。

(6) 添加剂

有关添加剂改善鱼类肉质作用的研究较多,然而添加剂的作用机制还有待进一步研究。在饲料中添加甜菜碱能改善养殖水产品的肉质(陆清尔 等,2001),添加中草药提取物可显著提高鲫鱼的体蛋白质含量和脂肪含量,改善鲫鱼的肉品质($P<0.05$)。罗庆华等(2002)关于杜仲叶粉对鲤鱼肌肉品质影响的研究结果表明,杜仲叶粉可提高鲤鱼肌肉的营养价值,使肌纤维变细并改善肌肉品质。适量添加苜蓿草粉也有助于提高鱼肉品质(胡喜峰 等,2005)。此外,据报道,细菌发酵产物和牛磺酸也可用作添加剂,能在提高鱼产量的同时不影响鱼肉质及体型,而某

些品质(如脂肪含量、氨基酸含量及含水量)有不同程度的改善。

## 5.2 饲料硒对刺参体壁硒富集的影响

### 5.2.1 引言

硒是动物体内重要的微量元素之一,是动物体内谷胱甘肽过氧化物酶(GSH-Px)和谷胱甘肽的重要组成部分,具有抗氧化、提高动物机体免疫力等功能(Kalisinska et al,2017)。硒能参加基础代谢,调控某些酶的生理活性,并能有效提高机体免疫水平;硒还可以与重金属如镉、汞和银等络合,从而使机体免受重金属损害(袁丽君等,2016;徐巧林 等,2017)。富硒是微量元素硒的生物有机化过程,是根据人体对各类硒化合物的需要量及各物种对人体特有的营养作用和药用功能,利用生物复杂的生物化学反应体系将硒进行富集的过程。

硒包括无机硒(亚硒酸钠、硒酸钠以及金属等)和有机硒(富硒酵母、硒代蛋氨酸等)两种。其中,有机硒具有安全性高、易为机体吸收、生物活性高等优点(Hamilton, 2004)。近年来,主要采用有机硒作为水产饲料中的硒添加剂。硒代蛋氨酸是饲料中有机硒的主要化学形式,可以与功能性硒蛋白结合,具有非催化性、非氧化还原性(Saffari et al,2017)。Wang 等(2007)在异育银鲫(*Carassius auratus gibelio*), Lee 等(2016)在尼罗罗非鱼(*Oreochromis niloticus*),杨原志等(2016)在军曹鱼(*Rachycentron canadum*)试验中得出结论:硒代蛋氨酸是养殖水产动物优质硒来源。据 Saffari 等(2017)、Le 等(2014)、F. Jaramillo 等(2009)的报道,有机硒的蓄积能力比无机硒显著,原因是硒代蛋氨酸可以融入蛋白质。生物发酵硒可被认为是有机硒的新形式,其由乳酸菌发酵并且具有与天然存在的硒类似的性质。罗辉等(2006)研究发现,添加适量外源硒可以增强水生动物的免疫功能,提高其抗病能力,还可获得富硒水产品。王吉桥等(2011)研究显示,有机硒对刺参的富硒效果较无机硒好。

海洋生物是人类食物的主要来源之一,对海洋生物食源的开发研究一直是营养学家关注的焦点。许多海产品中的硒比较丰富,但其含量也随种类和产地的不同有所差异。刺参作为我国海水养殖重要经济品种,除了在传统上被普遍认知的营养价值之外,其体内的硒含量已使其成为优良的补硒食品之一。如何利用外源硒增加刺参体内的硒含量,获得健康富硒刺参产品,目前还无系统成熟的技术体系。本研究分析了硒代蛋氨酸及生物发酵硒对刺参体壁富硒效果的影响,旨在建立一种稳定健康富硒刺参的养殖方法,进一步探索刺参富硒技术,从而提高刺参的营养价值及养殖效益,促进刺参产业的健康可持续发展。

### 5.2.2 材料与方法

(1) 生物发酵硒的制备

生物发酵硒在大连海洋大学农业部华北海水产养殖与增殖重点实验室制备，将超纯水(10 kg)置于灭菌罐(三洋 MLS-3781L-PC)中 20 分钟。加热灭菌后，与麦麸(10 kg)、亚硒酸钠(35 克；化合物纯度>97.0%)、乳杆菌溶液($5\times10^5$ cfu/mL)混合，然后置于无菌发酵罐中。将混合物在 30 ℃下进一步发酵 5 天，然后在45 ℃ 下干燥 6 小时并粉碎、过筛。

(2) 试验材料

试验用刺参为大连富谷水产有限公司春季苗种。从 2 000 头幼参中随机选取 100 头状态良好、初始体重为 1.34±0.18 g 的刺参进行试验。

(3) 试验饲料

以马尾藻粉、鱼粉、豆粕为主要原料，分别在基础饲料中添加 5 mg/kg 生物发酵硒(Se-Bio)或硒代蛋氨酸(Se-Met)，以饲喂基础饲料组作为对照组，各试验组硒含量实测值、基础饲料配方及近似营养成分实测值见表 5-1。饲料原料逐级混合均匀后，加入 60%蒸馏水，再次混合均匀，后用制粒机挤压制成颗粒饲料(直径为 1.88 mm)，置于 40 ℃烘箱中烘干，装袋后保存于−20 ℃冰箱中备用。

(4) 样品收集及指标测定

养殖试验结束后，首先对试验刺参进行饥饿处理 24 h，然后进行样品收集。从每个平行试验组中随机取 30 头刺参，用滤纸吸干刺参表面水分之后立即置于冰盘上进行解剖，获取体壁并装于自封袋中于−80 ℃冰箱中保存，用于体壁中硒累积量的测定。

硒含量的测定使用原子荧光分光光度法，称取 5.0 g 体壁(干重)并转移到含有两个玻璃沸珠的 100 mL 凯氏烧瓶中，然后加入 5 mL 浓 $HNO_3$ 和 1 mL $H_3PO_4$，室温(20 ℃)放置 1 h。将混合物加热至沸腾。当 $NO_2$ 的黑烟减少时，则缓慢加入 30%和 50%的 $H_2O_2$，直至体积减少至 1 mL 并且没有可见的 $NO_2$ 烟雾。烟气室温(20 ℃)冷却后，加入 1 mL 甲酸并轻轻加热，然后加入 2 mL 浓 HCl 并轻轻加热 10 min，最后加入 10 mL 水冷却。硝化后，使用荧光分析程序分析消化的样品。

(5) 统计分析

试验所得数据利用 SPSS 13.0 软件进行分析处理，进行相关性检验，所有数据结果均以平均值±标准差(mean±S.D.)表示；采用单因素方差分析进行处理组间

显著性检验，若差异显著($P<0.05$)，则做 Duncan 多重比较分析。

**表 5-1 基础饲料配方及其营养成分**

| | 含量(g/kg) |
|---|---|
| 饲料原料(%) | |
| 马尾藻[1] | 700 |
| 混合维生素[2] | 20 |
| 混合矿物质[3] | 20 |
| 面粉[4] | 50 |
| 鱼粉[5] | 90 |
| 豆粕[6] | 60 |
| 瓜胶 | 20 |
| 微晶纤维素[7] | 40 |
| 共计 | 1 000 |
| 营养成分(%) | |
| 粗脂肪 | 4.70 |
| 粗蛋白 | 15.65 |
| 水分 | 4.24 |
| 灰分 | 31.00 |

1. 马尾藻，由大连龙源海洋生物有限公司生产。
2. 混合维生素(mg/1 000 g 预混料)，由北京桑普生物化学技术有限公司生产：维生素 A 100 万 IU，维生素 $D_3$ 30 万 IU，维生素 E 4 000 mg，维生素 $K_3$ 1 000 mg，维生素 $B_1$ 2 000 mg，维生素 $B_2$ 1 500 mg，维生素 $B_6$ 1 000 mg，维生素 $B_{12}$ 5 mg，烟酸 100 mg，泛酸钙 5 000 mg，叶酸 100 mg，肌醇 10 000 mg，载体葡萄糖，水<10%。
3. 混合矿物质 (mg/40 g 预混料)：NaCl，107.79；$MgSO_4 \cdot 7H_2O$，380.02；$NaH_2PO_4 \cdot 2H_2O$，241.91；$KH_2PO_4$，665.20；$Ca(H_2PO_4)_2 \cdot 2H_2O$，376.70；柠檬酸亚铁，82.38；乳酸钙，907.10；$Al(OH)_3$，0.52；$ZnSO_4 \cdot 7H_2O$，9.90；$CuSO_4$，0.28；$MnSO_4 \cdot 7H_2O$，2.22；$Ca(IO_3)_2$，0.42；$CoSO_4 \cdot 7H_2O$，2.77。
4. 面粉，由大连新玛特集团生产。
5. 鱼粉，由大连龙源海洋生物有限公司生产。
6. 豆粕，蛋白含量为 40%。
7. 微晶纤维素，由上海柯原实业有限公司生产。

### 5.2.3 结果

30 d 后刺参体壁中的硒含量如图 5-1 所示。不同形式的硒对体壁硒含量有不同的影响。生物发酵硒组和硒代蛋氨酸组体壁与对照组相比，硒含量显著增加($P<0.05$)，且硒代蛋氨酸组硒含量最高。除此之外，饲喂基础日粮的刺参体内硒含量显著低于初始样品($P<0.05$)。

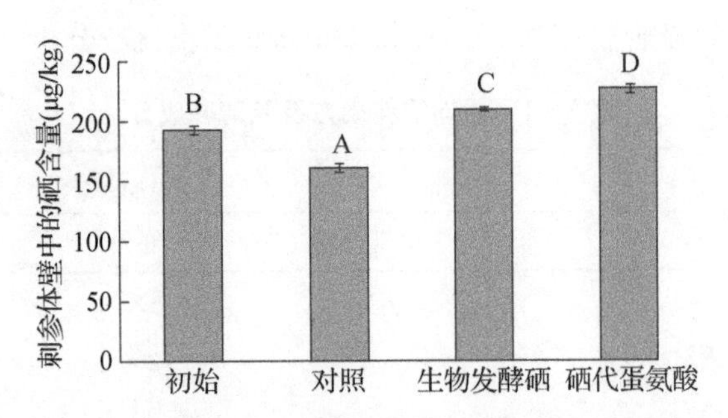


**图 5-1 刺参体壁中的硒含量**

注：数值表示为均值±标准差；柱形图上方的不同字母表示组间有显著差异($P<0.05$)。

## 5.2.4 讨论

诸多研究显示，适量投喂含硒饲料可以显著提高鱼类(Lin，2014)、蟹类(田文静，2014)、贝类等水产动物生长的同时，还可以提高其机体免疫力，增加体内硒蓄积。组织积累硒的能力遵循以下顺序：肾脏>肝脏>肌肉(Ashouri et al，2015；Han et al，2011；Muscatello et al，2008)。与鱼类不同，刺参的膳食矿物质主要储存在体壁、肠道和呼吸树中(Zhang et al，2015；Wang et al，2016)。因此，本试验分析了刺参体壁(主要消耗部分)中的硒含量，研究表明，饲喂膳食硒补充剂可使刺参体壁中硒含量显著增加(图 5-1)。这些结果与 Zee 等(2016)报道的结果一致：在用补充硒代蛋氨酸饮食喂养白鲟(*Acipenser transmontanus*)后，其肝脏硒含量显著增加，原因是硒代蛋氨酸可以融入蛋白质中(Le et al，2014)。同样地，在其他鱼如虹鳟鱼(Küçükbay et al，2010)、石斑鱼(Lin et al，2005)、非洲鲶鱼(Abdel-Tawwab et al，2007)、杂交条纹鲈(F. Jaramillo et al，2009)、黑鲷(陈星灿 等，2018)的试验中表明适量的硒补充可显著提高体内硒蓄积量。此外，在本试验中，与初始样品相比，饲喂基础日粮的刺参体内硒含量显著降低。该结果表明，基础日粮提供的硒可能不会在刺参体壁中大量累积。相对于生物发酵硒组，硒代蛋氨酸组体壁中的硒含量显著增加。用硒补充饲料喂养刺参后，刺参体内硒的生物累积效果表明硒代蛋氨酸作为硒的来源比生物发酵硒更有效。硒代蛋氨酸和生物发酵硒在刺参体壁中硒生物累积的差异可能是因为硒在形式和代谢途径上的差异(Le et al，2014)。需要进一步的研究来确定刺参中不同来源积硒生物累的机制。

在本试验中，在饲料中添加生物发酵硒或硒代蛋氨酸喂养刺参后，刺参体内主要可食用组织肌肉和体壁中的硒含量大幅度提高，提高了刺参的营养价值及养殖效益。从富硒刺参生产角度来看，在富硒产品标准方面仍有较大强化提高硒含量的空间。结合本试验剂量效应曲线的走势，在未来研究中将生长指标和强化水平

结合起来评价富硒刺参生产技术，将从提高养殖效果和营养价值两个方面获得双重效益。

## 5.3 饲料维生素C对刺参体壁维生素C富集的影响

### 5.3.1 引言

维生素C又名抗坏血酸，具有酸性和强还原性，极易溶于水（胡倡华，2000）。大多数哺乳类和禽类都能通过糖醛酸途径，利用葡萄糖合成足够机体需求量的维生素C，而大多数水生动物缺乏合成维生素C的前体L-古洛内酯氧化酶，所以在其养殖过程中需要在饵料中添加适量的维生素C才能满足机体生长和发育的需求（李元莉 等，2013；冷向军 等，2002）。维生素C对肉质品质的改善主要是通过促进胶原蛋白的合成来实现的。胶原蛋白是肌肉结缔组织的组成成分，在肌肉表面形成类似鞘膜结构的连续分布的致密原纤维网，其含量和交联程度在很大程度上决定着肌肉的持水性能和嫩度（Warriss，1999）。胡斌等（2008）研究了维生素C对草鱼生长、肉质的影响。结果表明，草鱼肌肉胶原蛋白含量、肌纤维直径和肝脏维生素C含量随维生素C添加量的增加而增加。王秀英（2004）发现，在饵料中添加维生素C对黑鲷仔鱼背肌中粗蛋白和水分含量无显著影响，但却可以显著提高黑鲷仔鱼背肌的粗脂肪含量。任泽林等（1998）报道，添加500 mg/kg维生素C能显著提高中国对虾肌肉胶原蛋白含量和肌原纤维耐力。胡斌等（2008）在饲料中添加维生素C，随着维生素C含量的增加，肌肉失水率、肌纤维直径和肌原纤维耐力呈增加趋势，肌肉胶原蛋白含量和肝脏维生素C含量随维生素C添加量的增加而增加。

目前，刺参已成为我国北方最大的海水养殖种类之一。随着人们对刺参营养保健功能的认同度的增加，刺参的消费市场日益繁荣，导致了野生刺参的过度捕捞以及自然资源面临枯竭的局面，频繁发生的刺参病害问题给刺参养殖业带来了巨大的经济损失。蛋白质氧化、脂质过氧化以及各种应激反应会损害水产动物的健康，影响水产养殖业的发展。维生素C是人和动物包括水产动物的必需微量营养素，它具有抗氧化作用，可防止或减少蛋白质氧化、脂质过氧化及各种应激反应，发挥保护作用。但是以前的研究只是针对维生素C对刺参的免疫影响，忽略了维生素C的抗氧化作用。此外，一些刺参养殖者在追求高产量、抗病的同时，忽略了刺参本身的质量，使得养殖的刺参与野生刺参口感、营养相差很大。本研究分析了维生素C对刺参体壁维生素蓄积效果的影响，旨在为刺参肉质品质及维生素C蓄积的研究进行进一步探索。

## 5.3.2 材料与方法

### (1) 试验饲料的制备

实验饲料以马尾藻、海泥、鱼粉、豆粕为主要原料，共设计了5个VC添加剂量，分别为0，500，1 500，5 000，15 000 mg/kg。其中VC剂型采用维生素C多聚磷酸酯(VC含量为35%)。饲料原料用超微粉碎机粉碎至180目以上(粒径为80 μm)将各种饲料原料用搅拌机混合均匀后，加入30%～40%的纯净水，再次搅拌混合均匀，之后用制粒机压制成颗粒饲料(颗粒直径为1.8 mm)。将颗粒饲料放入50 ℃烘箱中烘干，装袋储存于－20 ℃冰箱中备用。试验饲料配方及其营养成分和VC含量见表5－2。

表5－2 试验饲料配方及其营养成分

| | 处理 | | | | |
|---|---|---|---|---|---|
| | D1 | D2 | D3 | D4 | D5 |
| 饲料原料(%) | | | | | |
| 马尾藻 | 50 | 50 | 50 | 50 | 50 |
| 海泥 | 20 | 20 | 20 | 20 | 20 |
| 鱼粉[1] | 8.4 | 8.4 | 8.4 | 8.4 | 8.4 |
| 豆粕 | 5.6 | 5.6 | 5.6 | 5.6 | 5.6 |
| 酵母粉[2] | 3 | 3 | 3 | 3 | 3 |
| 混合维生素(不含VC)[3] | 1 | 1 | 1 | 1 | 1 |
| 混合矿物质[4] | 1 | 1 | 1 | 1 | 1 |
| 纤维素 | 11 | 10.86 | 10.57 | 9.57 | 6.71 |
| VC多聚磷酸酯[5] | 0 | 0.14 | 0.43 | 1.43 | 4.29 |
| 合计 | 100 | 100 | 100 | 100 | 100 |
| 营养成分 | | | | | |
| 粗蛋白(%) | 12.80 | 12.91 | 13.21 | 12.84 | 13.33 |
| 粗脂肪(%) | 5.41 | 5.02 | 4.93 | 5.92 | 5.24 |
| 水分(%) | 9.24 | 9.08 | 8.42 | 8.74 | 8.07 |
| 灰分(%) | 41.53 | 44.88 | 43.03 | 42.31 | 45.95 |
| VC(mg/kg) | 54 | 578 | 1 562 | 4 929 | 15 048 |

注：1. 鱼粉，由大连龙源海洋生物有限公司生产。2. 酵母粉，由大连三鑫饲料公司生产。3. 混合维生素(不含VC)，由北京桑普生物化学技术有限公司生产：维生素A 100万IU，维生素$D_3$ 30万IU，50维生素B 8 000 mg，维生素$K_3$ 1 000 mg，维生素$B_1$ 2 500 mg，维生素$B_2$ 1 500 mg，维生素$B_6$ 1 000 mg，维生素$B_{12}$ 20 mg，烟酸1 000 mg，泛酸钙10 000 mg，叶酸100 mg，肌醇10 000 mg，载体葡萄糖，水$<10\%$。4. 混合矿物质(mg/40 g预混料)：NaCl，107.79；$MgSO_4 \cdot 7H_2O$，380.02；$NaHPO_4 \cdot 2H_2O$，241.91；$KH_2PO_4$，665.20；$Ca(H_2PO_4) \cdot 2H_2O$，376.70；柠檬酸亚铁，82.38；乳酸钙，907.10；$Al(OH)_3$，0.52；$ZnSO_4 \cdot 7H_2O$，9.90；$CuSO_4$，0.28；$MnSO_4 \cdot 7H_2O$，2.22；$Ca(IO_3)_2$，0.42；$CoSO_4 \cdot 7H_2O$，2.77。5. VC多聚磷酸酯，由北京桑普生物化学技术有限公司生产，维生素C含量为35%。

(2) 试验设计及饲养管理

试验刺参来自大连盐化集团，干法运输后到实验室暂养 14 d，其间投喂刺参配合饲料。挑选 300 头规格整齐、体色鲜亮、体质健壮的刺参(初始体重为 10.04±0.06 g)进行试验。

试验分为 5 个处理，每个处理组设置 3 个平行，共 15 个水槽，水槽容积为 90 L，每个水槽放置 20 头刺参。每天 16:00 进行换水、投喂，换水量为 1/2～1/3，每日吸底一次，同时清理粪便和收集残饵。日投喂量为刺参体重的 2%～5%，根据刺参的摄食情况相应调节投饵量，以刺参完全摄食并略有剩余为最适。每 20 d 称重一次并更换水槽位置，以最大限度地保证养殖环境的一致和水质的干净。

饲养试验在大连海洋大学农业部海洋水产增养殖学重点开放实验室进行，从 2012 年 6 月 21 日至 2012 年 8 月 14 日，共 60 d。在试验期间，海水 pH 为 7.9～8.4，养殖水温 16±1 ℃(空调控温)，盐度为 30～32，氨氮含量为 5～8 μg/ml。在试验期间全天进行避光处理。

(3) 刺参体壁维生素 C 测定

刺参体壁维生素 C 的测定采用 2,4-二硝基苯肼法。步骤：全部试验过程应避光。准确称取 1 g 刺参体壁肌肉组织，加入 1 mL 1%草酸，使用玻璃匀浆器于冰上充分匀浆后，4 ℃条件下 3 000×g 离心 15 min，小心收集上清。加入 1%草酸至 10 mL，混匀后加入 0.5 g 活性炭进行氧化处理，振摇 1 min，4 ℃条件下 5 000×g 离心 10 min。小心取上清，加入 10 mL 2%硫脲溶液，混匀。于 3 个试管中各加入 4 mL 上述稀释液，将其中的一个试管作为空白，在其余试管中加入 1 mL 2% 2,4-二硝基苯肼溶液，将所有试管放入 37 ℃恒温水浴中，保温 3 h。水浴结束后取出所有试管，除空白管外，将其他试管全放入冰水中。空白管取出后先将其冷却到室温，然后加入 1 mL 2%的 2,4-二硝基苯肼溶液，在室温下放置 10～15 min 后放入冰水中。向每一试管中缓慢滴入 5 mL 85%硫酸，边滴加边摇动试管，滴加时间至少要 1 min，加好后将试管自冰水中取出，室温放置 30 min，使用 1 cm 光径比色杯以空白管溶液调零，于 540 nm 波长处测吸光值。

(4) 数据分析

数据以平均值±标准差(mean±S. D.)表示，实验结果用 SPSS 19.0 软件进行单因素方差分析，用 Duncan 多重比较法比较各组间平均值的差异显著性，以 $P<0.05$ 为差异显著。

### 5.3.3 结果

经过 60 d 饲养试验，饲料中 VC 含量为 500～15 000 mg/kg 4 组刺参肌肉组织中VC含量均高于对照组，且VC含量随饲料VC的水平升高呈现出上升趋势（图5-2），并且饲料中添加VC的4组刺参体壁中的VC含量与对照组相比差异显著（$P<0.05$）。

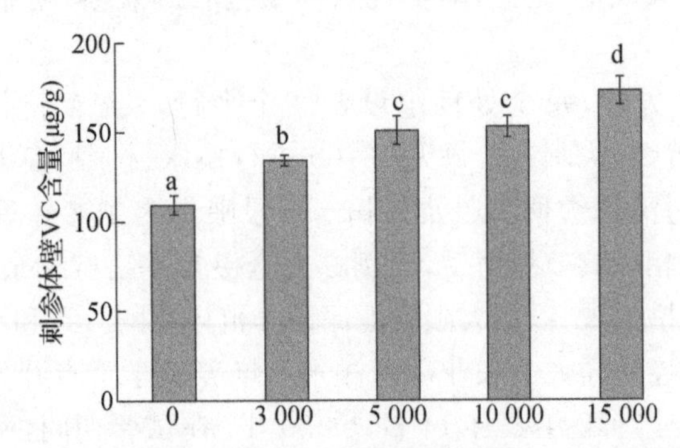


**图5-2　维生素C含量对刺参体壁维生素C含量的影响**

注：数值表示为均值±标准差，柱形图上方的不同字母表示组间有显著差异（$P<0.05$）。

## 5.3.4　讨论

随着人们生活水平的提高，刺参的口感风味、刺参营养保健功能等被更多地重视。而关于刺参肉质方面的研究，在国内外报道较少。维生素C能参与胶原蛋白、黏多糖等细胞间质的形成，还参与某些氨基酸代谢，其可以增加肉质中胶原蛋白的含量，改变某些氨基酸的含量等，使其肉质更加营养、美味。维生素C的主要生理功能是参与氧化还原反应，调节物质和能量代谢，是维持鱼类机体正常生命活动不可缺少的有机化合物。尽管对其需求量很少，但由于鱼类本身不能在体内合成，或合成量有限而不能满足机体的需要，鱼类必须从日粮中摄取以保证其健康生长（张建通，2005）。之前的一些研究发现，在鱼类和水生无脊椎动物中，饲料中的维生素C含量会影响动物组织和器官中的维生素C积累量（Gouillou-Coustans et al，1998；Mai et al，1996；Ai et al，2004）。王开来（2009）试验的结果发现刺参肌肉组织中的维生素含量要高于之前所报道的刺参全身维生素含量，说明刺参可以将食物摄取的维生素富集并贮存在肌肉中，以维持肌肉收缩运动的正常功能。刺参的运动是依靠其肌肉的协调伸缩而实现的，其爬行时可观察到后端到前端的肌肉运动收缩波动，而在此过程中会产生大量对机体有害的活性氧。活性氧的蓄积造成生物大分子和细胞的损伤，最终导致肌肉收缩能力的下降。而维生素作为重要的抗氧化剂，在机体内发挥着活性氧清除剂的作用。将大量维生素C富集并贮存在肌肉组织中，可以积极发挥其抗氧化活性，及时地清除运动过程中产生的活性氧，维持肌肉正常的收缩功能。此外，作为胶原蛋白合成过程中的关键酶，较高的组织

维生素C积累量也有利于促进体壁胶原的形成，维持刺参快速生长。本试验结果表明刺参体壁中VC含量随着饲料中VC添加量的增加而增加，这与之前的一些研究结果相同。Okorie等(2008)研究了不同维生素C含量的饲料对刺参维生素C含量的影响，结果表明，刺参全身的维生素C积累量随着饲料中维生素C水平的增加而增加。Gouillou-Coustans等(1998)发现，鲤鱼全鱼中维生素C含量随着饵料中维生素C含量的提高而提高。Wang等(2003)在对朝鲜许氏平鲉的试验中同样发现肌肉和肝脏中维生素C的含量随饵料中维生素C含量的增加而增加。在本研究中，摄食添加维生素C的饲料的刺参体壁中维生素C含量明显高于对照组，说明饲料中的维生素C是刺参体壁中维生素C的重要来源，维生素C能够延缓肌肉衰老，增强机体的免疫力，可降低癌症发病率。刺参可食用部分维生素C含量的升高提升了刺参的营养价值。

随着对影响刺参品质的因素认识的深入，我们已经了解到营养调控对刺参品质起着重要的作用。刺参营养调控是以其饲养标准为基础，结合产参量、刺参肉质质量、健康水平、饲养条件和环境变化，及时分析检测日粮营养组成。调控后还应仔细观察刺参状况以及产参量、刺参质量变化，对比调控的效果并核算投入产出比。通过改善刺参品质保障刺参综合效益同步提升，使刺参品质调控变得更直接、更有效，促进刺参产业可持续发展，从而满足消费者的需求。

## 参考文献

陈星灿，王磊，相兴伟，等，2018. 不同类型硒对黑鲷幼鱼生长及血清免疫指标的影响[J]. 水产科学(5)：577－583.

程宗佳，Hardy R W，2004. 豆油取代鱼油对太平洋白对虾的生长、肉质和胆固醇含量的影响[J]. 饲料广角(7)：18－20.

冯健，覃志彪，2006. 4种不同脂肪源对太平洋鲑生长和体组成的影响[J]. 水生生物学报，30(3)：12－17.

高贵琴，熊邦喜，赵振山，等，2004a. 不同水平双低菜粕替代蛋白对鱼类生长的影响[J]. 水利渔业，24(3)：55－57.

高贵琴，熊邦喜，赵振山，等，2004b. 双低菜粕对异育银鲫和团头鲂鱼体组成的影响[J]. 水生态学杂志，24(4)：8－11.

关军强，2008. 常见水产品质量安全事件的成因及特点浅析[J]. 渔业致富指南(15)：16－18.

郭严军，2007. 2006年水产品质量安全事件简析及防范措施[J]. 河南水产(5)：43－44.

胡斌，李小勤，冷向军，等，2008. 饲料VC对草鱼生长、肌肉品质及非特异性免疫的影响[J]. 中国水产科学，15(5)：794－800.

胡倡华，2000. 维生素C在水产饲料中的应用[J]. 饲料研究(6)：11.

胡喜峰，王成章，张春梅，等，2005. 不同水平苜蓿草粉对团头鲂生长性能及肉品质的影响[J]. 西北农林科技大学学报(自然科学版)，33(11)：49－56.

瞿俐俐，王锡昌，吴旭干，等，2017. 影响蟹类营养品质主要因素的研究进展[J]. 食品工业(3)：217－221.

冷向军，李小勤，2002. 水产动物的维生素C营养[J]. 饲料工业，23(5)：39－42.

李元莉，刘广，赵阳，等，2013. 维生素C在水产养殖中的应用及其应用于刺参养殖的展望[J]. 饲料与畜牧(2)：11－13.

李志琼，杜宗君，范林君，2002. 饲料营养对水产品肉质风味的影响[J]. 水产科学，21(2)：38－41.

林黑着，2002. 鲻鱼配合饲料的研究[D]. 广州：中山大学.

林建斌，李金秋，宋国华，2008. 水产饲料安全与水产品质量[J]. 水生态学杂志，28(2)：112－114.

蔺玉华，耿龙武，吴文化，2005. 咸海卡拉白鱼的含肉率及肌肉营养成分[J]. 大连水产学院学报，20(4)：345－348.

陆清尔，李忠全，2001. 盐酸甜菜碱对淡水白鲳生长性能、鱼体解剖特性和肉质的影响[J]. 浙江海洋学院学报(自然科学版)，20(s1)：130－136.

陆文龙，贾宝红，宋广平，等，2005. 天津市农产品质量安全生产技术研发重点领域[J]. 天津农业科学，11(4)：57－61.

罗辉，周小秋，2006. 硒与水生动物免疫功能的关系[J]. 动物营养学报(s1)：378－382.

罗莉，梁金权，陈小川，等，2006. 氨基酸微量元素螯合物对异育银鲫生长及其品质的影响[J]. 饲料工业，27(10)：33－36.

罗庆华，卢向阳，李文芳，2002. 杜仲叶粉对鲤鱼肌肉品质的影响[J]. 湖南农业大学学报(自科版)，28(3)：224－226.

穆迎春，马兵，宋金龙，等，2017. 水产品质量安全事件舆情引导初探[J]. 中国渔业质量与标准(5)：56－59.

任泽林，李爱杰，1998. 饲料组成对中国对虾肌肉组织中胶原蛋白、肌原纤维和失水率的影响[J]. 中国水产科学(2)：40－44.

宋进美，胡波，2001. 不同剂型微量元素对鲤鱼生长及肌肉营养状况的影响[J]. 浙江海洋学院学报(自然科学版)，20(s1)：137－141.

谭肖英，刘永坚，田丽霞，等，2005. 饲料中碳水化合物水平对大口黑鲈 *Micropterus salmoides* 生长、鱼体营养成分组成的影响[J]. 中山大学学报(自然科学版)，44(s1)：262－267.

田丽霞，刘永坚，冯健，等，2002. 不同种类淀粉对草鱼生长、肠系膜脂肪沉积和鱼体组成的影响[J]. 水产学报，26(3)：247－251.

田文静，2014. 饲料中添加硒和镁对中华绒螯蟹幼蟹生长、抗氧化性能的影响[D]. 上海：华东师范大学.

涂杰峰，罗钦，伍云卿，等，2011. 福建水产饲料重金属污染研究[J]. 中国农学通报，27(29)：76－79.

王吉桥，王志香，于红艳，等，2011. 饲料中不同类型的硒对仿刺参幼参生长和免疫指标的影响[J]. 大连海洋大学学报，26(4)：306－311.

王开来，2009. 维生素C对刺参生长和非特异性免疫的影响[D]. 大连：大连理工大学.

王立新，2012. 水产品安全知识讲座[M]. 北京：中国质检出版社：200.

王秀英,2004. 饵料维生素 C 对黑鲷仔鱼生长和体组织生化指标的影响[D]. 杭州:浙江大学.

吴志强,2010. 绿色水产养殖中的环境问题研究[M]. 北京:科学出版社.

徐巧林,吴文良,赵桂慎,等,2017. 微生物硒代谢机制研究进展[J]. 微生物学通报,44(1):207-216.

杨先乐,2002. 水产品药物残留与渔药的科学管理和使用(一)[J]. 中国水产(10):74-75.

杨原志,聂家全,谭北平,等,2016. 硒源与硒水平对军曹鱼幼鱼生长性能、肝脏和血清抗氧化指标及组织硒含量的影响[J]. 动物营养学报,28(12):3894-3904.

袁丽君,袁林喜,尹雪斌,等,2016. 硒的生理功能、摄入现状与对策研究进展[J]. 生物技术进展,6(6):396-405.

张建通,2005. 鱼类的维生素 C 营养[J]. 河北渔业(5):5-5.

张卫兵,2010. 中国水产品质量安全事件 10 年回顾与思考[J]. 中国卫生标准管理(5):57-61.

Abdel-Tawwab M, Maa M, Abbass F E, 2007. Growth performance and physiological response of African catfish, *Clarias gariepinus* (B.) fed organic selenium prior to the exposure to environmental copper toxicity[J]. Aquaculture, 272(1-4):335-345.

Ai Q, Mai K, Li H, et al, 2004. Effects of dietary protein to energy ratios on growth and body composition of juvenile Japanese seabass, *Lateolabrax japonicus*[J]. Aquaculture, 230(1-4):0-516.

Ashouri S, Keyvanshokooh S, Salati A P, et al, 2015. Effects of different levels of dietary selenium nanoparticles on growth performance, muscle composition, blood biochemical profiles and antioxidant status of common carp (*Cyprinus carpio*)[J]. Aquaculture, 446(Complete):25-29.

F. Jaramillo J R, Peng L I, Iii D M G, 2009. Selenium nutrition of hybrid striped bass (*Morone chrysops* × *M. saxatilis*) bioavailability, toxicity and interaction with vitamin E[J]. Aquaculture Nutrition, 15(2):160-165.

Gouillou-Coustans M F, Bergot P, Kaushik S J, 1998. Dietary ascorbic acid needs of common carp (*Cyprinus carpio*) larvae[J]. Aquaculture, 161(1-4):453-461.

Hamilton S J, 2004. Review of selenium toxicity in the aquatic food chain[J]. Science of the Total Environment, 326(1):1-31.

Han D, Xie S, Liu M, et al, 2011. The effects of dietary selenium on growth performances, oxidative stress and tissue selenium concentration of gibel carp (*Carassius auratus gibelio*)[J]. Aquaculture Nutrition, 17(3):e741-e749.

Kalisinska E, Lanocha-Arendarczyk N, Kosik-Bogacka D, et al, 2017. Muscle mercury and selenium in fishes and semiaquatic mammals from a selenium-deficient area[J]. Ecotoxicology and Environmental Safety, 136:24-30.

Küçükbay F Z, Yazlak H, Karaca I, et al, 2010. The effects of dietary organic or inorganic selenium in rainbow trout (*Oncorhynchus mykiss*) under crowding conditions[J]. Aquaculture Nutrition, 15(6):569-576.

Le K T, Fotedar R, 2014. Bioavailability of selenium from different dietary sources in yellowtail kingfish (*Seriola lalandi*)[J]. Aquaculture, 420-421(2):57-62.

Lee S, Nambi R W, Won S, et al, 2016. Dietary selenium requirement and toxicity levels in juvenile Nile tilapia, Oreochromis niloticus[J]. Aquaculture, 464(Complete):153-158.

Lin Y H, Shiau S Y, 2005. Dietary selenium requirements of juvenile grouper, Epinephelus malabaricus[J]. Aquaculture, 250(1-2): 356-363.

Lin Y H, 2014. Effects of dietary organic and inorganic selenium on the growth, selenium concentration and meat quality of juvenile grouper Epinephelus malabaricus[J]. Aquaculture, 430:114-119.

Mai K, Mercer J P, Donlon J, 1996. Comparative studies on the nutrition of two species of abalone, Haliotis tuberculata L. and Haliotis discus hannai Ino. V. The role of polyunsaturated fatty acids of macroalgae in abalone nutrition[J]. Aquaculture, 139(1-2): 77-89.

Muscatello J R, Belknap A M, Janz D M, 2008. Accumulation of selenium in aquatic systems downstream of a uranium mining operation in northern Saskatchewan, Canada[J]. Environmental pollution, 156(2): 387-393.

Okorie O E, Ko S H, Go S, et al, 2008. Preliminary study of the optimum dietary ascorbic acid level in sea cucumber, *Apostichopus japonicus* (Selenka)[J]. Journal of the World Aquaculture Society, 2008, 39(6): 758-765.

Saffari S, Keyvanshokooh S, Zakeri M, et al, 2017. Effects of different dietary selenium sources (sodium selenite, selenomethionine and nanoselenium) on growth performance, muscle composition, blood enzymes and antioxidant status of common carp (*Cyprinus carpio*)[J]. Aquaculture Nutrition, 23(3): 611-617.

Wang J, Ren T, Wang F, et al, 2016. Effects of dietary cadmium on growth, antioxidants and bioaccumulation of sea cucumber (*Apostichopus japonicus*) and influence of dietary vitamin C supplementation[J]. Ecotoxicology and Environmental Safety, 129: 145-153.

Wang X, Kim K W, Bai S C, et al, 2003. Effects of the different levels of dietary vitamin C on growth and tissue ascorbic acid changes in parrot fish (*Oplegnathus fasciatus*)[J]. Aquaculture, 215(1-4): 203-211.

Wang Y, Han J, Li W, et al, 2007. Effect of different selenium source on growth performances, glutathione peroxidase activities, muscle composition and selenium concentration of allogynogenetic crucian carp (*Carassius auratus gibelio*)[J]. Animal feed science and technology, 134(3-4): 243-251.

Warriss P D, 1999. Meat science: an introductory text[J]. International Journal of Food Science & Technology, 36(4): 449-449.

Zee J, Patterson S, Gagnon D, et al, 2016. Adverse health effects and histological changes in white sturgeon (*Acipenser transmontanus*) exposed to dietary selenomethionine[J]. Environmental Toxicology and Chemistry, 35(7): 1741-1750.

Zhang M, Lu Xiao-Qian, Wang Z F, et al, 2015. Accumulation of selenium in tissues of adult sea cucumber *Apostichopus japonicus*[J]. Chinese Journal of Fisheries, 28(5):18-22.

# 第六章 刺参实用饲料的发展及配方实例

## 6.1 刺参实用饲料的发展

### 6.1.1 刺参实用饲料的常用原料

饲料可以是单一原料饲料，也可以是根据养殖动物的营养需要，把多种原料混合来进行饲喂的配合饲料。相对于配合饲料而言，其原材料叫饲料原料。养殖刺参主要以粉末饲料、条状颗粒饲料、片状饲料、流体发酵饵料和藻块进行投喂，前四者的饲料原料组成主要有鼠尾藻、海带、石莼、鱼粉、扇贝边（扇贝内脏、外套膜）、豆粕、麦麸、贝壳粉、酵母等；藻块主要指海带、江蓠、裙带菜等大型藻类的分割碎片。目前，常用的刺参饲料中多含有30%左右的鼠尾藻、马尾藻或其他大型藻类粉。

鼠尾藻属于褐藻门，墨角藻目，马尾藻科，马尾藻属，是我国沿海自然资源丰富的野生海藻品种，主要生长在潮间带的礁石上（姜宏波 等，2009）。鼠尾藻的藻胶含量很低，鲜藻的叶片柔软且营养丰富，无论是人工育苗还是成参养殖，投喂鲜鼠尾藻，不但不会污染水质还能收到理想的效果，因此它是刺参的天然优质饵料（邹吉新 等，2005）。

海带富含多糖、维生素、矿物质和膳食纤维等多种营养物质，其中矿物质和微量元素大多以有机态的形式存在，稳定性较好，便于动物消化吸收，此外还具有抗氧化、提高免疫力和维持酸碱平衡等多种营养生理作用（李旭 等，2013；赵京辉 等，2007）。目前，海带在水产动物养殖中应用较广并取得了较好的效果。

石莼是绿藻门石莼科石莼属的一种，是我国野生海藻类中极为丰富的一种资源。石莼富含蛋白质、粗纤维、碳水化合物和多种微量元素，尤其含有大量的多糖类，可以作为人类的药用和保健食品（朱建新 等，2007）。近年来有关石莼在刺参饲料中的应用研究报道较多，如 Liu 等(2010)以不同大型海藻投喂刺参发现，石莼组刺参的特定生长率和摄食率高于其他组。有研究表明，石莼粉对刺参幼参的诱集效果最强，摄食石莼粉饲料的刺参特定生长率最高(Chen et al,2010；Li et al,2009；Okorie et al,2008；Seo et al,2011；Xia et al,2012)。

鱼粉是配合饲料中优质的蛋白质饲料原料，粗蛋白含量可达 55%以上，各种氨基酸齐全而且含量丰富，平衡性好，动物对其的消化吸收率高，特别是赖氨酸、蛋氨酸和胱氨酸等氨基酸的含量明显高于一般的植物性蛋白质饲料资源。鱼粉中还含有丰富的钙、磷、维生素及微量元素，有些成分的含量是植物性饲料原料的数倍甚至千倍。研究表明，除上述成分外，鱼粉中还含有大量的能促进动物生长的未知生长因子，一般称为“鱼因子”，这些成分主要包括核苷酸、活性小肽、牛磺酸等已知物质及一些未知物质(李朝霞，2000)。鱼粉成分因鱼种而异，但同一鱼种鱼粉成分因渔获期、渔场、鱼龄等而有所变动，例如产卵前，鱼体含油量高，含蛋白质亦丰富；而排卵后，其蛋白质及其脂肪含量则非常低，水分含量反而高(刘荣昌，1998)。

豆粕是大豆提取豆油后得到的一种副产品，一般呈不规则碎片状或小颗粒状，颜色为浅黄色至浅褐色，具有烤大豆香味。豆粕的主要成分为:蛋白质 43%，赖氨酸 3.0%，色氨酸 0.65%，蛋氨酸 0.6%。豆粕的消化率较高，通常可达 90%以上。豆粕一般占饲料总量的 15%～20%左右，仅豆粕中所含有的氨基酸就足以平衡家禽的氨基酸营养。因此，豆粕是目前植物性油粕饲料产品中产量最大、用途最广的一种蛋白质饲料。在大豆加工过程中，对温度的控制极为重要，直接关系到豆粕的质量，温度过高或过低都会影响到蛋白质的利用率和豆粕的饲喂效果。目前常用检测脲酶含量和碱溶蛋白含量的方法判断豆粕的加工质量(黄中，2018)。

麦麸，是小麦籽实最外层的表皮。小麦经磨面机加工后，分成面粉和麸皮两部分，麸皮就是小麦的外皮。新鲜的小麦麸呈片状，色泽光亮，有一股清香味，含有相当丰富的维生素 E 和 B 族维生素，维生素 E 又称为抗不育维生素或生育酚，可以改善动物的生殖功能。小麦麸皮中最主要的成分是纤维素和半纤维素，其含量占小麦籽粒中总纤维素含量的 88%，是具有代表性的膳食纤维，可补充饲料中的粗纤维，对畜禽具有清火通便作用。小麦麸的粗蛋白含量也很高，在 15%左右。一般推荐麸皮在饲料中的用量为 15%～25%。麸皮中呕吐毒素经常超标，需要加大关注力度(黄中，2018)。

### 6.1.2　国内外刺参实用饲料的发展概况

早在 20 世纪 50 年代，日本就开始了刺参饲料的研究工作。金井大夫等以无色鞭毛虫为饵料在 19 $m^3$ 水体中育出 569 头稚参。此后有学者用单鞭金藻、角毛藻、底栖硅藻和人工配合饲料等培育稚幼参，但成活率非常低。20 世纪 80 年代后

期，韩国和俄罗斯也相继开展了刺参人工育苗技术的研究，但对于刺参配合饲料的相关研究一直处于瓶颈期，始终未获得重大突破(于世浩 等，2009)。

我国学者最早在20世纪60年代以衣藻、小新月菱形藻、小球藻和盐藻等培育刺参幼体，以石莼和大叶藻磨碎液培育稚幼参(隋锡林 等，1986)。之后在很长一段时间内对刺参饵料的相关研究基本停留于初步探讨阶段。1980年代中期，隋锡林率先研制出“8310，8406”等刺参配合饲料，开创了刺参专用人工配合饲料研究的新阶段。近年来，随着刺参养殖业的不断发展，刺参专用配合饲料受到了广泛重视，刺参饲料业也成为刺参养殖的重要配套产业之一(袁成玉，2005)。

### 6.1.3　刺参人工配合饲料的研究进展

刺参发育的不同阶段使用的饵料有所不同：在幼体阶段主要使用盐藻、叉鞭金藻等单胞藻类和酵母、光合细菌等代用饵料；在稚幼参阶段主要投喂底栖硅藻、大型海藻磨碎液和人工配合饲料等；成参的饲料主要根据养殖方法和环境条件而采用人工配合饲料和大型藻类等。大型藻类中投喂效果较好的有鼠尾藻、马尾藻等，人工配合饲料大多沿用8406幼参人工配合饲料配方。在实际生产中，养殖户多采用海藻干粉与一定量的海泥搭配投喂刺参，但这样调配的饲料适口性差，容易造成水质污染。

近年来，国内外学者在刺参饲料的研究方面取得了一些进展。常忠岳等(2003)认为，在使用新鲜海藻作为刺参饵料的同时，应辅以海藻粉、地瓜粉、麸皮、鱼粉、海泥等配制的人工配合饲料。赵永军等(2004)发现在贝、参等多元混合养殖系统中，刺参可以再次利用底质中的残饵及粪便等未经矿化的生物沉积物，这种养殖模式不仅使刺参获得了较好的生长效果，也降低了系统中有机质的沉积量，使养殖环境得到修复，进而也为贝类提供了良好的生态环境。王吉桥等(2007)以玉米蛋白、大豆蛋白、豆粕等植物性蛋白和鱼粉、虾粉等动物性蛋白作为刺参饲料蛋白源，添加海泥、鸡粪、马尾藻、贝壳粉、复合矿物质和维生素配制成不同饲料，在试验中发现，摄食以鱼粉为蛋白源的饲料时刺参能获得最大的生长率；摄食植物性饲料，尤其是摄食添加玉米蛋白饲料的刺参消化率高且营养价值高。王吉桥等(2009)在这个试验基础上又对玉米蛋白在刺参饲料中的添加量进行研究，发现添加11.5%的玉米蛋白时刺参能获得较好的生长效果，而采用多种蛋白源合理搭配时玉米蛋白的添加量应更高一些。

刺参人工配合饲料的研究目前还有许多方面需要探索与检验，但从刺参的消化生理入手是最科学合理的途径。今后在刺参饲料配方的设计和饲料原料的选择上应该加大研究力度，以期研制出廉价高效、效果稳定的配合饲料。

### 6.1.4 大型海藻的使用及存在的问题

无论作为刺参的天然生物饵料还是人工配合饲料的原料，大型海藻在刺参的养殖业中都具有重要的意义。目前主要使用的大型海藻有鼠尾藻、马尾藻、大叶藻等，实践证明鼠尾藻的投喂效果最好。近年来，随着刺参人工育苗和养殖业的迅速发展，自然生长的鼠尾藻资源已近衰竭。但是作为刺参的天然优质饵料，市场上对鼠尾藻的需求量却有增无减，导致其价格越来越高(唐黎 等，2007)。鼠尾藻供应量的不足已经成为限制刺参苗种和养殖业发展的重要因素。在这种形势下，一方面要加强对自然资源的保护，着力探索鼠尾藻的人工增养殖方法；另一方面应积极寻找其他价格低廉、资源丰富或可以大量养殖的鼠尾藻替代品和藻类品种。目前生产中多使用海带、裙带菜、巨藻、石莼、紫菜和浒苔等替代鼠尾藻和马尾藻，取得了良好的效果。

朱建新等(2007)选用鲜石莼磨碎液、鲜海带磨碎液、鼠尾藻干粉和两种海参专用饲料对刺参稚幼参生长的差异性进行了初步的研究，结果显示投喂鲜石莼磨碎液的刺参生长良好。石莼的纤维素、碳水化合物、蛋白质和各种微量元素含量较高，且石莼自然资源也非常丰富，因此将其作为刺参饵料或人工配合饲料添加剂具有较大的优势。

朱建新等(2007)发现刺参幼参在摄食鲜海带磨碎液时出现了前期生长缓慢、后期生长加速的情况，可能刺参以海带为饵料时有一个不断适应的过程，这个过程或许与肠道消化酶的调节和分泌有关。唐黎等(2007)研究发现刺参对富含褐藻酸的大型藻类如海带、裙带菜等消化能力较弱，这是因为刺参消化道内的褐藻酸酶活力一直处于较低水平。Liu 等(2009)研究表明，摄食海带粉的刺参特定生长率显著低于摄食鼠尾藻以及马尾藻的刺参特定生长率，这可能是因为海带的营养成分相对单一，无法满足刺参的正常生长需求。因此需要进一步研究用海带粉作为刺参饲料原料的可行性，寻找合适的添加剂与海带粉搭配以研制出营养均衡、配方合理、成本低廉的新型刺参人工配合饲料。

### 6.1.5 刺参配合饲料品质的控制

设计刺参人工饲料配方的基本目的是提供一种营养均衡且成本合理的有机混合物，以全面满足刺参对营养物质的生存需要量、生长需要量和健康需要量。因此在配方上必须充分考虑刺参的食性、营养需求和饲料本身对水质的影响。在饲料原料方面应该选择品质优良、营养物质含量丰富、生物利用率较高的原料。动物性蛋白可以选择优质的进口鱼粉、鱿鱼粉、卤虫粉、虾粉、扇贝边粉等；植物性蛋白可以选择膨化豆粕、鼠尾藻、马尾藻、螺旋藻等。饲料中的添加剂一般为复合维生素、

复合矿物质和防病促长剂，添加的时候应注重其质量和数量。饲料加工时应确保使用大型超微粉碎预混饲料生产设备，保证各种营养成分混合均匀，生产出来的饲料质量稳定，理化因子都达标（国俭文 等，2008）。

## 6.2　刺参实用饲料配方实例

### 6.2.1　刺参开口实用饲料配方

在自然状态下，浮游期的刺参在耳状幼体阶段以盐藻、角毛藻和扁藻等浮游微藻作为饵料，樽形幼体时期不摄食，随之变态发育为五触手幼体，下沉到底部并附着于固体表面（俗称上板）。在人工养殖条件下，刺参在浮游期及上板着底期，均开口摄食人工配合饲料，在此期间对蛋白质的要求偏高，配合饲料的粗蛋白含量应该达到18%以上，以满足其基本的营养需求。

开口饲料各原料需粉碎至400目以上再混合均匀，变异系数≤6%。适用于浮游期及刚上板之刺参，按照总水体体积计算，日投喂量为$(5\sim10)\times10^{-5}\%$。

**表 6-1　刺参开口实用饲料配方例**

| 原料(%) | 配方 1 | 配方 2 |
|---|---|---|
| 鼠尾藻 | 0.46 | 0.26 |
| 马尾藻 | 0.10 | 0.30 |
| 裙带菜 | 0.10 | 0.10 |
| 贻贝粉 | 0.08 | 0.08 |
| 豆粕 | 0.12 | 0.12 |
| 啤酒酵母 | 0.03 | 0.03 |
| 预混料 | 0.01 | 0.01 |
| 海泥 | 0.10 | 0.10 |
| 合计 | 1.00 | 1.00 |

### 6.2.2　刺参稚参实用饲料配方

刺参着底上板后，待长出第一管足即成为稚参。在自然条件下，其摄食舟形藻、卵型藻等底栖硅藻。在人工养殖条件下，此阶段的人工饲料粗蛋白含量应达到15%左右。

稚参饲料需粉碎至300目，再混合均匀，变异系数<5%。适用于上板后0.2～

1.5 cm 阶段之刺参，按照体重的 4%～5%进行投喂。

表 6－2　刺参稚参实用饲料配方例

| 原料(%) | 配方 1 | 配方 2 |
| --- | --- | --- |
| 鼠尾藻 | 0.15 | 0.05 |
| 马尾藻 | 0.25 | 0.35 |
| 海带 | 0.15 | 0.15 |
| 裙带菜 | 0.10 | 0.10 |
| 扇贝边粉 | — | 0.02 |
| 贻贝粉 | 0.05 | 0.03 |
| 豆粕 | 0.08 | 0.08 |
| 啤酒酵母 | 0.03 | 0.03 |
| 预混料 | 0.01 | 0.01 |
| 海泥 | 0.18 | 0.18 |
| 合计 | 1.00 | 1.00 |

### 6.2.3　刺参幼参实用饲料配方

进入幼参阶段后，刺参可摄食底栖硅藻及一些大型藻类，此时的饲料粗蛋白含量大约为 14%左右，饲料配方中可逐渐减少鼠尾藻的使用量，加大马尾藻、海带等藻类的添加量。

幼参饲料所用各种原料需分别超微粉碎至 200 目，再混合均匀，变异系数＜5%。适用于 1～5 cm 阶段之刺参，按照体重的 3%～4%进行投喂。

表 6－3　刺参幼参实用饲料配方例

| 原料(%) | 配方 1 | 配方 2 |
| --- | --- | --- |
| 鼠尾藻 | 0.15 | — |
| 马尾藻 | 0.25 | 0.35 |
| 海带 | 0.15 | 0.10 |
| 裙带菜 | 0.10 | 0.20 |
| 脱脂鱼粉 | 0.03 | — |
| 扇贝边粉 | 0.02 | 0.02 |

续表 6-3

| 原料(%) | 配方 1 | 配方 2 |
|---|---|---|
| 贻贝粉 | — | 0.03 |
| 豆粕 | 0.08 | 0.08 |
| 啤酒酵母 | 0.03 | 0.03 |
| 预混料 | 0.01 | 0.01 |
| 海泥 | 0.18 | 0.18 |
| 合计 | 1.00 | 1.00 |

## 6.2.4　刺参成参实用饲料配方

自然海区及养殖池塘的刺参成参，食谱比较广泛，其中以摄食有机物碎屑、大型藻类及细菌居多。在人工养殖条件下，育成阶段的成参粗蛋白需求量约为 10%～12%，饲料原料以马尾藻、海带等大型藻类为主，并需适当加大饲料中的海泥添加量，以利于更好地消化吸收营养物质。

成参饲料所用各种原料需分别超微粉碎至 80 目再混合均匀，变异系数<5%。适用于 4 cm 以上阶段之刺参，投喂量为 5～10 kg/亩，每 3～5 天投喂一次。

表 6-4　刺参成参幼参饲料配方例

| 原料(%) | 配方 1 | 配方 2 |
|---|---|---|
| 马尾藻 | 0.35 | 0.20 |
| 海带 | 0.30 | 0.30 |
| 裙带菜 | — | 0.15 |
| 脱脂鱼粉 | 0.02 | — |
| 扇贝边粉 | — | 0.02 |
| 豆粕 | 0.03 | 0.03 |
| 啤酒酵母 | 0.02 | 0.02 |
| 预混料 | 0.01 | 0.01 |
| 海泥 | 0.27 | 0.27 |
| 合计 | 1.00 | 1.00 |

## 参考文献

常忠岳，衣吉龙，慕康庆，2003. 影响刺参生长及成活的因素[J]. 河北渔业(128)：32－36.

国俭文，王爱军，崔玥，等，2008. 海参饲料与健康养殖[J]. 齐鲁渔业，25(5)：20－21.

黄中，2018. 常用饲料原料的营养特点、功能分析及使用方法[J]. 上海畜牧兽医通讯(03)：49－51.

姜宏波，田相利，董双林，等，2009. 鼠尾藻生长、藻体成分及其生境的初步研究[J]. 海洋湖沼通报(2)：59－66.

李朝霞，2000. 国产鱼粉与进口鱼粉品质比较研究[J]. 盐城工学院学报，13(4)：4－6.

李旭，章世元，陈四清，2013. 四种饲料原料对刺参生长、体成分及消化生理的影响[J]. 饲料工业，34(8)：36－40.

刘荣昌，1998. 鱼粉质量与饲料显微镜检测[J]. 畜禽业(1)：25－27.

隋锡林，胡庆明，1986. 幼参人工配合饲料的研究[J]. 水产科学，5(3)：22－25.

唐黎，王吉桥，许重，2007. 不同发育期的幼体和不同规格刺参消化道中四种消化酶的活性[J]. 水产科学，26(5)：275－277.

王吉桥，蒋湘辉，姜玉声，等，2009. 玉米蛋白含量对仿刺参幼参生长和消化的影响[J]. 水产科学，28(10)：551－555.

王吉桥，蒋湘辉，赵丽娟，等，2007. 不同饲料蛋白源对仿刺参幼参生长的影响[J]. 饲料博览(19)：9－13.

于世浩，何伯峰，赵倩，等，2009. 海参营养与饲料研究现状[J]. 饲料研究(10)：53－54.

袁成玉，2005. 海参饲料研究的现状与发展方向[J]. 水产科学，24(12)：54－56.

赵京辉，高振华，2007. 新型绿色饲料资源——海带[J]. 饲料工业，28(14)：59－61.

赵永军，张慧，2004. 不同温度下刺参对贝类生物性沉积物的摄食与吸收[J]. 河北渔业(4)：16－19.

朱建新，刘慧，冷凯良，2007. 几种常用饵料对稚幼参生长影响的初步研究[J]. 海洋水产研究，28(5)：48－53.

邹吉新，李源强，刘雨新，等，2005. 鼠尾藻的生物学特性及筏式养殖技术研究[J]. 齐鲁渔业，22(3)：25－28.

Chen X，Zhang W，Mai K，et al，2010. Effects on dietary *glycyr-rhizinon* growth，immunity of sea cucumber and its resistance against *Vibrio splendidius*[J]. Acta HYydrobiologica Sinica，34：731－738 (in Chinese，with English abstract).

Li B，Zhu W，Feng Z，et al，2009. Affection of diet phospholipid content on growth and body composition of sea cucumber，*Apostichopus japonicaus*[J]. Marine Science(33)：25－28.

Liu Y，Dong S L，Tian X L，et al，2009. Effects of dietary sea mud and yellow soil on growth and energy budget of the sea cucumber *Apostichopus japonicus* (Selenka)[J]. Aquaculture，286：266－270.

Liu Y，Dong S L，Tian X L，et al，2010. The effect of different macro-algae on the growth

of sea cucumber (*Apostichopus japonicus* Selenka) [J]. Aquaculture Research(41): 881 - 885.

Okorie O E, Ko S H, Go S, et al, 2008. Preliminary study of the optimum dietary ascorbic acid level in sea cucumber, *Apostichopus japonicus* (Selenka)[J]. Journal of the World Aquaculture Society(39): 758 - 765.

Seo J Y, Shin I S, Lee S M, 2011. Effect of dietray inclusion of various plant ingredients as an alternative for *Sargassum thunbergii* on growth and body composition of juvenile sea cucumber *Apostichopus japonicaus*[J]. Aquaculture Nutrition(17): 549 - 556.

Xia S D, Yang H S, Zhang L L, et al, 2012. Effects of different seaweed diets on growth, digestibility, and ammonia-nitrogen production of the sea cucumber *Apostichopus japonicus* (Selenka) [J]. Aquaculture(338/341): 304 - 308.

# 后 记

刺参是我国北方地区重要的海水养殖棘皮动物，被誉为“海八珍”之首，有“海中人参”之称。其单位产值较高，是名副其实的重要养殖经济种类，刺参养殖产业的发展，为农业产业结构转型、农业供给侧结构调整奠定了重要的基础。从另一方面来说，近年来，刺参养殖产业的蓬勃发展，也推动了刺参营养饲料工业的发展，但是由于我国水产养殖动物营养与饲料研究起步较晚，尤其是刺参营养饲料基础数据缺失，也一定程度上限制了刺参养殖产业的进一步发展。

大连海洋大学刺参营养饲料研究团队自 2007 年起，在北方养殖刺参的营养饲料相关科研及实用饲料研究方面投入了大量的工作，积累了较多的成功经验及成果。以刺参养殖产业为基础，我们综合了十余年来科研团队在刺参的营养与饲料研究方面取得的成果以及刺参营养免疫调控方面取得的最新研究成果，撰写了本书。

本书集理论性和实用性为一体，能够作为水产科研人员的参考资料、水产养殖相关专业学生的参考书，也可以作为刺参养殖产业从业人员的基础资料。

在撰写本书的过程中，我们参考了大量的相关研究资料来用作试验结果比对和分析研究。我们在取得刺参营养相关研究最新成果的过程中，得到了许多相关科研人员的大力支持和无私帮助，特别感谢张伟杰博士、黎睿君博士友情赠与的图片等相关资料。大连海洋大学水产动物营养与饲料实验室科研团队廖明玲、王晶、杨欢、赫丽娟、张艳婷、孙爱杰、赵阳、刘广、李元莉、刘晨敏、胡雅楠、李泽群等硕士研究生参与了本书的相关试验工作；大连海洋大学水产动物营养与饲料实验室的白卓安、赵琳、王帅、汪磊、赵月、薛晓强、石立冬、牟玉双和陆启升等硕士研究生或本科生参与了本书的校核工作。同时，本书中的部分试验得到了国家海洋公益项目(201405003)和大连市科技兴海项目(20140101)的资助。对此，我们表示衷心感谢。

作者<br>2019 年 3 月